增强现实开发者
实战指南

[美] 乔纳森·林诺维斯 (Jonathan Linowes)
克里斯蒂安·巴比林斯基 (Krystian Babilinski)　著

古　鉴　董　欣　译

机械工业出版社

本书是一本适合 AR 开发者的实战案头书，是可快速熟悉各平台 AR 项目开发的实战教程，从中可以学习 AR 在市场营销、教育、工业培训和游戏等领域的商业应用。

本书以逐步教学的方式详解如何使用 Unity 3D、Vuforia、ARToolkit、Microsoft 混合现实 HoloLens、Apple ARKit 和 Google ARCore 在移动智能设备和可穿戴设备上构建激动人心的 AR 应用程序，让你快速掌握各种 AR 开发关键技术与知识，助你开发出自己的实用 AR 项目。

本书适合想要在各平台上开发 AR 项目的开发人员、设计人员等从业者，AR 技术的研究者、相关专业师生，以及对 AR 技术感兴趣的人员阅读。

关于作者

Jonathan Linowes 是沉浸式媒体独立工作室 Parkerhill 现实实验室的负责人。他是名副其实的 3D 图像爱好者、Unity 开发者，成功的企业家与老师。他拥有雪城大学的艺术学位与麻省理工学院媒体实验室的硕士学位。他参与创办了包括 Autodesk 公司在内的几家成功的公司，并担任技术负责人的职务。同时他还是 Packt 出版社出版的 *Unity Virtual Reality Projects* 与 *Cardboard VR Projects for Android* 的作者。

Krystian Babilinski 是一位经验非常丰富的联合开发人员，拥有大量丰富的 3D 设计知识。自 2015 年以来，他一直从事开发专业的 AR/VR 应用。他领导一个 Unity 开发团队 Babilin Applications 公司，致力于开源代码的开发与从事 Unity 社区的工作。现在 Krystian 带领着 Parkerhill 现实实验室研发了一款名为 Power Solitaire VR 的多平台虚拟现实游戏。

关于审校者

Micheal Lanham 是一位拥有 petroWEB 认证的解决方案架构师，目前居住在加拿大阿尔伯塔省的卡尔加里。在以往的职业生涯中，他开发了集成 GIS 应用程序，该应用具有高级机器学习与空间搜索功能。他是一名专业的游戏开发爱好者，做桌面游戏与移动游戏已经超过 15 年了。2007 年 Micheal 接触到了 Unity 3D，从那时起，他便成了一名程序发烧友、顾问，以及多个 Unity 游戏和图形项目的经理。Micheal 编写的 *Augmented Reality Game Development* 与 *Game Audio Development with Unity 5.x* 也由 Packt 出版社出版。

原书前言

AR 被认为是下一个主要的计算平台。本书向你展示了如何使用 Unity 3D 与先进的 AR 工具包（AR toolkit）为一系列移动或可穿戴设备开发非常有意思的 AR 应用程序。

本书首先介绍 AR 进展，包括市场、技术与开发工具。你将开始学习适用于 Android、iOS 或 Windows 的 AR 开发引擎，并了解使用 Unity 与 Vuforia AR 平台以及开源的 ARToolkit、微软 MR 工具包、Google ARCore 与 Apple ARKit！

然后你将专注于构建 AR 应用程序，探索各种识别标识的方法。你将通过所有的项目了解主要的商业应用领域，包括市场营销、教育、工业培训与游戏。

在整本书中，我们介绍了 AR 开发的主要概念、用户体验的最佳实现方法以及每位专业的软件开发人员应该使用到的软件设计模式。

写作本书的主旨是希望在未来几年本书都保持着有用性与适时性，这是一项巨大的挑战。每年都会出现越来越多的平台、工具包与支持 AR 的设备。Vuforia 与开源的 ARToolkit 等技术均支持 Android 与 iOS 设备。测试版微软 HoloLens 及其 MR 工具包适用于 Unity。当 Apple 与 ARKit 以及 Google ARCore 宣布进入市场时，我们几乎完成了撰写本书的工作，因此我们重新花时间把 ARKit 与 ARCore 的技术应用集成到了一些章节的项目实例中。

结束本书阅读时，你将获得开发用于各种 AR 设备、平台与实际用途中的高质量内容的技术知识。

本书讲的是什么

第 1 章 **"增强你的世界"**，将向你介绍 AR 及其工作原理，包括一系列最佳范例、设备与实践应用。

第 2 章 **"系统设置"**，引导你在 Windows 或 Mac 开发系统上安装开发 AR 项目所需的 Unity、Vuforia、ARToolkit 与其他软件。它还包含关于如何使用 Unity 的简要教程。

第 3 章 **"构建你的应用程序"**，继续第 2 章系统设置，以确保在你的首选目标设备［包括 Android、iOS 与 Windows 混合现实（HoloLens）］上系统设置可以正常编译与运行 AR。

第 4 章 **"增强名片"**，将带你完成一个扩充名片的应用程序。以无人机摄影公司为例，我们在 AR 中呈现飞行无人机，使其名片变得生动起来。

第 5 章 **"AR 太阳系"**，演示了 AR 在科学与教育领域的应用。我们使用实际的美国国家航空航天局规模、轨道与纹理数据建立太阳系动画模型。

第 6 章 **"更换漏气轮胎"**，深入研究 Unity 用户界面（UI）的开发，并探讨了软件设计模式，同时构建了操作指导手册。其结果是包含了文本、图像与视频媒体的常规移动应用程序。这是该项目的第一部分。

第 7 章 **"AR 使用说明书"**，采用前一章中开发的移动应用程序并对其进行补充，将 3D AR 图形添加为新的媒体类型。该项目展示了 AR 作为辅助功能的一个特性，可以把 AR 当作另一种媒体。

第 8 章 **"基于 AR 的室内装饰"**，演示 AR 在设计、建筑与可视化零售中的应用。在这个项目中，你可以使用带相框的照片装饰你的墙壁，使用空间中的工具栏添加、移除、调整、放置与更改图片和框架。

第 9 章 **"投球游戏"**，演示如何使用虚拟球与比赛场地，在现实世界中的咖啡桌或办公桌上玩一场有趣的球赛。目标是将虚拟球投掷进球门从而赢得比赛。

每个项目都可以使用一系列 AR 工具包与硬件设备来构建，包括 Vuforia，以及适用于 Android 或 iOS 的开源 ARToolkit。我们还展示了如何使用 Apple ARKit、Google ARCore 或 HoloLens MR 工具包在 iOS 平台上构建相同的项目。

学习本书需要什么准备

你需要确定使用什么样的开发环境、首选需要决定哪种 AR 工具包与用哪类设备。我们假设你正在 Windows 10 PC 或 macOS 上开发。那么你将需要一款设备来运行 AR 应用程序，无论是 Android 智能手机、平板电脑，iOS iPhone、iPad，或是 Microsoft HoloLens。

本书所需的所有软件均在第 2 章 "系统设置" 与第 3 章 "构建你的应用程序" 中进行了介绍与说明，其中包含可供你下载所需内容的 Web 链接。请参阅第 3 章 "构建你的应用程序"，了解开发 OS、AR 工具包 SDK 与支持设备的特定组合。

本书适用于谁

本书的理想受众目标人群是具有移动开发经验的开发人员（无论是基于 Android 还是 iOS），同时对于有广泛的 Web 开发经验的人群也是有益的。

约定

在本书中，你将找到许多区分不同类型信息的文本样式。以下是这些样式的一些示例以及对其含义的解释。

代码词汇、数据库名称、文件夹名称、文件名、文件扩展名、路径名、URL、用户输入及 Twitter 用户名的代码如下所示："我们可以通过使用 include 指令来包含其他上下文。"

代码显示如下：

```
[default]
exten => s,1,Dial(Zap/1|30)
exten => s,2,Voicemail(u100)
exten => s,102,Voicemail(b100)
exten => i,1,Voicemail(s0)
```

当我们想要提醒你注意代码中的特定部分时，代码中相关行或相关词以粗体显示：

```
[default]
exten => s,1,Dial(Zap/1|30)
exten => s,2,Voicemail(u100)
exten => s,102,Voicemail(b100)
exten => i,1,Voicemail(s0)
```

所有命令行输入或输出的写法如下：

```
# cp /usr/src/asterisk-addons/configs/cdr_mysql.conf.sample
/etc/asterisk/cdr_mysql.conf
```

 警告或重要提示时会出现这样的图标。

 技巧方面的提示是这样的图标。

下载示例代码

通过 GitHub 网站中本书的主页面 https://github.com/arunitybook，可以获得本书中完整项目的代码。我们鼓励读者通过 GitHub 提交改进建议、问题或请求。随着 AR 工具包与开发平台的频繁更改，我们的目标是在论坛社区的帮助下，尽可能保证本书包含的知识都是最新的。

你可以登录 https://www.packtpub.com 网站下载本书的示例代码文件。你可以按照以下步骤下载代码文件：

1）使用你的电子邮件地址与密码登录或注册 Packt 网站。

2）将鼠标悬停在顶部导航栏的"SUPPORT"选项卡上。

3）单击"Code Downloads & Errata"。

4）在搜索框中输入书名。

5）从搜索结果中，选择你要下载代码文件的书。

6）从购买本书的下拉菜单中选择。

7）单击"Code Download"。

下载文件后，请确保你使用的是最新版本的解压缩文件：

- WinRAR/7-Zip for Windows。
- Zipeg/iZip/UnRarX for Mac。
- 7-Zip/PeaZip for Linux。

本书的代码包也在 GitHub 网站上，网址为 https://github.com/PacktPublishing/Augmented-Reality-for-Developers。我们还在 https://github.com/PacktPublishing/ 上提供了丰富的书籍与视频，以及本书内容中的其他代码包。请你前往该网站下载！

下载本书的彩色图像

我们还为你提供 PDF 文件，其包含本书中的屏幕截图或图表均为彩色图像。彩色图像将帮助你更好地理解知识点讲述时的变化。下载该文件请访问网址 https://static.pack-cdn.com/downloads/AugmentedRealityforDevelopers_ColorImages.pdf.

▌目　录

第 1 章

增强你的世界

继个人计算机（PC）、互联网与移动设备革命之后，我们正处于一个全新计算平台的朝阳时期。增强现实（AR）是当今的未来！

让我们一起来创造这一可视化的未来，使得大众的日常生活可通过数字信息、服务、通信与娱乐而得到增强。它的出现迫切地需要开发人员参与到设计和构建这些应用程序中来。

本书旨在介绍 AR 底层技术、分阶段开发 AR 应用的步骤及最佳方法、如何使用一些功能强大并受欢迎的 3D 开发工具，包括 Vuforia、Apple ARKit、Google ARCore、Microsoft HoloLens 以及开源的 ARToolkit。我们将指导你制作适合各种 AR 设备与平台及其预期用途的高质量内容。

在第 1 章中，我们将向你介绍 AR，并讨论它如何工作以及如何被使用。我们将探索一些核心概念与当今最前沿的技术成果。接下来，我们将展示有效的 AR 应用程序示例，并介绍本书将涵盖的设备、平台与开发工具。

欢迎来到未来！

本章将涉及以下主题：

- AR 与 VR。
- AR 如何工作。
- 标识的类型。
- AR 的技术问题。
- AR 应用。
- 本书的重点。

1.1　什么是 AR

简而言之，AR 把数字信息与人类感官所获的实际信息实时地组合在一起，并叠加在物理空间中让你看得见。

AR 通常与视觉增强相关，即将计算机图形与现实世界图像相结合。AR 使用移动设备（如

1

智能手机或平板电脑）将图形与视频流相结合，我们称之为基于移动设备的视频透视（Video See-through）AR 系统。图 1-1 是 2016 年 AR 带给大众的 Pokémon Go 游戏。

图　1-1

AR 并非新事物；自 20 世纪 90 年代以来，一些研究实验室、军事与其他行业一直在探索 AR 技术。20 世纪 90 年代后期，基于 PC 的 AR 软件工具包已经作为开源包被应用到专用平台中。智能手机与平板电脑的普及加速了工业与消费者对 AR 的兴趣。当然，手持 AR 应用尚未达到潜力被充分发挥的地步，苹果公司发布了 iOS 版 ARKit，谷歌公司也为了推动行业发展，发布了 Android版 ARCore SDK。

现在人们对 AR 的兴趣点与兴奋点，主要集中在具有光学透视及跟踪功能的可穿戴式 AR 眼镜上。这些先进的设备，例如 Microsoft HoloLens 与 Metavision 的 Meta 头显，以及尚未透露的（截至撰写本书时）Magic Leap 与其他设备，都使用深度传感器扫描与建模周围的环境，然后将计算机图形加载到真实世界中。图 1-2 是在教室中使用的 HoloLens 设备的情景。

然而，AR 不一定需要可视化。也可以应用到听觉上，比如说一个盲人使用计算机生成的听觉反馈来指导他们通过自然的障碍。即使

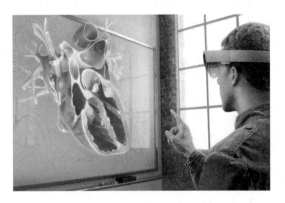

图　1-2

对于视力没问题的人，通过声音的增强现实来对环境进行感知也是非常有用的。反过来，一个听力不好的人使用 AR 设备时，可以通过视觉来辅助，比如说看到显示周围发生事情的声音与文字。

我们把概念泛化一下，AR 也可应用在增强你触摸的感知。举一个简单的例子，Apple Watch

上的地图应用程序，它会通过振动触碰你的手腕，提醒你在下一个路口转弯。仿生学是另一个例子，对于截肢者来说，当前在肢体修复方面取得的进展可以比作身体的 AR，它增强了人们对身体姿势与运动的感知。

接下来，一个通过增强空间的认知来找方向的想法就自然而然地产生了。2004 年，Udo Wachter 的研究人员在他的腰间佩戴了一条腰带，每隔几英寸贴一个触觉振动器（蜂鸣器）。在任何特定的时刻，朝北的蜂鸣器都会振动，让他不断知道他面对的是什么方向。在数周的时间里，Udo 的方向感有了大幅提升（https://www.wired.com/2007/04/esp/）（见图 1-3）。

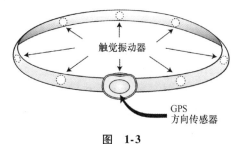

图　1-3

AR 技术可以适用于气味或味道吗？其实研究人员也一直在探索这些可能性。

什么是现实？你如何定义"现实"？如果你认为现实指的是能感觉到、闻到、尝到与看到的东西，那么"现实"不过是你大脑产生的电子信号。——出自《黑客帝国》电影（1999）中墨菲斯的台词。

好的，是不是觉得越来越科幻了，而且还有点奇怪的感觉。（不知道你是否读过 Ready Player One 与 Snow Crash）但是，在我们深入了解本书的要点之前，先让我们多说点。

根据 Merriam-Webster 词典（https://www.merriam-webster.com）的说法，"augment"这个词的定义是，使其更显著（greater）、更多（more numerous）、更大（larger）或更强烈（more intense）。"reality"被定义为现实的物质或状态。花点时间思考一下，你会意识到，AR 的核心是要把真实的东西变得更显著、更强烈、更有用。

除了字面定义外，AR 是一种技术，更重要的是，它是一种新的媒介，其目的是改善人类的体验，不管它们是被应用到一种任务、一种学习方式、一种交流方式，还是娱乐的状态。在谈论 AR 时，我们经常用到这个词"现实"，这个才是主体：现实的世界、现实的时间、超现实、现实很酷！

我们通过器官感知真实世界：眼睛、耳朵、鼻子、舌头与皮肤。生命和意识是神奇的东西，我们的大脑整合了这些不同类型的输入，给我们生动的生活体验。使用人类的独创性与发明能力，我们已经建立了越来越强大的智能机器（计算机），它也能感知现实世界，无论多么微妙。这些计算机可以比我们更快速、更可靠地收集数据。AR 是计算机通过处理现实世界的大量数据后，把有用的信息呈现给我们的一种技术，它可以帮助我们更好地理解现实世界。

通过这种方式，AR 使用了大量的人工智能（AI）技术。AR 与 AI 交叉的一种方式就是计算机视觉。计算机视觉被视为人工智能的一部分，因为它利用模式识别和深度学习等技术。AR 利用计算机视觉来识别视场中的标识，无论是特定的编码标识、自然特征跟踪（NFT），还是其他识别物体或文本的技术。一旦你的应用程序识别出标识并确定其在现实世界中的位置与方向，它就会生成与这些真实世界变换一致的计算机图形，并与真实世界的图像完美重叠。

然而，AR 技术不仅仅是计算机数据与人类感官的结合，除此之外还有更多。在 Ronald Azuma 1997 年的《增强现实综述》（http://www.cs.unc.edu/~azuma/ARpresence.pdf）研究报告中提出了 AR 技术符合以下特征：

- 真实与虚拟需要结合在一起。
- 需要实时交互。
- 在 3D 空间中进行注册（Registration）。

AR 是实时的，而不是预先录制的。例如，电影特效中将实际的动作与计算机图形相结合不算 AR。

此外，计算机生成的显示必须注册到真实的 3D 世界，2D 叠加不算作 AR。如果按照这个定义，各种平视显示器，比如钢铁侠的甚至 Google 眼镜都不算是 AR。在 AR 技术中，应用程序知道其 3D 环境，这种图像在该空间被很好地注册起来。从用户的角度来看，AR 生成的图形图像，比如说 3D 物体，实际上是和现实的物体一样，有物理的空间和体积。

在整本书中，我们将强调 AR 的这三个特征。在本章的后面，我们将探索能够实现真实与虚拟、实时交互以及 3D 空间注册这三者奇妙组合的技术。

尽管 AR 的未来看起来很美好，但在继续之前，我要说 AR 也可能给世界带来另一种极端的可能，和一些人希望的现实世界是相反的，但这并不是我们现在关注的！如果你还没有看到它，我们强烈建议你观看由艺术家松田圭一（Keiichi Matsuda，现为 Leap Motion 全球创意总监）制作的超现实视频（https://vimeo.com/166807261）。正如这个艺术家诠释的，这个视频描绘了一个不可思议、令人惊恐、但非常有可能影响未来的 AR 技术，它呈现了一种对未来新的、刺激的、千变万化的憧憬，物理空间与虚拟现实已经融合到了一起，整个城市被各类媒介渗透着。但我们现在还不用担心这一点。该视频的屏幕截图如图 1-4 所示。

图 1-4

1.2 AR 与 VR

虚拟现实（VR）是 AR 的姊妹技术。如上所述，AR 通过添加数字数据来增强你在现实世界中的体验。相比之下，VR 非常神奇但令人信服地将你带到了不同的（计算机生成的）世界。

VR 的主旨是成为一种完全沉浸式的体验，使你脱离当前的环境。存在感与沉浸感对 VR 的成功是至关重要的（见图 1-5）。

图　1-5

AR 不需要像 VR 那样来生成整个虚拟世界。对于 AR 技术来说，将计算机生成的图形图像添加到你现有的世界空间就足够了。我们将会看到虽然这不是一件容易的事，但在某些方面比 VR 的实现更难。当然它们有许多共同之处，但 AR 与 VR 具有不同的技术挑战、市场机会与独特的应用存在。

> 尽管金融市场预测逐月变化，但分析师们一致认为，VR/AR 的联合市场将是巨大的，2021 年时市值将高达 1200 亿美元（http://www.digi-capital.com/news/2017/01/after-mixed-year-mobile-ar-to-drive-108-billion-vrar-market-by-2021），AR 在其中将占有超过 75%。这绝对不是对 VR 的回击；VR 的市场将会有大增长，但预计与 AR 相比将相形见绌。

由于 VR 如此身临其境，因此其应用程序本身受到限制。作为用户，决定戴上 VR 头显并进入 VR 体验的那一刻是一种"以身相许"，因此你要考虑清楚！你正决定将自己从当前的世界转移到另一个世界。

然而，AR 给你带来一些虚拟的东西。在物理空间里你哪都不去，只是真实的世界被增强了。这是一种更安全的状态，虽然没有 VR 那么沉浸和吸引人，但是会让你有一种更微妙的以假乱真的感觉。正因为这个特点，才让它更为容易地被用户和市场接受，也更容易被广泛地使用。

VR 头显在视觉上阻挡了现实世界，对于 VR 来说这是必需的，因为不能有外部光线渗入视野。在 VR 世界中，你看到的所有内容均是由应用程序开发人员设计与制作的，用来创建 VR 体验。这项要求对技术设计与开发的影响是巨大的。VR 技术的一个基本问题是要确保头部运动和显示刷新的时间同步。当你头部移动时，VR 图像必须在 11ms 内快速更新，也就是图像更新频率必须在每秒 90 帧以上，否则可能会带来类似眩晕的感觉。有多个文献解释了为什么会发生这种情况（请参阅 https://en.wikipedia.org/wiki/Virtual_reality_sickness）。

在 AR 中，延迟的问题要小得多，因为大部分视野是现实世界，无论是影像还是光学透视。

当你看到的大多数是真实世界时，你不太可能眩晕。一般来说，AR 每一帧中要渲染的图像少得多，而且物理运算量更小。

为了产生左右眼的 3D 视图，VR 技术对设备的 CPU 与 GPU 也有很高的要求。VR 需要渲染整个场景，同时也需要满足包括物理、动画、音频与其他方面的要求。而 AR 技术不需要太多的渲染能力。

然而，与 VR 相比，AR 有众多额外的复杂度。AR 必须把虚拟图像准确地注册在现实场景中。这在计算上可能相当复杂。当基于影像处理时，AR 技术必须实时参与图像处理，寻找并追踪目标标识。还可能需要更复杂的设备，比如说深度传感器来实时构建与跟踪物理空间的扫描模型［同步定位与地图构建（SLAM）］。在本书中我们即将看到，AR 应用程序可通过多种方式来管理这种复杂的状态，比如使用简单的标识或使用与预定义自然图像匹配算法。处理过程可以是这样的：采用定制的深度感测硬件与位置传感器，来实时计算周围环境的 3D 网格，此 3D 网格再被进一步地用来在真实世界的目标位置与方向中叠加虚拟的计算机图形。

VR 头戴式设备通常包括头戴式耳机，用来阻挡外部声音使你可以完全沉浸在虚拟空间中。相反地，AR 头戴式设备采用开放式耳机或小型扬声器（而不是头戴式耳机），这样可以将真实世界的声音与来自虚拟场景的空间音频混合在一起。

由于 AR 与 VR 之间的内在差异，它们的应用会有明显差异。在我们看来，目前针对 VR 的许多应用最终会在 AR 中找到归属。即使是对于那些能否增强真实世界还是将用户带入到虚拟空间尚不明确的应用程序，AR 不将用户与真实世界隔离的优势已足够成为被用户接受的关键。游戏将会在 AR 与 VR 中非常流行，尽管游戏形式会有所不同。电影故事与需要沉浸式的体验应用，将会在 VR 中茁壮成长。而其他 3D 计算机仿真的应用都可能在 AR 市场中找到归属。

对于开发者来说，VR 与 AR 之间的一个关键区别是已有数百万的 VR 设备在消费者手中，而穿戴类 AR 设备目前仍然处于 Beta 版本。VR 设备目前有 Oculus Rift、HTC Vive、PlayStation VR 与 Google Daydream 等消费类设备可供选择，但 AR 设备远远没有在个人用户端成熟，其对于消费者来说相当昂贵。这使得 VR 商业机会在当前更成熟、可预测。因此，目前 AR 硬件的主要形式局限于手持式设备，比如手机或平板电脑，头戴式硬件基本都还处于企业内部实验性项目或前瞻性产品研发的阶段。

1.3 AR 如何工作

以上我们已经讨论了 AR 是什么，但它是如何工作的呢？如前文所述，AR 技术要求我们将真实环境与计算机生成的虚拟环境紧密结合起来。这些计算机图形被注册到真实的 3D 世界中。同时，这一过程必须实时地完成。

有很多方法可以实现。在本书中我们只考虑两种方法。第一种是目前最常见也最容易实现的方法：使用手持移动设备，如智能手机或平板电脑，利用它的摄像头捕捉环境，然后将计算机图像呈现在设备的屏幕上。

第二种是使用可穿戴的 AR 智能眼镜，例如出现在商用设备中的 Microsoft HoloLens 与 Metavision 的 Meta 2。这几款都是基于光学透视方案，将计算机图形显示在近眼显示设备上。

1.3.1　基于手持移动设备的 AR

使用手持移动设备（如智能手机或平板电脑），AR 技术使用设备的摄像头捕捉现实世界的影像并将其与虚拟对象相结合。

如图 1-6 所示，在移动设备上运行 AR 应用程序，你只需将摄像头指向现实世界中的标识，应用程序即可识别标识并在目标位置与方向上呈现 3D 计算机图像。这种方式是基于视频流显示的 AR 方案。

我们使用"手持"与"移动"这样的形容词，是因为我们使用的是手持移动设备。我们使用"基于视频流显示"，是因为我们使用设备的摄像头捕捉真实场景，并将其与计算机图像相融合。AR 视频图像在设备的屏幕上显示。

图　1-6

移动设备所具有的 AR 重要功能，包括以下方面：

- 无线并采用电池供电。
- 可触摸式平板显示器进行输入或互动。
- 后置摄像头。
- CPU（主处理器）、GPU（图形处理器）与内存。
- 运动传感器，即用于检测线性运动的加速度计与检测旋转运动的陀螺仪。
- GPS 与/或其他位置传感器，用于定位、建立无线与/或 Wi-Fi 数据与互联网的连接。

首先移动设备是无线的，可以自由漫游现实世界，它们不会被固定在某一个位置。这对 AR 来说很自然，因为 AR 体验在现实世界中发生，在现实世界中移动。

移动设备采用平板彩色显示器，其具有高分辨率与足够的像素密度，足以支持手持观看距离。当然，帮助推动 iPhone 革命的杀手级功能，是可以用于手指与显示图像进行交互的多点触控传感器。

后置摄像头用于捕捉来自现实世界的影像并在屏幕上实时显示。后置摄像头传给处理器的是一组基于图像的数据，因此你的 AR 应用程序可以对这组数据进行修改并可实时合并虚拟图形。这是一个单眼图像，从单个摄像头拍摄得来，因此获得单一视点。相应地，计算机图形使用单一视点来渲染与之相关的虚拟对象。

现在移动设备的计算力很强大，其 CPU（主处理器）与 GPU（图形处理器）对 AR 中的识别技术、处理传感器数据的时间、用户的交互以及渲染都至关重要。为了提升用户体验，我们看到软件算法不断地对计算力提出更高的要求，而这是推动硬件制造商更努力提高硬件性能的关键因素。

移动设备自带的包括测量方向、角度及其他参数的内置传感器也是移动 AR 成功的关键。加速度计用于检测沿着三个轴的直线运动，陀螺仪用于检测围绕三个轴的旋转运动。利用来自传感器的实时数据，软件可以在任何时间计算设备在 3D 空间中的位置与方向。该数据用于和视觉捕捉到的图像进行融合，最后计算出现实和虚拟的对应姿态信息，根据这个 3D 的姿态信息将虚拟图像注册到 3D 空间中的指定位置。

此外，GPS 传感器可用于把虚拟信息定位到地球上的某一特定位置，例如，使用 AR 来标注街景或山脉，或是找到调皮的 Pokémon。

另外，移动设备可以通过无线通信与/或 Wi-Fi 连接到互联网。许多 AR 应用程序需要互联网连接，现在越来越明显的趋势是用云端计算来取代本地计算，所以连接网络至关重要。

1.3.2　基于光学眼镜的 AR

与手持移动设备相反，像眼镜或"未来护目镜"的头戴式 AR 设备，例如 Microsoft HoloLens 与 Metavision Meta，可被称为光学透视眼镜增强现实设备，或简称为智能眼镜。如图 1-7 所示，它们不使用基于视频流的方式捕捉和渲染现实世界。相反，你可以直接透过智能眼镜看到现实世界，其将计算机图形与场景进行光学融合。

图　1-7

用于实现光学透视 AR 的显示技术因提供商而异，但原理相似。佩戴该装置时你所看到的玻璃，不是验光师为你配眼镜时使用的镜片材质。它采用了非常像分束器的合成器透镜，这个透镜有一定成像角度，可以将来自侧面的图像投向到你的眼睛。

光学透视显示器将来自现实世界的光与虚拟物体混合。因此，明亮的图像显得更可见、更真实。较暗的区域可能会让你看不见，因为黑色像素是透明的。由于这样的原因，这些设备在非常明亮的环境下往往效果不佳。虽然不需要十分暗的房间，但昏暗的灯光环境能提升用户体验。

我们可以将这些显示器称为双目。你用双眼透过护目镜看前方。与 VR 头显一样，AR 头显会生成两个独立的视图，每个视图都要考虑视差并增强 3D 的感知。在现实生活中，因为两眼间的瞳距，每只眼睛看到的前方视图会略有不同。增强的计算机图像还必须针对每只眼睛的偏移视角分别进行绘制。

微软 HoloLens 是一个独立的移动设备，而 Metavision Meta 2 需要连接到 PC 上来做计算。可穿戴式 AR 设备配备了众多硬件组件，但它们必须轻便、外形必须符合人体工学，使得你可以舒适地佩戴着走动。AR 头显通常包括以下组件：

- 具有特定视场角的光学系统。
- 前置摄像头。
- 用于位置跟踪与手势识别的深度传感器。
- 用于线性检测的加速度计、用于旋转运动检测的陀螺仪以及近耳式音频扬声器。
- 麦克风。

此外，作为一个独立的设备，你可以说戴着 HoloLens 就像把一台笔记本电脑裹在头上一样——不仅仅是重量，处理能力也是一样！它运行 Windows 10 系统，并且必须自行处理所有的空间算法与图形处理进程。微软开发了一种名为全息处理单元（HPU）的定制芯片来补充 CPU 与 GPU 的计算能力。

可穿戴式 AR 头显设备通常采用不会阻挡环境声音的近耳式扬声器，而不是耳机。虽然手持式 AR 设备也可以发出音频，但声音或来自手机的扬声器或来自入耳式耳机。而无论哪种情况，音频都无法与图像融合。使用可穿戴式近眼视觉增强功能，可认为你的双耳贴近你的双眼。这意味着可以使用空间立体音频来获得更真实、更沉浸式的 AR 体验。

1.3.3 基于标识（Target-based）的 AR

图 1-8 描述了一个传统的基于标识的 AR 技术。设备的摄像头捕获一帧影像后，使用一种被称为摄影测量法的技术分析此帧视频中是否含有和预存储的标识一致的图像。作为标识检测的一部分，算法会分析其在图像中的变形情况（例如尺寸与偏斜）以确定其在 3D 空间中相对于摄像头的距离、位置与方位。

由此确定 3D 空间中摄像头的姿态（位置与方向），然后将这些值用于计算机图形计算来渲染虚拟对象。最后，渲染的图像与这帧影像被融合后显示给用户。

iOS 与 Android 手机的刷新率通常为 60Hz。这意味着屏幕上的图像每秒更新 60 次，或每帧更新用时为 1.67ms。为实现这个快速更新需要做很多工作。比如，需要花大精力来优化软件的效能，以最大程度地减少浪费的计算量、消除冗余，并找到其他可以提高性能但不会对用户体验产生负面影响的技巧。例如，一旦标识被识别出来，软件就会试图使用跟踪算法，使其看上去是从一帧移动到下一帧，而不是每次重新识别标识。

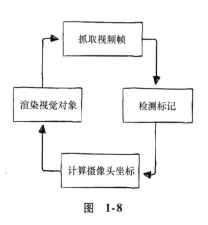

图 1-8

要与移动屏幕上的虚拟对象交互，所需的输入方式与任何移动应用程序或游戏均非常相似。如图 1-9 所示，当应用程序在屏幕上检测触摸事件时，程序将通过计算将从屏幕坐标系的 XY 位置投影一条射线到 3D 空间的坐标系中，来确定你想要打开的对象。若此条射线与某一可检测对象相交，则应用会响应此触摸事件（例如移动或修改当前图形）。下次更新帧时，这些更改将显示在屏幕上。

手持移动 AR 的一个显著特点是你可以从离身一臂远处的视角体验它。把设备放在身前，你

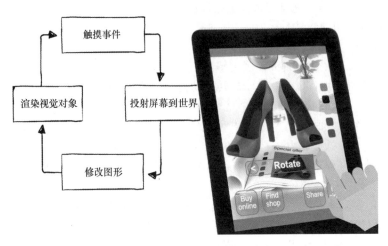

图　1-9

可以通过它的屏幕通向一个 AR 的世界。视野范围由设备屏幕的大小及其距离脸部的位置来定义。然而这不是完美的移动 AR 体验，除非你使用三脚架或其他东西来固定设备，否则你得一直手持着它。

广受大众欢迎的 Snapchat AR 自拍则更进了一步。它使用手机的前置摄像头，使用复杂的 AI 模式匹配算法分析你的脸部，以识别与脸部、眼睛、鼻子、嘴唇、下巴等相对应的特征点或节点。然后构建一个 3D 网格，就像你脸上的面具一样。利用它可以把一些匹配的图形或模型叠加到你脸上的相应部位，甚至可以变形与扭曲你的真实脸部以供消遣与娱乐（见图 1-10）。能够实时地实现此功能成为一个非常有趣并十分靠谱的商业机会。

也许在你阅读本书之前，已接触到了某些内置了深度传感器的移动设备，例如 Google Project Tango 与英特尔实感技术，它们能够扫描环境并构建 3D 空间地图网格以用于更多先进的追踪与互动。我们将在下一个主题中对这些功能加以解释，并在可穿戴 AR 头显的框架下加以延伸，当然它们也可能适用于新的移动设备。

1.3.4　3D 空间建图（映射）

前面讨论的手持式 AR，主要描述的是在一个 2D 的视频流中寻找一个 3D 空间姿态的过程。基于光学穿透式的 AR 设备则更多

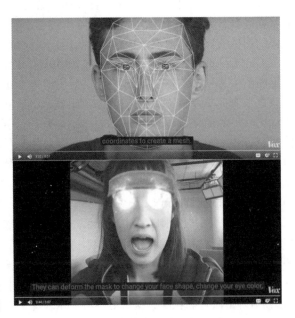

图　1-10

地依赖 3D 数据。当然像基于手机的 AR 一样，可穿戴 AR 设备可以使用其内置摄像头进行像上一节所说的基于标识的跟踪。但是可穿戴 AR 设备不仅限于此，必须包含更多！

这些设备包括深度传感器，可用于扫描你的环境并构建环境的空间图（3D 网格）。你可以将对象叠加到特定的表面或平面，而无须特殊的标识或用于跟踪标识图像的数据库。

深度传感器使用红外（IR）摄像头与投影器测量各表面的空间距离。它将红外点阵投射到环境中（肉眼不可见），然后通过红外摄像头读取并通过软件（与/或硬件）进行分析。在较近的物体上点阵的分布模式与远处的分布模式是不同的，深度就是通过这个位移来计算的。这个计算不仅仅是在某一帧图像上进行，而是在一段时间内跨多个帧进行分析以提供更高的准确性，因此具有深度信息的模型可以不断完善与更新。

可见光摄像头也可以与深度传感器数据结合，以进一步改善空间视图。使用摄影测量技术，场景中的可见特征被识别为一组特征点（节点）并跨多个视频帧进行跟踪。每个节点的 3D 位置使用三角测量来计算获得。

由此，我们得到了一个很好的 3D 网格空间，包括识别可能会遮挡（位于其他对象之前）其他对象的物体的能力。其他传感器来定位用户在现实世界中的朝向，同时提供用户自己的位置与所看到的场景。这种技术被称为 SLAM（同步定位与地图构建），其最初是为机器人应用开发的，牛津大学 Andrew Davison 在 2002 年关于这个主题的开创性论文可以在 https://www.doc.ic.ac.uk/~ajd/Publications/davison_cml2002.pdf 找到。

关于当前的 SLAM 技术，讨论最多的是 3D 数据更新的速度如何能匹配设备中传感器的响应速度。

比如说，"当 HoloLens 正在收集有关环境的新数据时，若环境发生了变化，那么将可能出现新的空间表面，或者已有的空间表面消失了，也可能已有的空间表面发生了变化。"（https://developer.microsoft.com/en-us/windows/holographic/spatial_mapping）

图 1-11 显示了每个更新帧期间发生的情况。该设备使用来自其传感器的当前读数来维护空间建图并计算虚拟摄像头姿态。然后使用该摄像头的转换信息来渲染注册到网格的虚拟对象的视图。该场景被渲染两次，用于左眼与右眼视图。计算机图像显示在头戴式眼镜上供用户观看，使其觉得图像好像真的在那里一样——虚拟对象与真实世界的物理对象共享同一空间。

空间建图技术不仅仅局限于具备深度感测摄像头的设备。使用最新的摄影测量技术，仅靠软件就可以完成很多工作。例如，Apple iOS ARKit 仅使用移动设备的摄像头，将每帧图像数据与其他位置和运动传感器所产生的数据一起处理，以将数据融合

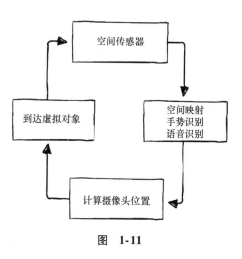

图 1-11

为环境的 3D 点云。Google ARCore 的工作原理类似。Vuforia SDK 有一个类似但更为简略的工具，称为 Smart Terrain。

1.3.5　利用空间建图（映射）开发 AR

空间建图是应用程序从其传感器获得的关于真实世界中所有信息的展示。它用于渲染虚拟 AR 空间对象。具体来讲，空间建图用于执行以下操作：

- 帮助虚拟对象或角色在房间内导航。
- 为了与某些物体进行交互，让虚拟物体遮挡真实物体或被真实物体遮挡，例如从地面反弹。
- 放置一个虚拟物体到一个真实物体上。
- 向用户展示他们所在的可视化房间。

在电子游戏开发中，关卡设计师的工作就是创造幻想世界的舞台，包括地形、建筑物、通道、障碍物等。Unity 游戏开发平台有很强大的工具用来约束物体与角色在关卡物理限制之内的导航。例如，游戏开发者可以添加简单的几何体或者 NavMesh 导航网格，用于限制场景中角色的移动。在许多方面，AR 空间建图就像 NavMesh 来帮你定义出边界一样。

空间建图显示出来的虽然只是一个网格，但它是 3D 的并且代表固体对象的表面，不仅仅是墙面与地板，还可能是家具这样的立体物体。当虚拟物体移动到真实物体后面时，空间建图的地图可以用于正确地估算出真实物体和虚拟物体的遮挡关系并显示出来。如果没有空间建图这个技术，通常遮挡关系是显示不出来的。

当空间建图具有碰撞特性时，它可以用来与虚拟物体进行交互，让虚拟物体可以与真实世界的表面相碰撞或从这些表面反弹回来。

最终，可以使用空间建图直接转换物理对象。例如，由于我们知道墙壁的位置，我们可以在 AR 中为它们绘制不同的颜色。

这可能会非常复杂。空间建图只是一个三角形网格。你的应用程序代码如何从三角形网格确定物理对象？这虽然是困难的，但不是无法解决的问题。实际上，HoloLens 的开发工具包中包括一个 spatialUnderstanding 模块，该模块可用来分析空间地图并辨识出如地板、天花板、墙壁等物体。此模块使用了光线投射（ray casting）、拓扑查询（topology queries）与形状查询（shape queries）等技术。

空间建图可能包含大量的数据，这些数据可能会使设备处理资源负载过重，会带来不好的用户体验。因此，HoloLens 通过空间表面观察者（spatial surface observers）将物理空间拆分为子集来减轻这种情况。空间表面观察者（简称观察者）是一个包围体（bounding volume），它定义了一个空间区域，这个区域包含一个或多个平面的映射数据。所谓平面是指在物理空间中的一个平面 3D 网格。把空间分成不同的区块，大大减少了需要处理数据的时间，也给更多的交互带来了可能性。

> ℹ️ 关于 HoloLens 与 Unity 空间建图的更多信息，请参阅 https://developer.microsoft.com/en-us/windows/mixed-reality/spatial_mapping 和 https://developer.microsoft.com/en-us/windows/mixed-reality/spatial_mapping_in_unity。

1.3.6 可穿戴 AR 的输入

通常 AR 眼镜设备既不使用游戏手柄也不使用鼠标，更不使用位置追踪的控制器。相反，其可以使用直接双手。手势识别是计算机视觉与图像处理中另一个具有挑战性的 AI 问题。

输入互动

手势 凝视

图 1-12

在追踪中，用户注视与手势识别用于触发事件，如选择、抓取与移动。假设设备不支持眼球追踪（移动你的眼睛而不移动你的头部），焦点的十字标通常在你注视的中心。想要与你感兴趣的对象互动，那么你必须移动头部以指向它（见图 1-12）。

更高级的交互可以通过真正的手部追踪来实现，其中用户的视线不一定用来确定他想交互的对象；这时你可以伸出手并触摸虚拟物体，然后用手指推动、抓取或移动场景中的元素。语音命令的输入越来越多地与真正的手部追踪结合使用，而不是简单的几个手势。

1.3.7 其他 AR 显示技术

除了基于手机视频流的显示设备和基于光学透视的显示设备，还有其他 AR 显示技术。

单眼头显是在一只眼睛显示单个图像，允许另一只眼睛查看未被增强的真实世界。它往往是轻量级的，并且更多地被用作平视显示器（HUD），就好像信息投射在头显设备的正面而不是生成到 3D 世界中。Google 眼镜就是一个这样的例子。尽管该技术可用于某些应用，但在本书中不做讨论。

基于视频流的可穿戴设备使用了配备摄像头的头戴式显示器（HMD），并在其近眼显示屏上将真实世界的影像与虚拟图形融合起来。这可能在诸如 HTC Vive 与 Samsung GearVR 等 VR 头显上通过启用摄像头直通功能来实现，但它存在一些问题。首先，这些 VR 设备没有深度传感器来扫描环境，从而妨碍了真实 3D 世界中图形的生成。

这种设备上的摄像头是单目的，但 VR 显示器是立体的。若两只眼睛看到相同的图像，会导致渲染图形在生成到真实世界时出现问题。

另一个问题是该设备的摄像头与你眼睛相距 1in 或更多，因此摄像头的视角与你眼睛的视角不一样；所以必须要对图形做相对应的注册才行。

由于上述的这些原因，目前可穿戴视频流透视的 AR 设备可能看起来很奇怪，用起来感觉不顺畅，总的来说并不能很好地工作。但是，如果你有类似的设备在手，不妨试一试本书中的开发项目，看看它如何工作。此外，我们期待很快有新的 VR + AR 组合设备上市，并希望可以通过双目摄像头、光学校正或其他解决方案来克服这些问题。

1.4 AR 标识类型

正如我们上述讨论的那样，AR 的本质是你的设备可以识别真实世界中的对象，并将计算机图像生成到相同的 3D 空间中，从而产生虚拟对象与你处于同一物理空间的错觉。

由于 AR 是数十年前首次发明的，软件可识别的标识类型已从非常简单的图像标识和自然特征发展到全空间视图网格。目前有许多 AR 开发工具包可以使用；其中一些工具包比其他的可支持更多种类的识别和追踪。

以下是对各种标识类型的简要概述。我们将在其他章中详细讨论，因为我们将在之后不同的项目中使用不同的标识。

1.4.1 黑白标识（Marker）

最基本的标识是具有宽边界的简单标识。该标识的优势在于，它们很容易被软件识别，识别处理的运算量小，并且可以最大限度地降低应用程序无法工作的风险，例如，由于不一致的环境光照或其他环境条件导致无法工作。图 1-13 是 ARToolkit 的示例项目使用的 Hiro 标识。

1.4.2 编码标识

将简单的标识提升到下一个级别，可以为边界内的区域预留二维码图案。这样，通过改变编码模式，可以重复使用单个标识组来生成许多不同的虚拟对象。例如，儿童书籍可能会在每个页面上弹出一个 AR 对象，使用相同的标识形状。

图　1-13

图 1-14 是来自 ARToolkit 的一组非常简单的编码标识。

Vuforia 包含一个名为 VuMark 的强大标识系统，可以轻松创建品牌标识，如图 1-15 所示。正如你所看到的，虽然标识的样式因为特定的营销目的而不同，但它们具有共同的特征，即都包括二维码外部边界内的保留区域。

图　1-14

1.4.3 图像标识（Image Marker）

识别与追踪任意图像的能力对 AR 有巨大的推动作用，因为它更容易被推广。图像跟踪属于特征点跟踪（NFT）类别。有一些特征可以制作出好的标识图像，包括具有明确定义的边框（最好是图像宽度的 8%）、不规则的不对称图案与良好的对比度。当你的 AR 应用程序中包含图像时，首先会对其进行分析，并存储特征地图（2D 节点网格）用于匹配真实世界的图像捕捉，

图　1-15

例如，从你手机的视频帧中进行匹配。

1.4.4　多目标标识（Multi-Targets）

　　值得注意的是，应用程序可以设置多个标识。使用多目标标识时，你可以在场景中每个标识的位置同时生成虚拟对象。

　　同样，标识可以显示、折叠或粘贴在几何对象上，如产品标签或玩具。图1-16是谷物盒标识的一个例子。

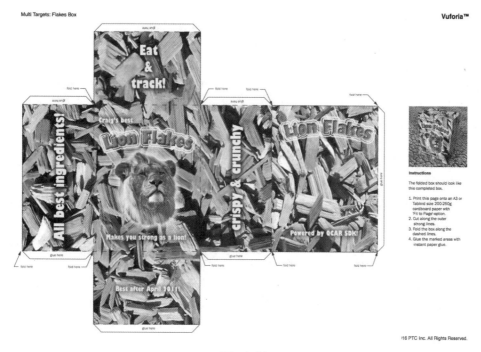

图　1-16

1.4.5　文本识别

如果一个标识可以包含二维码，那么为什么不能识别文字呢？一些 AR SDK 允许你配置你的应用程序，用来识别指定的字体读取文本。Vuforia 则更进一步，使用单词列表库，并允许你往列表库中添加自定义单词。

1.4.6　简单形状标识

你的 AR 应用程序可以配置为识别具有特定尺寸的基本形状，例如长方体或圆柱体。区分各形状标识不仅依靠形状，而且可通过它们的尺寸，例如魔方与鞋盒。长方体可以有长度、宽度与高度。圆柱体可以具有不同的高度，圆锥体有不同的顶部与底部直径。在 Vuforia 中追踪基本形状时，不考虑物体上的纹理图案，只要具有相似形状的物体都可以匹配。但是，当你将应用程序用于追踪真实世界的物体时，它们应具有足够复杂的纹理表面以便进行良好的边缘检测；一个纯白色的立方体是不容易被识别出来的。

1.4.7　物体识别

识别与跟踪复杂 3D 对象的能力与 2D 图像识别是相似的，但难度上远远超越了后者。虽然平面图像适用于平面、书籍或简单的产品包装，但你可能需要在没有包装的情况下识别非平面的玩具或消费品。例如，Vuforia 提供 Vuforia Object Scanner 来创建对象数据文件用来识别应用程序中的 3D 对象。图 1-17 是 Vuforia Object Scanner 扫描的玩具车示例。

1.4.8　空间地图

在此之前，我们通过 SLAM（同步定位与地图构建）介绍了空间建图与空间定位。支持空间建图的 SDK 可以实现它们自己的解决方案与/或提供接口供支持设备访问。例如，HoloLens SDK Unity 软件包当然支持其原生的空间建图。Vuforia 的空间建图（或被称为智能地形）不像 HoloLens 那样使用深度感应技术；相反，它使用可见光摄像头并采用摄影测量技术来构建环境网格。Apple ARKit 与 Google ARCore 使用摄像头并融合其他传感器数据来完成环境映射。

1.4.9　基于地理位置追踪（GPS-Based Tracking）

值得一提的是，AR 应用程序也可以仅使用设备的 GPS 传感器来识别其在环境中的位置，并使用该信息来注释所查看的内容。我使用"注释"这个词是因为 GPS 跟踪不像我们之前提到的任何其他技术那么精确，所以它不适用于离对象特别近的近距离观察。但它可以在某些应用场景中很好地工作，比如说，站在山顶上，拿着手机看到视野内其他山峰的名字，或者沿着街道边走边查询餐馆的评价。你甚至可以用它来定位与捕捉神奇宝贝。

作为 AR 开发的入门介绍，本书将主要介绍各种标识跟踪。这样我们的每个项目都可以使用手持式或 AR 眼镜设备来实现。如果整个项目的用户体验可以通过更高级的设备或技术得到提高，我们会尝试提供可行的建议与说明。

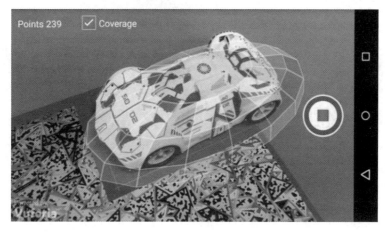

图　1-17

1.5　关于 AR 的技术问题

在本节中，我们将对一些比较难理解和棘手的问题进行阐述。这些问题都是研究人员过去和目前，甚至将来正在研究的课题。

1.5.1　视场角（Field of View）

在影院中、计算机屏幕上、手持移动设备屏幕上或 AR 头显中，从可视范围的一个边缘到相对的另一边缘的角度通常被称为视角或视场角（FOV）。例如，一个典型的电影院屏幕大约是 54°；IMAX 影院屏幕是 70°。人眼具有大约 160°水平（单眼），或 200°组合双眼 FOV。HTC Vive VR 头显的视场角大约有 100°。请注意，有时将 FOV 数据按水平与垂直列出；有时候，会沿对角线方向测量。

虽然不经常这样讨论，但当你将手机拿在面前时，它确实有一个视场，你可以用屏幕的

17

大小与距离来衡量。根据手臂长度推测手机一般在离人大约 45cm 的位置，因此计算出视场角只有 10°左右。这就是为什么你经常看到人们更喜欢大屏幕平板移动 AR 而不是手机的原因。

在可穿戴设备上，用户对视场角的预期更大。微软 HoloLens FOV 只有 35°左右，相当于将你的智能手机放到距离你 15 ~ 20cm 的位置，或在桌面上使用 15in 计算机显示器。尽管小视场角对用户体验的限制明显，幸运的是，用户调研报告显示，你会逐渐习惯并学会移动头部而不是眼睛来发现并追踪 AR 中你感兴趣的对象。Metavision Meta 2 头显在这一点上做得更好，它的对角线视场角会达到 90°。

图 1-18 展示了戴着 HoloLens 设备时 FOV 受限所带来的效果（图像由 Adam Dachis/NextReality 提供）。

理想视图   当你低头所看到的实际视图

图 1-18

1.5.2 视觉感知

渲染的图像需要满足我们对视觉感知的期望，AR 的标识往往是显示虚拟对象，以便它们能够近乎逼真地驻留在我们的物理环境中。如果 AR 仅仅是对现实世界的重叠或诠释，那么渲染效果可能没那么重要。

当渲染一个 3D 场景时，基于你的瞳距，左右眼的视角之间有略微偏移，这称为视差。虽然这不是什么大问题，因为在每个 VR 与 AR 可穿戴设备的解决方案中都要对此予以处理，但仍值得一提。

AR 中的虚拟对象当处于现实物体的前面时，应该隐藏它们后面的对象，这很容易，只需将对象绘制在上面即可。反之却并不那么简单。当虚拟物体位于真实物体后面时，比如虚拟宠物在桌子下或沙发后面，应该被部分或完全隐藏。这需要一个物理环境的空间建图；其网格的作用主要是在渲染场景时遮挡住那个虚拟物体。

一个更困难的问题出现在对虚拟对象逼真的渲染上。理想情况下，你希望物体上的光照与房间本身的光照相匹配。假设在现实世界中，唯一的光源是房间角落里的灯，但是你的 AR 物体却从对面被照亮。这样的叠加场景必然看起来很突兀不真实。Apple ARKit 与 Google ARCore 通过捕获环境光的颜色、强度与方向，然后相应地调整虚拟场景照明来解决此问题，甚至可以提供计算虚拟对象阴影的功能。这为在现实世界中提供了更逼真的对象渲染。

1.5.3　焦点

自从摄影设备诞生起，摄影师就对景深有了了解。当镜头聚焦在物体上时，前景或远处的物体可能会失焦，该范围称为景深。你眼睛里的虹膜也是一个镜头，它可以调整焦点所处的位置，称之为聚焦。我们实际上可以感受到我们的虹膜正在改变其焦点，而这种伸展与放松的眼球聚焦运动也在帮助我们感知深度。

然而，使用近眼显示（在 VR 与 AR 中），不管是否通过视差感知它们的距离，所有渲染的物体都处于焦点上。此外，当你聚焦于近距离的事物时，你双眼间的角度会发生变化，称之为聚散度。所以，我们得到了混合信号，把焦点放在一个距离上，聚散度放在另一个距离上。这导致了所谓的视觉辐辏调节冲突（accommodation-vergence conflict）。这一冲突会导致人眼视觉疲劳，并且会降低虚拟融合的真实感。这对可穿戴的 AR 与 VR 设备都是一个问题。

根据你的聚散度，使用眼动追踪来调整渲染图像是此问题的潜在解决方案。利用先进的光场技术，更精确地将计算机生成的图形与真实世界的环境光相结合，也有希望解决以上问题（请参阅 https://www.magicleap.com）。

1.5.4　分辨率与刷新率

像素是 AR 显示的重要组成部分。大家都知道像素是在显示屏幕上构成图像的那些微小的彩色点。像素越多越好，也是分辨率的衡量标准。像素密度，即每英寸屏幕包含的像素个数，以及颜色深度，是更为重要的一个概念。越高密度的显示设备可以产生越清晰的图像。较高的颜色深度，例如 HDR 显示（高动态范围），给每个像素提供了更多的比特数，因此可表现更自然与线性的亮度范围。

图像刷新延迟指的是从用户运动开始到相应画面显示到屏幕上所花的时间。滞后延迟不仅会让用户感觉不真实不稳定，还可能会导致眩晕，尤其是在可穿戴显示器中。根据设备的不同，屏幕可能会以每秒 60 帧或以上的频率刷新。所有传感器的读数、分析、图形计算与图形渲染都必须在非常短的时间内完成，否则用户将会感知到延迟。

1.5.5　人体工程学

最后，设备的外观、触感以及舒适度对于市场接受度与实用性至关重要。手持设备在不断地变轻变薄。如果 AR 被持续地在手持设备上使用，那么手持设备变轻薄是对 AR 用户体验的提升。

我们大多数人都认为，AR 最终会进入可穿戴式眼镜的形态。除非你平日里需要戴着工业安全帽工作，否则我们都期待 AR 眼镜如同一副太阳镜一样轻盈舒适。顺着这个思路，我们都期盼着 AR 隐形眼镜的诞生（在此之后，希望视网膜植入的到来？）。

2009 年，Rolf Hainich 在他的书 *The End of Hardware：Augmented Reality and Beyond* 中这样描绘终极显示：

具有高动态范围与完美跟踪的非侵入式、舒适、高分辨率及宽视场角的近眼显示器。

1.6 AR 的应用

为什么要增强现实？在当今世界，全天候提供服务的媒体、互联网连接与移动设备给我们制造了大量的信息。我们面临的问题并不是信息量不够，而是信息量太大。如何过滤、处理与使用有价值的信息，并且忽略冗余、不相关与不正确的信息是我们共同面临的挑战。Schmalsteig 与 Hollerer 在其著作 *Augmented Reality*，*Principles*，*and Practice*（Addison Wesley，2016）中解释道：

"增强现实有望在物理世界与电子信息之间建立直接、自动与可操作的联系。它为由电子信息增强的物理世界提供了一个简单而直接的用户界面。作为范式转变（paradigm-shifting）的用户界面设计，当我们回顾人机交互方面最近几个里程碑时，例如万维网、社交网络与移动设备革命的出现，增强现实的巨大潜力一览无遗。"

什么样的应用可以从中受益呢？答案是几乎所有使用数字信息的人类活动均可。我们将在本书后面的章节中进一步阐述实际项目的一些例子。

1.6.1 企业营销方向

使用相应辅助类应用程序，可以通过打印在产品包装上的 AR 标识，显示提供有关产品、证明或营销媒体的其他详细信息以增强产品。AR 名片是展示你有多酷的一种方式。有关更多详细信息，请参阅第 4 章。正如你今天在广告中看到的二维码会将你带到相关网站页面中一样，广告中的 AR 标识可能会在不久的将来出现。

1.6.2 教育方向

多年来，AR 技术一直被用于儿童书籍中，可以让故事变得很生动。年龄较大些的学生在学习教育科目时，可能会发现通过增强他们的教科书与媒体资源，会为该课程带来更多身临其境的互动内容。在第 5 章中，我们将建立一个教育项目示例，模拟我们的太阳系。

1.6.3 工业培训方向

基于 AR 的应用程序已被证实可以提升技术培训的效果并减少错误的发生。纸质的培训手册已经被数字化了多少呢？严格地说，仅将它们转换成 PDF 或网页只能算进步了一点点。

教学视频又更进了一步。借助 AR 技术，我们可以获得交互式 3D 图像、个人辅导与亲临授课等众多好处。在第 7 章中，我们将说明如何基于 AR 展开工业培训，向你展示如何为汽车更换轮胎。

1.6.4 零售方向

你有没有看过一个女人站在智能镜子前试衣服并用手势与系统进行交互的视频？例如，请参阅 http://www.oaklabs.is/ 上的 Oak Labs。Wayfair 在线家具店使用 AR 技术帮助你在购买家具之前先在家中摆放虚拟家具，观看效果（https://www.wayfair.ca）。在第 8 章中，我们将构建一个小应用程序，使你可以用装裱的虚拟照片装饰你的房间。

1.6.5 游戏方向

你一定了解神奇宝贝吧！当然，除此之外还有很多的 AR 游戏，但让我们把向大众普及 AR 游戏的功劳记在它身上。日本任天堂公司确实将 AR 带入了流行文化。我们暂不描述基于 AR 的游戏的所有可能性。但是，在第 9 章中，我们将构建一个小型的 AR 球赛。

1.6.6 其他方向

在工程与其他设计学科中，3D 艺术家与 CAD 工程师仍然使用鼠标在 2D 屏幕上制作 3D 内容。这一现象会在什么时候发生改变呢？现在是时候参与到虚拟世界中并推动其发展了。

音乐、电影、说书、新闻等行业都将受益于 AR 技术。未来的可能性会与人类的想象力一样无穷无尽。

1.7 本书的重点

本书面向那些有兴趣通过构建 AR 应用程序来学习并获得实际操作经验的开发人员。你不需要有 Unity 游戏引擎、C#语言、3D 图形、VR 技术或 AR 技术的开发经验；但是任何过往的开发经验，无论你是新手还是经验丰富的专家，都会有所帮助。

我们的重点将放在视觉增强现实上。我们也将涵盖一些对 AR 体验的完整性起重要作用的音频，但不涉及其他感官。

移动设备是 AR 的常用平台，包括手机与平板电脑，Android 系统与 iOS 系统。我们将此称为具有影像透视跟踪的手持式 AR。本书中的所有项目都可以在移动设备上构建与运行，包括 iPhone、iPad、Android 手机与平板电脑等。

目前人们越来越多地将对 AR 的兴趣点与关注点集中在基于光学透视追踪的可穿戴式 AR 眼镜上，例如微软 HoloLens。本书中的大多数项目也可以在 AR 眼镜设备上构建与运行，当项目中的用户界面与交互性需要修改以适应此类设备时，我们会特别予以指出。

试图在一本书中涵盖如此广泛的目标设备与平台是有风险的。我们将尽最大的努力对依赖特定设备的开发步骤予以说明，帮助你能够轻松地选择相关内容，跳过无关的内容。

本书介绍了如何设置 Windows 或 Mac 开发平台用以构建 AR 应用程序（抱歉的是 Linux 暂不包括在内），以及将应用程序上传到你的设备中。

对于应用程序开发，我们使用 Unity 3D 游戏开发平台（https://unity3d.com/），它提供了一个功能强大的图像引擎与全功能的编辑器，你可以使用 C#语言编程来驱动。有许多的资料讨论与评价过使用 Unity 的优势。一言以蔽之，Unity 内嵌对计算机图形或人形、对象动画、物理或碰撞的逼真渲染、用户界面与输入事件系统等应用技术提供原生支持。使用 Unity 你可以创建项目，然后为任何可支持的目标平台（包括 Windows、Android、iOS）以及许多其他常用主机与移动设备构建项目。

关于 AR 的开发工具包，我们将教你使用流行的专业 Vuforia AR SDK（https://www.vuforia.com/）。Vuforia 可以很好地处理 AR 开发中所需的大部分复杂算法与设备管理要求。Daniel Wagner 在 2008 年发表的一篇名为 "Robust and unobtrusive marker tracking on mobile phones" 的论文中首次发布，随后被高通公司收购并发展成为 Vuforia，而后于 2015 年被 PTC 收购。目前 Vuforia 支持多种设备，从手持移动设备到可穿戴式眼镜，如微软 HoloLens。正如我们在本书后面将会看到的那样，SDK 支持多种类型的跟踪标识，包括黑白标识、图像、对象与曲面，因此，它具有很广泛的应用。

它们还提供工具与基于云的基础设施来管理你的 AR 资源。Vuforia 要求你在每个应用程序中都要有一个许可证密钥。在撰写本书时，你的应用程序前 1000 次使用的许可证密钥可以免费下载；尽管它会在显示器的角落显示水印。付费许可证的起价为每个应用 499 美元。

另一个选择是免费的开源 ARToolkit SDK（https://github.com/artoolkit）。ARToolkit 也许是第一个开源的 AR SDK，当然也是持续时间最长的；它于 1999 年首次演示并于 2001 年作为开源发布。ARToolkit 现在由 DAQRI（https://daqri.com/）拥有，该公司是领先的工业 AR 设备与平台制造商。

至截稿为止，ARToolkit 的第 5 版更侧重于基于标识和图像的追踪定位，适用性不如 Vuforia 广阔（ARToolkit 第 6 版处于 Beta 版，它承诺将会推出激动人心的新功能与内部架构，但对此本书不做介绍）。它无法像 Vuforia 一样支持众多设备。但由于它是开源的，并且拥有一个开放的讨论社区，所以几乎所有的设备都可以使用插件（只要你愿意修补它）。ARToolkit 的 Unity 软件包不一定支持原生 SDK 的所有功能。

至截稿为止，苹果公司的 iOS 版 ARKit（https://developer.apple.com/arkit/）也处于 Beta 版中，并且需要 iOS 11。ARKit 可在任何内置 Apple A9 或 A10 处理器的 iPhone 与 iPad 上运行。Unity 提供了一个资源包，可简化 ARKit 的使用方法并提供场景示例（https://bitbucket.org/Unity-Technologies/unity-arkit-plugin/）。

我们很高兴能在本书中介绍 Google ARCore，但本书只提供一个入门介绍。因为 ARCore 是全新的，它所提供的文档与演示场景是非常粗浅的。当 Unity 在最终版本中支持 ARCore 时，设置可能会有所不同，比如安装 AR 服务 APK 的预览等内容将发生变化。受支持的 Android 设备列表非常短。请参阅本书的 GitHub 存储库以获取使用 Google ARCore for Android 的新实现说明与代码：https://github.com/ARUnityBook/。原理与 ARKit 非常相似，但 Unity SDK 与组件是不同的。

微软 HoloLens 是基于 Windows 10 的 MR（混合现实）设备。其相关信息请参见 https://www.microsoft.com/en-us/hololens/developers。使用它的配套工具包，即 MixedRealityToolkit（以前称为 HoloToolkit）组件（https://github.com/Microsoft/MixedRealityToolkit），即可在这款卓越的 AR 设备上进行开发。

AR 技术正在迅速发展。除了特定的 SDK 与设备之外，我们真的很希望你可以了解 AR 的概念与原理及其最佳实践。

表 1-1 列出了本书将要讨论的平台、设备与工具的各种组合。

表　1-1

目 标 设 备	开 发 平 台	开 发 引 擎	AR SDK
Android mobile	Windows	Unity	Vuforia
Android mobile	Windows	Unity	ARToolkit
Android mobile	Windows	Unity	Google ARCore
iOS mobile	macOS	Unity	Vuforia
iOS mobile	macOS	Unity	Apple ARKit
HoloLens	Windows	Unity	Vuforia
HoloLens	Windows	Unity	MixedRealityToolkit

1.8　本章小结

在本章中，我们向你介绍了 AR，试图定义与描述 AR 是什么，不是什么，并将 AR 与其姊妹技术（即 VR）进行比较。然后，描述了 AR 技术在手持移动 AR 设备与光学眼镜 AR 设备上分别是如何工作的。针对这两种类型的设备，我们都描述了它们的典型特征以及它们为什么是 AR 应用所必需的。传统意义上，AR 是使用基于视频流的显示与预编程标识（例如标记或图像）来完成的。可穿戴 AR 眼镜与新兴的移动设备使用 3D 空间地图来对环境进行建模，并更真实地与虚拟对象融合，因为它们可以在真实世界的视图与虚拟对象之间执行诸如遮挡与物理运动等操作。然后，我们回顾了各类型的标识，包括编码标识、图像标识与复杂对象，并总结了 AR 存在的许多技术问题，包括视场角、视觉感知与显示分辨率。最后，我们罗列了 AR 的一些实际应用，包括本书中即将详细介绍的项目。

在下一章中，我们将开始进入正题。第一步是在你的开发机器上安装 Unity 与主要的 AR 开发工具包（Vuforia、ARToolkit、Apple ARKit、Google ARCore 与 Microsoft MixedReality Toolkit），在 Windows 平台或是 macOS 平台上均可。让我们开始吧！

第 2 章

系 统 设 置

在接下来的两章中，我们将帮助你设置你的开发环境进行 AR 开发。本章将重点讨论如何让你的 Windows 系统或 macOS 系统配置完善，以便用于 Unity 开发并安装各种 AR 工具包。下一章将重点介绍如何构建与部署项目到特定的 AR 设备中。此外，我们将借此机会向你介绍 Unity 开发平台，其中包括 Unity 编辑器用户界面与其他主要功能的简介。

如果你是一位经验丰富的开发人员并且已经在使用 Unity，那么你可以浏览本章的部分内容，甚至完全跳过它们。选择与你的开发环境相关的主题。

在本章中，我们将介绍以下主题：

- 安装与使用 Unity。
- 在 AR 中使用摄像头。
- 安装与使用 Vuforia。
- 安装与使用 ARToolkit。

第 3 章中将介绍用于 HoloLens 开发的 Microsoft MixedRealityToolkit（又名 HoloToolkit）、用于 Android 开发的 Google ARCore 与用于 iOS 开发的 Apple ARKit 等相关工具包的安装。

如果你只对开发 Microsoft HoloLens 感兴趣，我们仍然建议你安装 Vuforia 库，因为本书中的一些项目是使用 Vuforia 对 HoloLens 的支持，而没有涉及 Microsoft MixedReality Toolkit。

同样，如果你只想开发 Apple iOS 设备，我们仍然建议你安装 Vuforia 库，因为本书中的一些项目是使用 Vuforia 对 iOS 的支持，而没有涉及 Apple ARKit。

OK，让我们开始吧！

2. 1　安装 Unity

本书中所有项目都将使用 Unity 3D 游戏引擎来构建。Unity 是一个功能强大的跨平台 3D 开发环境，具有用户容易掌握使用的开发编辑器。它包括一个各种模块的集合体，用来管理与渲染 3D 对象、照明、物理、动画、音频等。它也广泛应用于 2D 游戏的开发；然而我们将在项目中唯一使用的 2D 功能是创建屏幕空间中的用户界面（UI）。每个 Unity 模块都有一个程序接口（API），它具有十分丰富的类与函数，因此可以通过用 C#编程语言编写的脚本来访问整个系统。

Unity 提供了一系列订阅与许可选项。更多有关详细信息，请参阅 https://store. unity. com/。基本的个人版本可以免费下载与使用，非常适合用于 AR 开发。事实上，个人版本具有付费版本的所有功能！只有当你的产品收入超过 10 万美元或者你想使用为专业开发人员开发的 Unity 的其他在线服务套件时，才需要购买付费版本。

2.1.1　安装要求

在开始设置时有许多先决条件。你需要拥有一台 Mac 或者具有足够配置的 PC 来安装与运行 Unity。有关 Unity 对当前系统配置要求的详细信息，请访问其网站（https://unity3d. com/unity/system- requirements），其中包括支持的操作系统版本、显卡或内置 GPU、足够的磁盘空间与必要的 RAM。

对于 AR 项目开发，还建议你将一个网络摄像头连接到 PC 上，这样就可以在 Unity 编辑器中测试你的项目，即使 PC 不是你开发应用程序的目标平台；另外需要安装一个彩色打印机来打印项目中的标识图像。

对于开发系统可能会有额外的最低要求，这个将取决于你期望开发项目的目标设备。对于 HoloLens 版本，Windows 10 系统是必需的；对于 iOS 版本（iPhone 与 iPad），则需要 Mac 系统。

2.1.2　下载并安装

下列大多数安装说明也可以直接在 Unity 在线文档中找到（https://docs. unity3d. com/Manual/InstallingUnity. html）。虽然这些年来它们没有太大变化，但你应该查阅该网站的最新详细信息。

无论在 Windows 系统还是 macOS 系统上安装，步骤都是类似的：

1）转到 https://store. unity. com/并选择你想要订阅的计划，例如免费的个人版本（见图 2-1）。

图　2-1

2）这将下载匹配于你的操作系统的助手安装程序（Windows 或 macOS）。这是一个大小约为 1MB 的小型可执行文件。安装当前的 Unity 版本（见图 2-2）。

3）打开后，接受许可协议。

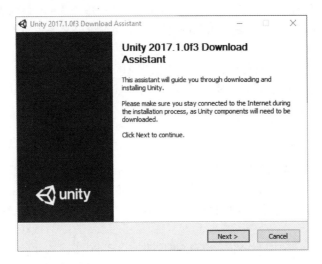

图 2-2

4）然后你可以选择你想要下载与安装的 Unity 编辑器的组件，如图 2-3 所示。

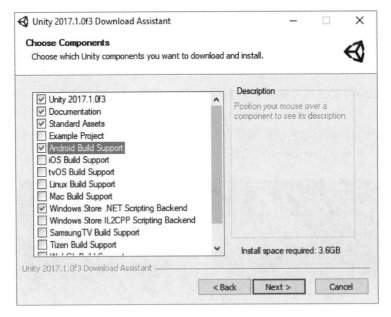

图 2-3

除 Unity 本身与其他默认组件外，请务必选择每个目标构建设备所需的支持组件：
- 如果你打算为 Android 设备构建，请选择 Android Build Support。
- 如果你打算为 iOS 设备构建，请选择 iOS Build Support。
- 如果你打算为 HoloLens 设备构建，请选择 Windows Store . NET Scripting Backend。

> **TIP** Unity 还支持更新更高性能的 Windows Store IL2CPP 脚本后台。截至撰写时，它仍然是实验性的。如果你想尝试一下，我们建议你还要安装. NET，这样你可以在构建设置中来回切换。

5）然后提示你选择程序文件的下载与安装路径。请注意，尽量不要将安装路径设置于 Windows C：系统盘中，因为程序可能非常大，所以我经常将它安装到具有更多可用空间的其他硬盘分区中（见图 2-4）。

图　2-4

6）组件将开始下载。下载时间长短将根据你的互联网连接状态来决定，这个过程可能需要喝杯咖啡或外出散步之类的长时间等待。

安装完成后，你可以选择启动 Unity。单击完成按钮。恭喜你，Unity 已经安装完成！

> **TIP** 首次启动 Unity 时，系统可能会提示 Sign into your Unity ID。如果你还没有账户，请选择创建一个账户。拥有一个账户可让你访问开发人员的服务系统，其中包括一些免费的讨论论坛。或者你可以跳过这一步到达初始界面。

2.2　Unity 介绍

打开 Unity 时，你可以选择启动新项目、打开现有项目或观看入门视频，如图 2-5 所示。
开始阶段，我们先来创建一个新的 3D 项目。将其命名为 AR_is_Awesome 或你想要命名的任

图　2-5

何内容，如图 2-6 所示。

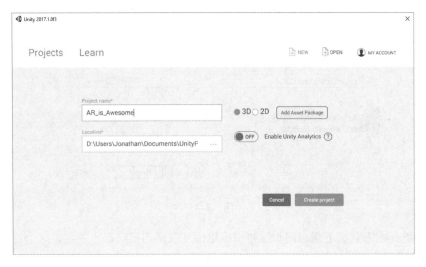

图　2-6

　　填写项目名称，并确认文件夹的保存路径是你想要的。确保勾选 3D 选项。目前没有必要选择任何额外的资源包，程序会默认提示 OFF 选项。随后单击 Create Project 按钮。

2.2.1　Unity 编辑器

　　你的新项目将在 Unity 编辑器中打开，其默认布局如图 2-7 所示。

　　Unity 编辑器由许多不重叠的窗口或面板组成，这些窗口可以细分为多个窗格。以下是前面的默认布局图像中显示的每个面板的简要说明：

　　● 上中部的图形化 "Scene" 窗口，用于你可以在视觉上组织当前场景的 3D 空间位置，包括对象的放置位置。

　　● 与之占据相同位置的隐藏的选项卡面板是 "Game" 窗口，该视图显示实际的游戏摄像头

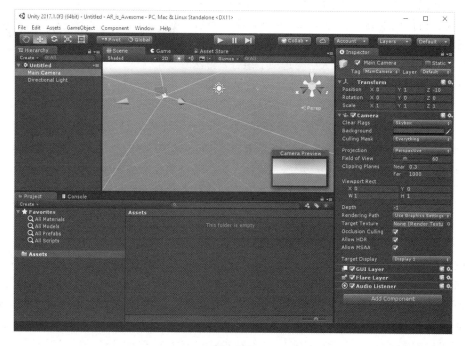

图　2-7

视图。在 Play 运行模式下，你的游戏在此面板中运行。

- 第三个选项卡会将你带到 Unity 资源商店，你可以从 Unity 社区中找到大量免费与付费的内容，包括脚本、插图与编辑器扩展。
- 左上角是"Hierarchy"面板，它提供当前场景中所有对象的树状视图。
- 底部是"Project"面板。它包含项目的所有可重复利用资源，包括导入的资源以及你将要创建的资源。
- 底部与之占据相同位置的隐藏的选项卡面板是"Console"面板，显示来自 Unity 的消息，包括来自代码脚本的警告与错误。
- 右侧是"Inspector"面板，其中包含当前所选对象的属性（无论是在"Scene""Hierarchy"还是"Project"面板中，都可以通过单击它们来选择对象属性）。"Inspector"面板为对象的每个组件都设有单独的窗格。
- 最上面是主菜单栏（在 macOS 上，它将位于屏幕的顶部，而不是 Unity 窗口的顶部），以及一个带有各种控件的工具栏区域，我们稍后会使用这些控件，其中包括激活运行模式的 Play（三角形图标）按钮。

在图 2-8 所示的屏幕截图中，Main Camera 在当前的"Scene"面板中被选中，Edit Mode 用于其位置变换，选择工具栏中的四方箭头，可在"Scene"面板中出现主摄像头的 3D 空间坐标系。此外，由于选择了 Main Camera，因此便捷的 Camera Preview 摄像头预览窗口位于"Scene"面板中。

如果这些面板或选项卡中的任何一个在 Unity 编辑器中不可见，请使用主菜单中的 Windows 下拉菜单查找可用的所有面板窗口。编辑界面是可自由配置的。例如，每个面板都可以重新排列、调整大小与选项卡组合，方法是抓住其中一个面板的选项卡并拖动它。请尝试拖动它们！右上角是布局选择器，可让你在各种默认布局之间进行选择或保存你自己的偏好设置。

图 2-8

> **ⓘ** 本书中的大部分 Unity 屏幕截图均显示的是 Unity 专业版外观。如果你使用的是个人版，你的编辑器界面将会变成浅灰色。此外，我们还经常将窗格安排在我们更喜欢的自定义布局中，以最大限度地提高工作效率，并将相关信息保存在一起以进行屏幕截图。

2.2.2 对象与层次

如图 2-7 所示，默认的空 Unity 场景由一个主摄像头和一个单向光源组成。这些元素会在 "Hierarchy" 面板中列出，并在 "Scene" 窗口面板中进行显示。"Scene" 面板还会显示无限延伸的地平面网格透视图，犹如一张没有任何图像的方格纸。网格横跨 x 轴（红色）与 z 轴（蓝色），y 轴（绿色）是垂直向上的。

> **ⓘ** 记住 3D 空间坐标系颜色的简单方法是，R-G-B 对应于 x-y-z。

"Inspector" 面板显示当前选定项目的详细信息。在 Unity 编辑器中可尝试以下操作：

1) 使用鼠标从 "Hierarchy" 列表或场景内选择 Directional Light。

2) "Inspector" 面板可以查看与该对象关联的属性与组件参数，包括对其进行变换。

物体的变换（Transform）指在 3D 世界空间中的位置、旋转与缩放比例。例如，位置（0，3，0）即为在地平面中心（$x=0$，$z=0$）的上方（y 方向）3 个单位。旋转（50，330，0）表示它围绕 x 轴旋转 50°，围绕 y 轴旋转 330°。正如你所见，你可以在这里以数字方式更改对象的变换，或者直接在 "Scene" 面板中使用鼠标拖动进行调整。

同样，如果你单击 Main Camera，它可能位于（0，1，-10）位置且没有旋转角度。也就是说，它当前指向的正前方是朝向正 z 轴方向。

当你选择 Main Camera 时，如图 2-7 所示，将在 "Scene" 面板中添加 Camera Preview 的视窗，该视窗会显示摄像头当前所看到的视野范围（如果当前 "Game" 窗口的选项卡已经打开，你将在 "Game" 窗口中看到相同的视图）。目前视图是空的，因为可参考的网格没有被渲染出来，但雾化的地平线是可识别的，下面是灰色的地平面，上面是蓝色的默认环境天空盒。

2.2.3 场景编辑

为了向你介绍如何使用 Unity，我们将制作一个包含几个对象的简单 3D 场景。具体来说，这不是 AR，但不用担心，我们很快就会做到这一点。

2.2.3.1 添加立方体

现在让我们在场景中添加一个对象：一个单位大小的立方体。

1）在"Hierarchy"面板中，通过 Create 菜单选择 3D Object｜Cube 创建一个立方体。（同样的选择也可以在主菜单栏的 GameObject 下拉菜单中找到）。

在"Inspector"面板中可以看到，默认的白色立方体被添加到场景中，在地平面的中心位置（0，0，0），没有旋转角度且比例为 1。这是一个对象的重置变换设置。○

> ⓘ Reset Transform 值为位置（0，0，0）、旋转（0，0，0）与比例（1，1，1）。

2）如果由于某些原因，你的立方体还会有其他变换值，则可以在"Inspector"面板中设置新值，或者在"Inspector"面板中 Transform 组件的右上角找到小齿轮图标。单击它并选择 Reset 重置。该对象目前坐标中心是立方体的中心。

该立方体的每个面都是一个单位尺寸。这个单位可以是任意设置的，无论是米、英寸甚至英里，你可以根据程序的规模来选择。但是正如我们稍后会看到的那样，当你使用物理模拟时，最好定义 Unity 中的一个单位对应于世界坐标系中的 1m。

你的场景可能如图 2-9 所示。

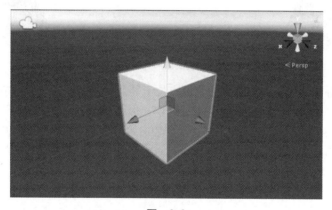

图 2-9

2.2.3.2 添加平面

现在让我们在场景中添加一个地平面对象：

1）在"Hierarchy"面板的 Create 菜单（或主菜单的 GameObject）中，选择 3D Object｜Plane 创建一个平面。

一个默认的白色平面被添加到场景中，以位于（0，0，0）位置的地平面为中心（如果没有，从"Inspector"面板中 Transform 组件的齿轮图标中选择 Reset 进行重置）。

○ 这是当一个对象使用重置功能时还原的值，也是世界单位矩阵。——译者注

> ℹ 在（1，1，1）的尺度上，Unity 的平面物体实际上在 x 轴与 z 轴上以 10×10 个单位度量。换句话说，平面自身的尺寸为 10×10，其变换比例为 1。

平面像立方体一样位于（0，0，0）位置。"Scene"面板可能会显示将 3D 场景呈现到 2D 图像上的透视投影。因为透视的变形使得立方体看起来不在平面的中心，但实际上它确实位于正中心。计算立方体两侧的平面网格数便可得知！但正如我们将看到的，在 AR 视图中观看时，视场角与摄像头图像（或实际光学透视视图）相同；它看起来是不会有变形的（见图 2-10）。

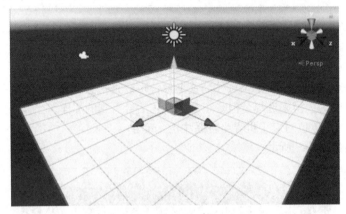

图　2-10

立方体被淹没在平面中，因为它的位置原点位于其几何体中心。如果立方体的边长为 1，其中间点是（0.5，0.5，0.5）。这看起来很容易理解，因为模型的原点可能不全是它的几何中心（也许在它的一个角或某个位置）。被变换位置也是物体原始位置在世界空间中的位置。

2）将立方体移动到平面的表面上。在"Inspector"面板中；将其 Y 位置设置为 0.5，即 Position 坐标为（0，0.5，0），立方体的位置则如图 2-11 所示。

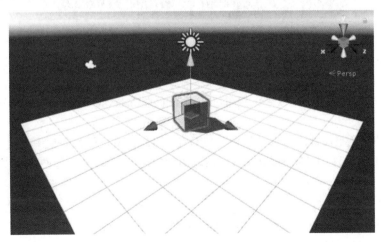

图　2-11

3）现在让我们试着围绕 y 轴旋转立方体。输入 20 到它的 Y 旋转角度，即 Rotation 坐标为 (0，20，0)。

注意它旋转的方向，为顺时针方向 20°。用你的左手举例，伸出大拇指的手势。然后看你的中指指向的方向。Unity 通常使用左手坐标系（目前没有用于坐标系统的统一标准；某些软件使用左手坐标系，而另一些则使用右手坐标系，如图 2-12 所示）。

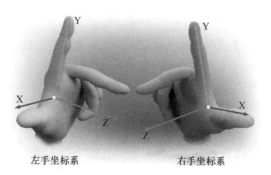

左手坐标系　　　　　右手坐标系

图　2-12

> Unity 使用左手坐标系，当 y 轴向上并且 x 轴是水平时，则 z 轴此时指向与你相反的方向。

值得注意的是，立方体发光的角度、阴影与阴影的方向，这由场景中的光照方向来决定。

4）在"Hierarchy"面板中单击 Directional Light 后，在"Inspector"面板中的 Transform 组件中，你可以看到它围绕 x、y 或 z 轴的旋转方向，以°为单位。

我们在"Inspector"面板中以数字输入方式来移动与旋转立方体，但你也可以通过在"Scene"面板中使用鼠标直接操作来更改它。请注意，在上面的示意图中显示的是如何在 3D 空间坐标系中移动物体，对于 x、y 与 z 轴各使用三个箭头。要移动物体，请单击其中一个箭头的尖端，这将使得物体只能沿着该轴移动。

Unity 文档中提供了变换小工具，图 2-13 描述了（从左到右）位置、旋转、缩放与矩形变换（矩形变换通常用于定位 2D 元素，例如屏幕空间 UI 元素）。有关更多信息，请访问 http://docs. unity3d. com/Manual/PositioningGameObjects. html。

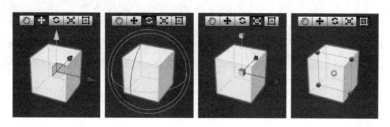

图　2-13

> 🛈 gizmo 是一个图形控件，可让你操作对象或视图的参数。gizmo 里有抓点或手柄，你可以单击并控制鼠标来进行拖动。

2.2.3.3 添加材质

要为立方体添加一些颜色，我们可以快速引入材质系统。材质定义了如何渲染表面，包括对着色器和纹理的使用（纹理是在对象表面上绘制的图像文件，与用于模拟细节并使对象更逼真的壁纸或包装不同）。现在，让我们为白色立方体添加一点颜色，技术上称为球面反射率（albe-do）。请按照以下步骤操作：

1）在"Project"面板中选择根目录 Assets 文件夹，然后选择 Create｜Folder 创建一个文件夹。将其重命名为 Materials。

2）选择 Materials 文件夹，选择 Create｜Material 创建一个材质文件，并将其重命名为 Red。

3）在"Inspector"面板中，单击 Albedo 右侧的白色矩形，该矩形将打开 Color 面板。可以选择一个漂亮的红色。

4）从"Project"面板中选择并拖动 Red 材质到场景中并将其放到立方体上。立方体现在立刻变为红色了。

你的场景现在应该类似像图 2-14 所示这样。我们将在本书后面进一步讨论其他项目中的材质。

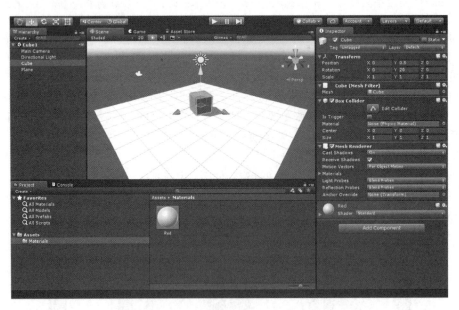

图 2-14

2.2.3.4 保存场景

让我们保存目前的开发成果。

1）在主菜单栏中，选择 File｜Save Scene 保存场景，并将其命名为 Cube1。

请注意，在"Project"面板中，新的 Scene 对象已保存在根目录 Assets 文件夹中。

2）选择 File｜Save Project 以随时保存项目开发进度。

2.2.3.5　更改场景视图

在任何时候，你都可以通过多种方式更改场景视图，其具体取决于你是否有三键鼠标、两键鼠标、触摸板或只有一个按钮的苹果鼠标。在 Unity 手册（http://docs. unity3d. com/Manual/SceneViewNavigation. html）中可以找到适合你设备的操作方式。

通常，使用 Shift/Ctrl/Alt 键组合鼠标左/右键单击可让你：

- 拖动摄像头。
- 以当前的中心点旋转摄像头。
- 放大与缩小。
- Alt + 鼠标右键单击上下左右摇摆，可漫游当前视野。
- 当选择了（在左上方的图标栏中）手形图标工具时，鼠标右键移动视野（鼠标中键单击也会执行类似的动作）。

在"Scene"面板的右上角，有一个场景视图的小控件，它描绘了当前场景视图的方向。例如，它可能表示 X 向后延伸至左侧，Z 延伸至右侧的透视图（见图 2-15）。

你可以通过单击相应的彩色圆锥来改变沿着三个轴的任何一个视图方向。单击中心的小立方体（或 gizmo 下方的文本）在透视图与正交（未变形）视图之间切换。请注意，这只会影响编辑器模式下的视图显示，而不会影响摄像头在运行时的视角（见图 2-16）。

图　2-15　　　　　图　2-16

这其中涵盖了使用 Unity 编辑器在场景中创建与变换对象的一些基本知识。

此外，通过将一个对象拖动到"Hierarchy"面板树结构中的另一个对象上，可以将两者组合在一起，从而在它们之间创建父-子关系。移动、旋转与缩放父级对象，则会将目标对象及其所有子对象作为整体进行同时转换。

浏览主菜单中的 GameObject 菜单，查看可以添加到场景中的多种对象。

2.2.4　游戏开发

除了在场景层次结构中创建、排列与渲染对象之外，Unity 引擎还提供游戏与 AR 应用程序所需的更多功能。现在我们将介绍其中的一些功能。

2.2.4.1　材质纹理、灯光与着色器

之前，我们介绍了如何为对象添加材质，以确定它们在场景中渲染时的外观。

一个物体有一个相对简单的 3D 网格——一组连接成三角形的点所构成的闭合网格，这些三角形面定义了物体向外的表面形状。按照球面反射率的结构绘制出的网格表面给人的感觉会比网格本身所呈现的细节更为丰富。这是一个关键技术：如何使用少于 100 个面形状来突出表面的细节，例如，应该尽量做减面的处理来节省大量的处理时间和速度，而不是使用几十万个甚至更多的面进行渲染。

着色器（Shaders）是在 GPU 中运行的代码，使用材质、纹理与光照属性来呈现物体。Unity 的标准着色器相当先进。除了Albedo 纹理之外，你还可以指定法线贴图（Normal Map）、高度贴图（Height Map）与遮挡贴图（Occlusion Map），除了金属反射属性外，还可以进一步提供更逼真的表面，以及基于物理着色（PBS）。图 2-17 是现实中木制桌子材质编辑的示例。

Unity 还允许你在场景中的任何位置放置各种光源，包括方向灯、点光源、聚光灯与区域灯。灯光的强度、色调与其他属性可能会有所不同。灯光也可以投射阴影。

根据你的应用实际情况，这些不错的材质与照明功能在 AR 中不一定会很重要。例如，如果你正在制作技术培训手册，而不需要更具有感染力的艺术风格，那么简单的平面着色可能就足够了。相反，如果你希望让物体看起来像是在你的房间并且真是和你的房间融为一体的感觉，那么你需要让这个物体看起来更加逼真。不幸

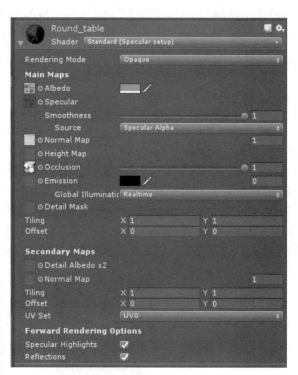

图 2-17

的是，使用软阴影（soft shadows）与阴影级联（shadow cascades）渲染会有很大的消耗，所以如果在移动设备或 HoloLens 上开发，需要避免这些设置。

> ⓘ 正如第 1 章中所述，AR 中目前的挑战是试图将虚拟物体的照明及阴影与现实生活中的实际照明情况尽可能一致。例如，Apple ARKit 提供了一个组件，若在场景中添加了光源，可以用这个组件尝试匹配真实世界中房间的照明条件，从而调整相应的参数。

2.2.4.2 动画

动画可以被定义为随着时间的推移而移动与改变对象的过程。一个简单的动画可能会以固定的速度（单位每秒）将一个物体沿着特定的轨迹与每帧的方向向量一点点地移动。在 Unity 中，可以通过编写简单的 C#脚本来实现动画，这些脚本用每帧的 Update( ) 函数来更新对象的变换。

使用"Animation"面板可以定义更复杂的动画，比如说绘制曲线可以了解对象属性随时间变化的方式。在图 2-18 所示的例子中，动画的一小部分演示了沿着 y 轴线性地移动一个球，同时让它在另外两个方向上来回摆动。

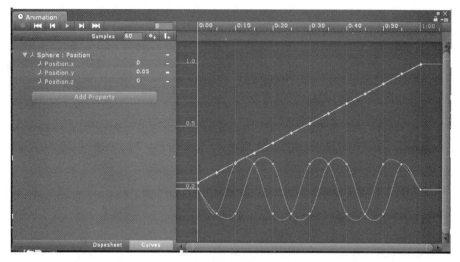

图　2-18

Unity 还提供了第三种甚至更高级的工具，称为 Animator Controller。这使你可以编写更复杂的动画序列，以响应特定的事件与对象状态。Animator Controller 是用来确定当前正在播放哪些动画的状态机，并且可无缝地混合动画。它可以使用图形化、类似流程图的可视化编程界面进行编写设计，如图 2-19 所示（https://docs. unity3d. com/Manual/class-AnimatorController. html）。

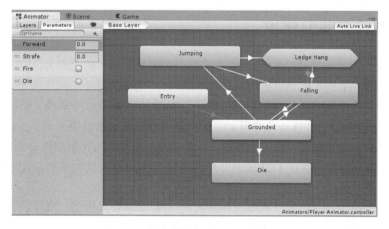

图　2-19

2.2.4.3 物理引擎

除了编程动画，Unity 对象可以设置为使用物理属性自行移动与交互。当一个物体被赋予一个刚体时，它本身具有质量与牵引力（阻力），并对重力做出反应。一旦开始运动，Unity 的物理引擎就会自动计算对象的下一步移动并在每一帧中更新它。

另外，可以给对象添加碰撞网格，该网格定义对象自身的形状与边界，用于计算该对象是否以及何时撞击其他对象。这可能就像一张桌子因为重力的缘故放置在空间中，显得很稳固，或者是飞行中的子弹击中它的目标一样简单。对象还可以被赋予一个物理材质，它定义了如何响应，比如像砖块一样着地或像球一样弹跳。

此外，你可以在 Unity 项目中进行编程来响应碰撞事件，然后启动其他效果、动画、声音等。所以当一个炮弹击中它的目标时，你可以播放最真实的音频声音、显示爆炸时令人惊叹的粒子效果，并控制应用程序中涉及的其他对象。我们将在本书后面的项目里使用到这些功能。

2.2.4.4 附加功能

Unity 还为音频提供了强大的支持。当声音伴随屏幕上出现的内容时，AR 应用程序会更加有真实感与沉浸感。Unity 资源商店与互联网上其他地方都有丰富的音频剪辑资源，你可以下载并在你的项目中使用。

Unity 中的所有内容都可以编写脚本。支持多种编程语言，但我们推荐 C#并在本书中使用它来进行项目中的编程。如果你对编程完全不了解，在 Unity 官方网站上有一些很好的关于 Unity 中使用 C#的教程（https://unity3d. com/learn/tutorials/topics/scripting）。即使这样也不用担心，从第 5 章开始，我们会在需要编写 C#代码时帮助你。

以上是关于 Unity 的快速介绍。我们将在接下来的章节中深入探讨。除了材质、物理与音频之外，还有更多的其他功能。例如，你可以使用标签、图层与预制体来进一步组织你的对象。请参考浏览 Unity 手册（https://docs. unity3d. com/Manual/index. html）与脚本 API 文档（https://docs. unity3d. com/ScriptReference/index. html）。如果你像我们一样有很大的热情，你一定会经常访问这些网站查看相关资料！

2.3　AR 中摄像头的使用

还有一个我们未讨论过但对任何 Unity 应用都至关重要的物体是摄像头。Unity 开发者们可能经常在他们的项目场景中不假思索地加入一个主摄像头。但在 AR 中，摄像头尤为关键。

摄像头是为用户捕捉和显示虚拟场景的设备。对计算机图形渲染来说，摄像头的姿态（位置和旋转角度）、方形视口和视场角共同决定了场景中可见并可被渲染至屏幕上的部分。摄像头的姿态决定其朝向。视口就像一个方形窗口，在窗口之外的场景均被剪切而不显示。视场角决定可视角的大小。在常规的视频游戏开发中，开发者可自由地修改以上参数以使得在屏幕上得到理想效果。

但对增强现实来说，对这些参数的限制受使用 APP 的设备所决定。虚拟世界的视角必须与用户通过视频摄像头或者通过头戴式眼镜（分别对应视频透视和光学透视的 AR 设备）所看到的真实世界的视角相匹配。

 AR SDK 提供的摄像头预制体组件通常会具有你需要 Unity 摄像头设置的属性。

幸运的是，AR SDK 提供的 Camera 对象或摄像头预制体组件的大部分默认设置都非常适合。图 2-20 所示屏幕截图显示了使用 Vuforia 预制体中摄像头的"Inspector"面板参数设置。

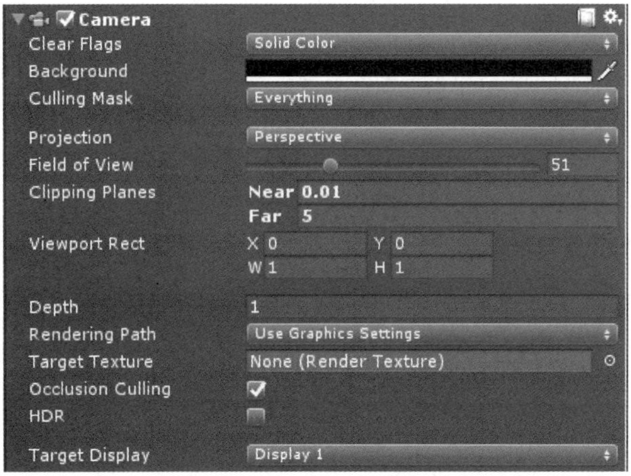

图　2-20

在 Unity 中，当一个新帧被渲染到帧缓冲存储器中时，它将被清除成为一个天空图像（就像一个美丽的蓝天云层的 360°图像）或纯色。对于 AR 来说，我们希望背景是透明的，并且在每个帧上呈现的虚拟模型是可见的，没有任何背景或其他任何东西。具体来说，在我们的 AR 视图中，没有颜色（即为黑色）的帧缓冲区中的任何像素都将是透明的。在光学透视的眼镜设备上，当没有彩色像素时，你可以透过眼镜观察世界。在影像透视到设备上时，摄像头采集的图像将作为背景可见。因此，在我们的摄像头中，将 Clear Flags 设置为 Solid Color，并将 Background 颜色设置为黑色（0，0，0）。

图 2-21 所示的"Hierarchy"面板显示了 Vuforia AR Camera 预制体。它包含一个设置过的摄像头。BackgroundPlane 是摄像头的子对象。场景渲染时，视频图像在这个平面上被绘制出来。

图　2-21

AR SDK 的 AR 摄像头还具有特殊的脚本或组件，它们实现了基于底层工具箱 SDK 算法与设备驱动程序的接口。

从一个工具箱到另一个工具箱的细节各不相同。有时会指示你查看与修改这些组件中的参数，以配置 AR 应用程序的事件行为。

在 Unity 的新版本中，AR 摄像机在 Unity 中引入对 native 的支持。在撰写本书时，唯一内置的 AR 摄像头只适用于 Microsoft HoloLens。在这种情况下，Camera 对象上可能不需要适用任何特殊的 AR 组件。相反，我们将使用播放器设置启用支持的虚拟现实并选择 Windows mixedreality holographic SDK。我们将在下一章中详细解释这些步骤。保留其他 AR 设备的内置支持，因为它们可以直接从 Unity 中获得。

尽管 Unity 目前为 HoloLens 提供内置支持，但在撰写本书时，如果未连接 HoloLens 设备或未安装模拟器，则我们无法预览播放模式。同样，Apple ARKit 在 iOS 设备连接时为播放模式提供远程功能。其他 SDK（Vuforia 与 ARToolkit）在连接了一个标准网络摄像头时，在编辑器的"Game"面板中支持播放模式预览，我们将在下一章中看到。因此，在大多数情况下，你的 PC 应该连接一个可用的网络摄像头。在 Windows 上，你可以在 Windows Start Menu｜Device Manager｜Imaging devices｜your device name 中找到它。

> ⓘ 要验证你的网络摄像头已连接并可以正常工作，请在 Windows 系统上运行 Windows 摄像头应用或使用其他可检查摄像头的应用。在 macOS 上，你可以使用 macOS Photo Booth 应用程序。

在本章的其余部分中，我们会帮助你在 Unity 项目中添加 AR SDK。我们需要考虑 Vuforia 与 ARToolkit 这两个通用工具包，它们都有 Unity 接口。

2.4　获取与使用 Vuforia

现在你已经在计算机上运行了 Unity，下一步就是将 AR SDK 导入到 Unity 项目中。本节将向你介绍 Vuforia 工具包。如果你不想使用 Vuforia，你可以跳到下一节获取与使用 ARToolkit 工具包的部分。

Unity 中的 Vuforia 支持为各种平台构建 AR 应用程序，其中包括：
- Android 智能手机与平板电脑，使用 Windows 或 macOS 系统开发。
- iOS iPhone 与 iPad，仅使用 macOS 系统开发。
- 包括 HoloLens 在内的 Windows 10 设备，通过 UWP-Universal Windows 系统开发。

平台当前支持的设备列表可以在网址 https://www.vuforia.com/Devices 中找到。

在决定使用 Vuforia 时，请注意其许可条款与定价政策。因为这是一个商业软件。你可以免费下载并开发你的项目，但是免费版本中有使用与分发限制（例如，每月最多可以使用 1000 个云识别图像），并且你的应用程序将在屏幕的角落显示 Vuforia 水印。如果你的应用将大量分发，你需要支付许可费。在撰写本书时，专业版的价格是每个应用程序一次性费用是 499 美元，或使用基于云存储与识别的应用程序每月为 99 美元。

首先，在 Unity 中打开一个项目。正如本章前面详细描述的那样，如果你想要开始一个新项目，请执行以下步骤：

1）打开 Unity 并在启动对话框中单击 New 新建项目。

2）给新项目起一个名称，选择保存项目的本地路径。

3）确保勾选了 3D 选项，然后单击 Create Project 创建项目。

或者，如果你已经打开了 Unity，则可以通过转到主菜单并选择 File｜New Scene 新建项目（或者在 Windows 上使用快捷键 Ctrl + N 或在 macOS 上使用快捷键 Command + N）。

2.4.1　安装 Vuforia

安装 Vuforia 的第一步是访问它们的网站 https://www.vuforia.com/，然后选择 Dev Portal 后登录账户。如果你没有账户，则需要先注册才能下载并使用该工具包。

2.4.1.1　下载 Vuforia Unity 组件

从 Downloads 选项卡中选择 SDK 子选项卡，选择 Download for Unity 一项并同意软件许可证。这将开始下载 Unity 软件包，命名为 vuforia-unity-x-x-x.unitypackage。Vuforia 6.2（现在是 Vuforia 7）的下载页面显示在图 2-22 所示的屏幕截图中。

图　2-22

其他工具包也可用于本地开发，包括 Android、iOS 与 UWP 等平台。但目前你不需要下载这些。

下载之后，我们现在需要导入它到当前项目中，可能以后你还想将其重新导入到其他项目中，因此将其复制到当前 Unity 项目之外且容易找到的地方。

接下来，回到 Vuforia Dev Portal 网站中在 Downloads 选项卡中单击 Samples 子选项卡，然后单击下载 Download for Unity 核心功能样例。你将看到开始下载一个 .zip 文件，命名为 vuforia-samples-core-unity-x-x-x.zip。这个文件包含额外的组件脚本与其他有用的文件，包括我们可能在本书的各个项目中会使用到的很多样例标识。将文件解压缩并复制到当前 Unity 项目之外且容易找到的地方，以备后用。它应该包含两个以上的 Unity 项目文件：imageTargets-x-x-x.unitypackage 与 VuforiaSamples-x-x-x.unitypackage。

> ⓘ Dev Portal 网站上还有其他可选的文件。如果你正在使用光学 AR 眼镜设备，则可能需要下载 Digital Eyewear samples. zip 文件。此外，还有 Best Practices 示例、Advanced Topics 示例以及 Vuforia Web Services 示例可供下载。Tools 子选项卡为更多工具提供更多下载，包括 Vuforia VuMark Designer，可帮助你创建自己的定制品牌编码标记。Vuforia Object Scanner 是一款 Android APK，可让你通过扫描 Android 设备的对象来创建目标。Vuforia Calibration Assistant 用于为独立用户创建光学透视设备的自定义校准设置。我们将在以后的项目中使用其中的一些，但我们目前没有用到还不需要下载。有关使用这些示例、工具等的信息均可以在 https://library. vuforia. com/的文档库中找到。

2.4.1.2 导入 Vuforia 资源包

现在 Vuforia 工具包已经下载完成，我们可以将其导入到我们的 Unity 项目中。

这些步骤可能非常熟悉，因为任何时候将任何第三方软件包导入 Unity 时都会使用这些步骤，但我们现在将详细介绍这些步骤：

1）在 Unity 中，转到主菜单并选择 Assets | Import Package | Custom Package，找到你的 Vuforia. unitypackage 文件（见图 2-23）。

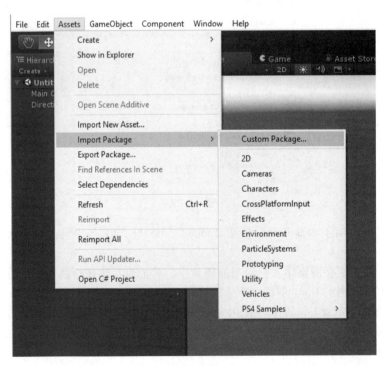

图 2-23

这将打开一个对话框，包含导入 Unity 的文件列表。

42

2）将默认选择所有文件，然后单击导入（见图 2-24）。

如果软件包文件比你当前的 Unity 版本稍旧，那么你可能会收到导入警告，提示脚本需要更新。选择继续完成导入（见图 2-25）。

Vuforia 软件包现在已导入到 Unity 项目中。在 "Project" 面板中查找。你将看到 Plugins、Resources 与 Vuforia 三个新文件夹，如图 2-26 所示的屏幕截图。

Plugins 文件夹是 Unity 中保存特定二进制文件与 API 代码文件的地方。它现在包含 Vuforia 工具包的低级 API 库以及用于 Windows、iOS、Android 与其他支持平台的相关文件。

Resources 文件包含一个名为 VuforiaConfiguration 的特殊文件，顾名思义，该文件用来维护项目的 Vuforia 配置参数。该文件将包含在项目创建中，并在你的 AR 应用程序运行时读取。在本书中，我们将使用许多类似的参数。

Vuforia 文件夹包含许多可用于你项目的 Unity 资源，包括 Materials、Prefabs、Scripts、Shaders 与 Textures。我们将在项目中进一步探索这些内容。

2.4.2　VuforiaConfiguration 设置

在开始使用 Vuforia 工具包开发任何项目之前，我们必须确保我们的应用程序具有许可证密钥。

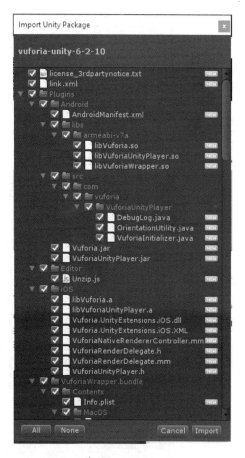

图　2-24

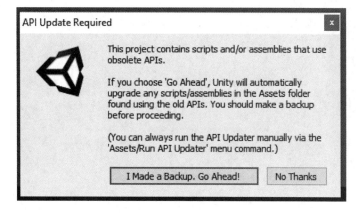

图　2-25

图 2-26

进入 Unity 编辑器中的 Assets/Resources 文件夹，单击 VuforiaConfiguration 文件，然后查看 "Inspector" 面板中显示的内容。默认设置的图像显示在图 2-27 所示的屏幕截图中。我们必须确保填写应用程序许可证密钥。

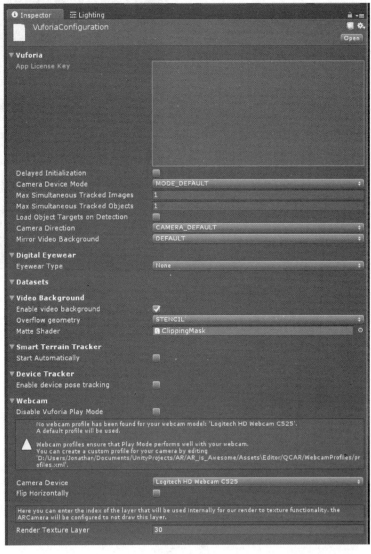

图 2-27

2.4.2.1　许可证密钥

要获取许可证密钥，请先打开 Vuforia 的官方网站，然后进入 Dev Portal 网页（https://developer.vuforia.com/）。确保你已经登录，然后单击 Develop 选项卡与 License Manager 子选项卡，如图 2-28 所示。

图　2-28

请单击 Add License Key 按钮创建新密钥。系统会提示你选择 Project Type，然后请选择 Development。然后会提示你输入应用程序名称（例如 AR Demo）。在下一步确认许可证密钥后，你将返回到 License Manager 页面。

一旦你拥有要使用的许可证密钥，请在 License Manager 列表中单击它。加密密钥将位于文本框中，如图 2-29 所示的屏幕截图。选择所有文本并将其复制到剪贴板。在此页面上，在 Usage 标签中，你可以查看密钥及其关联应用的使用情况。

现在回到 Unity，在 "Inspector" 面板中单击 VuforiaConfiguration 文件，将许可证密钥字段粘贴进去。认证许可步骤完成！

> ⓘ　创建一个密钥可以用于你所有关于学习、演示与实验项目的项目。Vuforia 不在乎你是否在多个应用程序中重复使用密钥，只要它的使用分析情况没有超出授权范围。但是，一旦你正在开发一个真正的、特定的应用程序，一定要去获得该项目的唯一许可证密钥。

2.4.2.2　安装摄像头

如果你想使用 PC 的网络摄像头从 Unity 编辑器中测试你的应用程序（并且你是这样做的），则需要对其进行配置。在 "Inspector" 面板的底部，在 Webcam 标题下是 Camera Device 选择器。如图 2-30 所示的屏幕截图，你可以看到我们安装并配置了 Logitech HD Webcam C525 设备。请确保此处已设置了你的首选摄像头。

2.4.3　使用 Vuforia 创建 demo

让我们来试一下吧！作为一个快速验证的检查，我们将做一些非常简单的事情，这会很有趣！

我们假设你已经开始使用新的 Unity 场景并导入了 Vuforia 资源包。正如我们以前所做的那

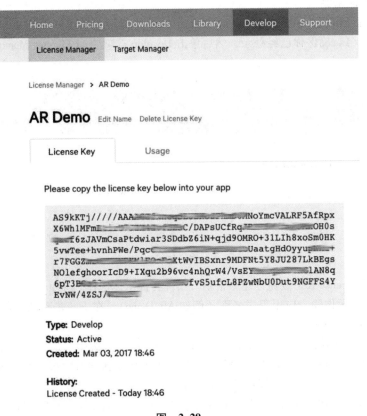

图 2-29

图 2-30

样，至少你需要设置应用程序许可证密钥，并确保你的摄像头已被选中（如前所述）。

2.4.3.1 在场景中添加 AR Camera 预制体（Prefab）

第一步是用 Vuforia 的 AR Camera 预制体替换默认的主摄像头：

1）在"Hierarchy"面板中，删除 Main Camera（选中它并按 Delete 键或右键单击删除）。

2）在 Assets/Vuforia 文件夹的"Project"面板中，单击 Prefabs 的文件夹。

3）选择名为 AR Camera 的预制体，并将其拖入"Hierarchy"面板的列表中。

当你按下 Play 按钮（Unity 顶部中心工具栏上的播放图标）时，你应该在"Game"面板中看到来自选定网络摄像头的反馈。这使我们能够在 Unity Editor 中调试 AR 应用程序。

如果你没有看到影像反馈，请仔细检查 VuforiaConfiguration 的网络摄像头设备是否设置为你的网络摄像头，以及摄像头是否正常工作（在 Windows 中，可以在 Device Manager｜Imaging Devices 中找到它）。

我们也会将 Camera Settings 组件添加到摄像头。出于某种原因，Vuforia AR 摄像头预制体默认不使用自动对焦。对于一些像 Android 这样的平台，这真的很需要：

1）在"Hierarchy"面板中选择 AR Camera。

2）在"Inspector"面板中选择添加组件并搜索 Camera Setting（或选择路径 Scripts｜Camera Settings）。

3）选择组件将其添加到摄像头对象。

2.4.3.2　添加标识图像

现在我们可以开始创建 AR 应用程序。首先，让我们决定如何使用图像标识并通知应用程序。在后面的章节中，你可以选择自己的图片或其他标识，但现在我们将使用 Vuforia 提供的其中一个示例。

如果你还没有这样做，请从 Dev Portal 下载核心功能示例（https://developer.vuforia.com/downloads/samples），并将其解压缩，然后执行以下操作：

1）在主菜单中选择 Assets｜Import Package｜Custom Package，将名为 VuforiaSamples-x-x-x.unitypackage 的软件包导入你的应用程序。

该软件包中有很多东西，包括图像标识的数据库。我们现在要使用其中一个图像——一个名为 stones_scaled.jpg 的图像。

> ℹ 请一定记住，AR 将现实世界与虚拟世界混合在一起。在开发时，你不仅需要标识图像的电子版副本，还需要打印出来以测试你的应用程序。

在你的操作系统（Windows 或 macOS）中，随项目示例一起安装的文件中，有一个可打印的石头图像副本的 PDF 文件。在 Assets/Editor/Vuforia/ForPrint 文件夹里可以找到。

2）打开 target_stones_USLetter.pdf（或 target_stones_A4.pdf）文件，并打印它。

它看起来如图 2-31 所示。

回到 Unity：

1）在"Project"面板中，在 Assets｜Vuforia｜Prefabs 路径下选择，并将 ImageTarget 预制体拖入"Hierarchy"面板中。

2）在"Inspector"面板中查看。在 Image Target Behavior 组件下，选择 Predefined（预定义）类型。

3）然后对于 Database 这一项选择 StonesAnd-Chips。

4）对于 Image Target 一项选择 stones。

它现在应该如图 2-32 所示。

请注意其属性中图像的宽度与高度尺寸为

图　2-31

图 2-32

0.247×0.1729。这里是以 m 为单位的打印图像的实际尺寸（单位换算成 in 为 9.75in×6.5in）。

你现在应该能够在"Scene"视图面板中看到该图像。如果你没有看到，它可能是不可见的。在"Scene"视图中查找特定对象的快速方法是双击"Hierarchy"面板中的对象（或者，选择"Hierarchy"面板中的对象，将鼠标移至"Scene"面板并按 F 键）。如本章前面所述，你可以使用右上角的 3D 空间坐标轴 gizmo 或使用鼠标右键或鼠标中键（在 Windows 系统中）进一步修改场景视图。图 2-33 是目前的场景图像。

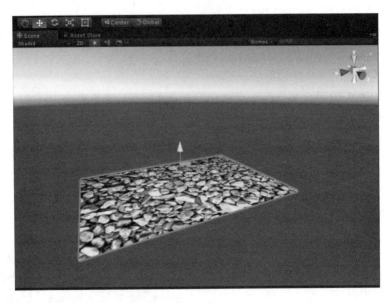

图 2-33

我们还需要告诉 Vuforia 与 Unity，我们将使用其中一个图像数据库：

1）从主菜单中选择 Vuforia｜Configuration。

2）在"Inspector"面板中，勾选 Load StonesAndChips Database。

3）然后勾选 Activate，如图 2-34 所示（macOS 系统）。

2.4.3.3　添加立方体

现在我们将一个对象添加到场景中，只是一个简单的立方体。

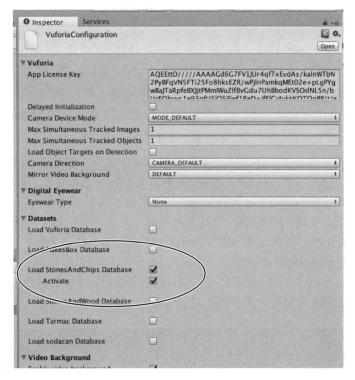

图　2-34

1）在"Hierarchy"面板中，选择 Create，然后选择 3D Object｜Cube（或从主菜单中选择 GameObject｜3D Object｜Cube）。这个操作将会创建一个单位大小的立方体，边长为 1m。

2）显然，这个标识对于我们来说太大了，它接近 0.2 个单位的尺寸。因此，在"Inspector"面板中的 Transform 组件中，将 Scale 一项更改为更便于查看的尺寸，例如（0.05，0.05，0.05）。

此时，立方体看起来像淹没在环境中了。让我们把它往上移，以便它坐落在标识图片之上。

3）通过选择并拖动绿色的（垂直）箭头或在"Inspector"面板中将其 Transform Position 更改为（0，0.03，0），如图 2-35 所示。

图　2-35

最后，我们需要将 ImageTarget 作为父对象。

4）在"Hierarchy"面板中，选择并拖动 Cube，使其成为 ImageTarget 的子项，如图 2-36 所示。

图　2-36

请注意，我们改变场景的顺序非常重要。我们首先缩放并放置立方体，然后将其放在 ImageTarget 的子集中。此时，"Inspector"面板中立方体的变换值已经更改，但该对象在屏幕上未发生变化。这是为什么呢？由于立方体的变换值具有相对于其父级变换的局部值。当你在"Hierarchy"面板中移动对象时，Unity 会对它们进行调整！所以，我们的立方体大小为 0.05，TargetImage 对象大小为 0.25；现在立方体作为子对象，它的局部大小变为 0.2，但其真实大小仍然为 0.05（$0.2 \times 0.25 = 0.05$）。

如果你完全没有明白这一点，不要担心；你将在实践中习惯它，通常固定数字不如屏幕上的东西显得重要。场景现在应该看起来如图 2-37 所示。

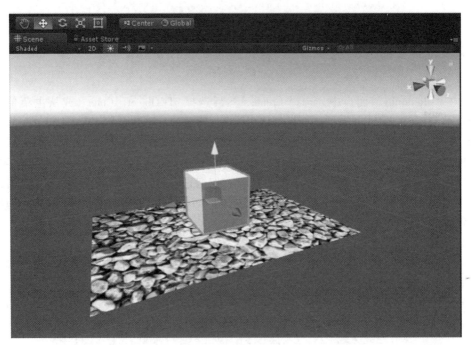

图　2-37

保存场景与项目：

1）从主菜单中单击选择 File│Save Scene 保存场景。

2）然后选择 File｜Save Project 保存当前项目进度。

现在我们准备好看它是如何运行的。在 Unity 工具栏中再次按下 Play 按钮。将你的摄像头视野范围指向石头图像标识。我们的魔方现在应该出现在图片标识之上了。耶!!!

图 2-38 显示了我们将摄像头指向打印出来的石头图片，Unity 在后面的监视器上运行该场景。在"Game"面板中，你可以看到来自外置摄像头的视频信号，并将立方体添加到这个图片之上，这便是壮观的增强现实!

图　2-38

如果你还想尝试另一个 SDK——ARToolkit，你可以关注下一个主题，或者跳转到下一章学习。

2.5　获取与使用 ARToolkit

本节介绍用于 AR 开发的 ARToolkit SDK。如果你不想使用 ARToolkit，你可以跳过这一节。

ARToolkit 是一个开源软件项目。你可以自由使用它来开发与发行你的应用程序。不像 Vuforia，ARToolkit 没有许可费用。作为一个开源项目，任何想要使用它的人都可以使用其源代码、阅读甚至扩展源代码。ARToolkit 由著名的 AR 行业领导者 DAQRI 创造，可以在 LGPL v3.0 许可下免费使用。

如果你发行使用 ARToolkit 构建的应用程序，则需要在 About 框中包含确认与许可通知。自 1999 年以来，ARToolkit 和其他 AR SDK 最大的不同是，其是第一个也是持续不断被支持的开源 AR SDK。

如果你的需求符合其功能范围，ARToolkit 与 Vuforia 相比毫不逊色。但是，Vuforia 支持更多的标识类型，如果你需要其中的一种，例如形状标识，那么 ARToolkit 可能不适合。部分原因在于，Vuforia 似乎拥有更出色的开发人群的用户体验，因为其中包含易于使用的基于云的服务。另一方面，ARToolkit 可以更直接地访问对你的应用程序而言可能很重要的底层工具与参数。有些人会想要并需要这种最大限度的了解。此外，由于它是开源的，你可以深入了解其工作原理，进行自定义更改并编写自己的扩展以满足你的要求。它的 GitHub 库可以在 https://github.com/artoolkit 找到。

> 在撰写本书时，ARToolkit 正在从版本 5 更新到版本 6（beta 版）。本书涵盖 ARToolkit V5.3.2。

ARToolkit 这个版本的 SDK 支持为各种平台构建 AR 应用程序，其中包括：

- Android 智能手机与平板电脑，使用 Windows 系统或 macOS 系统。
- iOS iPhone 与 iPad，仅使用 macOS 系统。
- Windows 与 macOS 桌面应用。

首先，在 Unity 中打开一个项目。正如本章前面所详细描述的那样，如果你想开始一个新项目，请执行以下操作：

1）打开 Unity 并在启动对话框中单击 New 新建。为项目指定名称与位置，确保勾选 3D 选项，然后单击 Create Project 创建项目。

2）或者，如果你已经打开 Unity，你可以通过选择主菜单并单击 File | New Scene 新建项目（或者在 Windows 上使用快捷键 Ctrl + N 或在 macOS 上使用快捷键 Command + N）。

2.5.1 安装 ARToolkit

要安装 ARToolkit，首先进入其官方网站并下载 Unity 软件包。该文件可能被命名为类似于 ARUnity5-x. x. x. unitypackage（见图 2-39）。

图 2-39

下载之后，我们现在需要将它导入到当前项目中，可能以后你还想将其重新导入到其他项目中，因此将其复制到当前 Unity 项目之外且容易找到的地方。

接下来，下载其他 Unity Tools. zip 文件，其中包括生成影像标识所需的实用程序。选择适合你的 Windows 系统或 macOS 系统下载。该文件可能被命名为 ARUnity5-x. x. x-tools-win. zip 或 ARUnity5-x. x. x-tools-osx. tar. gz。将文件解压缩并复制到当前 Unity 项目之外且容易找到的地方。

在 Windows 系统上，你可以选择将它放到 C：\ Program Files 中。因为它包含很多子文件夹，其中的 bin 目录包含你将在后面章节中需要的可执行实用程序，例如标识创建与摄像头校准工具。

ARToolkit 工具文件夹的 doc 目录中还会包含一些示例图像，例如我们现在要使用的一个名为 gibraltar. jpg 的图片文件（见图 2-40）。请打印出这张图片。在开发时你不仅需要标识图像的电子副本，还需要将其打印出来以测试你的应用程序。

图 2-40

2.5.2 导入 ARToolkit 资源包

现在已经下载了 ARToolkit 软件包，我们可以将它导入到我们的 Unity 项目中。在 Unity 中，执行以下操作：

1）回到主菜单。

2）选择 Assets | Import Package | Custom Package，找到你的 ARToolkit Unity 软件包文件。

3）将文件导入到你的项目中。

这些步骤你可能非常熟悉，因为任何时候你将第三方软件包导入 Unity 时都很常见这些步骤，并且在前面已经详细介绍了 Vuforia（如果需要，请参阅前面的说明）。

某些适用于 macOS 系统的 ARToolkit Unity 软件包版本（包括 5.3.2）错误地包含不应导入的 Unity 系统文件。在 Import Unity Package 对话框中，确保只勾选 ARToolKit5-Unity、Plugins 与 StreamingAssets 三项，而不勾选任何其他文件夹，如图 2-41 所示。

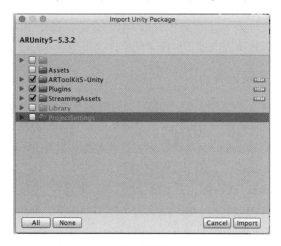

图 2-41

53

ARToolkit 软件包现在被导入到你的 Unity 项目中。请查看一下 "Project" 面板。你将看到几个新文件夹，包括 ARToolkit5-Unity、Plugins 与 StreamingAssets（见图 2-42）。

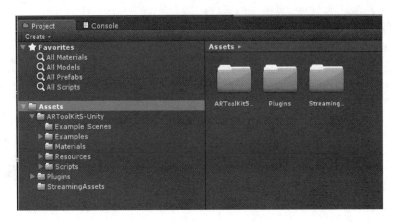

图　2-42

Plugins 文件夹是 Unity 保存平台特定的二进制文件与 API 代码文件的地方。它现在包含 ARToolkit 的低级 API 库以及用于 Windows、iOS、Android 与其他支持平台的相关文件。

请注意 Plugins 中的 ARWrapper bundle 文件夹。它是 Unity SDK 与低级 API 之间的中间层代码，这是 ARToolkit 设备独立体系结构的一个重要特性。我们将在下一章学习如何在 Visual Studio 中处理这个问题。

StreamingAssets 文件夹是 Unity 希望在运行时查找应用程序可能使用的媒体文件的地方。对于 ARToolkit 来说，这是你获取为应用程序准备的标识数据的地方。它现在包含范例场景中将会使用到的一些示例文件。

ARToolkit5 文件夹包含许多可用于你项目的 Unity 资源，包括 Materials、Scripts、Shaders 与 Examples。我们将在接下来的项目中进一步探索使用这些资源。

2.5.3　ARToolkit 场景设置

我们现在准备尝试一下！为 ARToolkit 设置场景时请遵循以下几个步骤。

首先，我们将设置 Unity 场景。因为目前不是使用预制件，因此需要构造我们需要的每个游戏对象，但这并不困难。任何新的 AR 场景都需要这些步骤，其中包括：

- AR 控制器（AR controller），用于初始化。
- AR 原点（AR origin），默认情况下坐标为（0，0，0）。
- AR 被跟踪的对象（AR tracked object），定义标识与跟踪空间。
- AR 摄像头（AR camera），允许渲染 AR 内容。

2.5.3.1　添加 AR 控制器

每个场景都需要带有用于驱动应用程序工具箱组件的 AR 控制器对象。AR 控制器管理初始化、设置与功能，例如来自移动设备的视频流。

1）在 Unity 项目的"Hierarchy"面板中，选择 Create｜Create Empty（或在主菜单中选择 GameObject｜Create Empty）。

2）然后，在"Inspector"面板中将其重命名为 AR Controller。

3）单击 Add Component，在列表中找到 Scripts，并将 AR Controller 组件添加到此对象中。

这个对象将成为所有与 ARToolkit 交互的基础。此组件的完整展开视图如图 2-43 所示。

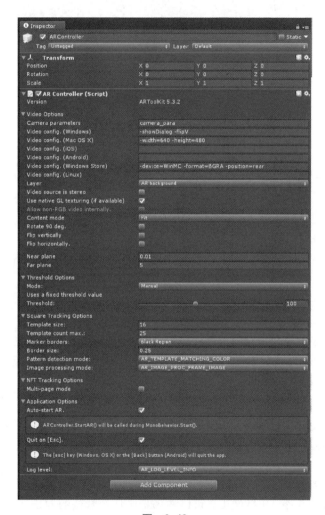

图　2-43

几乎所有这些选项现在都可以忽略，保留默认值即可。

记下 Video Options Layer 设置［我们指的是 AR Controller（脚本）Video Options 中选的 Layer 参数，而不是"Inspector"面板顶部对象的 Layer］。

导入工具包时，它应该自动添加名为"AR background""AR background 2"与"AR foreground"的图层。

4）单击 Layer 选项以确保它们已经存在，并根据需要将它们添加到图层列表与 AR Controller 组件 Layer 选项，如图 2-44 所示。

图 2-44

2.5.3.2 添加 AR Root origin

我们添加的其余 AR 对象将被放在名为 ARRoot 的对象下。这个对象将作为 AR 场景的原始节点。

1）在"Hierarchy"面板中创建另一个空的 GameObject，并将其命名为 ARRoot。确保其 Transform 设置中位置坐标为（0，0，0）。

2）ARRoot 对象及其任何子对象应确保属于 AR Background 2 图层。在"Inspector"面板中，将其图层设置为 AR Background 2（这是在"Inspector"面板顶部设置的对象图层）。

3）然后，选择 Add Component 添加脚本 AR Origin。

> **TIP** 通过在搜索字段中输入名称的前几个字母，例如搜索 ARToolkit 组件的"AR"，在 Add Component 对话框中快速找到所需要的脚本与组件。

2.5.3.3 添加 AR 摄像头

接下来，我们需要一个 AR 摄像头。可以在场景中使用默认的 Main Camera，但它的父类必须是 ARRoot。

1）从"Hierarchy"面板中选择 Main Camera，并拖动它使其成为 ARRoot 的子项。

2）必要时将主摄像头位置重置为（0，0，0）（Transform 设置齿轮图标中选择 Reset）。

3）我们希望这台摄像头只渲染 Root 中的对象。因此，将其 Culling Mask 设置为 AR Background 2，以便它与 Root 所在的图层相匹配（选择 Culling Mask | Nothing，然后更改为 Culling Mast | AR Background 2）。

4）然后，选择 Add Component 将 AR Camera 组件添加到摄像头上。

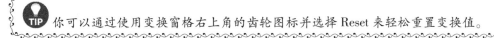

你可以通过使用变换窗格右上角的齿轮图标并选择 Reset 来轻松重置变换值。

此时"Hierarchy"面板现在应该如图 2-45 所示。

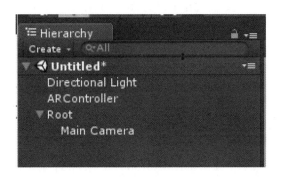

图　2-45

在这一点上我们可以测试它。当你按下 Play 按钮（在 Unity 顶部中心的工具栏上的播放图标）时，你应该可以在"Game"面板中看到来自网络摄像头的影像。这方便你可以在 Unity 编辑器中调试 AR 应用程序。

在 Windows 系统上，按下 Play 按钮后，你可能会看到一个属性对话框，让你选择你的摄像头设备（如果有多个）及其属性。该对话框是 ARToolkit 的一部分，因为在你的 AR 控制器中，Video Config（对于 Windows 系统）属性包括指令 show Dialog，因此会启动该对话框。

你可以通过此组件对物理摄像头选项授予很大的控制权。使用 C#脚本可以进行编程。你还可以使用 ARToolkit 工具附带的独立的 calib_camera 摄像头校准实用程序。

故障排除（Troubleshooting）

如果遇到类似 DllNotFoundException 的错误：

[...] /Assets/Plugins/ARWrapper. dll 找到项目 Assets/Plugins/x86_64 路径中的 DLL 文件（例如，如果在 Windows 64 位系统中运行 Unity），并确保 Editor 是指定包含平台。我们听说过在有些情况下，开发者在 Unity 编辑器运行时从来没有使用过它，但仍可以成功构建并运行到他们的 Android 设备上。

2.5.3.4　保存场景

让我们保存我们的工作。

1）从主菜单栏中，选择 File｜Save Scene 保存场景，并将其命名为 Test1。

请注意，在"Project"面板中，新的 Scene 对象已保存在根目录 Assets 文件夹中。

2）选择 File｜Save Project，可以获得同样的效果。

2.5.4 快速构建 ARToolkit demo

随着场景基础的构建积累，我们现在可以为 AR 项目添加一个标识与一个对象。当应用程序运行时，如果摄像头在现实生活中看到并识别标识，则虚拟对象将被添加到屏幕上的摄像头场景中去。

2.5.4.1 鉴别 AR 标识

我们需要告诉 AR 控制器要使用哪些标识数据进行跟踪。对于这个演示，我们将使用之前打印的示例图像 gibraltar.jpg。此图片的数据已包含在一开始导入的 ARToolkit 资源中，并存放在 Assets/StreamingAssets 文件夹中。

向 ARController 添加一个 ARMarker 组件。

1）在"Hierarchy"面板中，选择你的 ARController，然后选择一个名为 ARMarker 的脚本。

现在我们需要设置 ARMarker 参数：

2）我们需要赋予它一个标签名称，例如 gibraltar，然后将该文本输入 Marker Tag 字段。

3）对于类型，选择 NFT 作为标识类型，因为我们要跟踪图像。

4）然后对于 NFT Dataset Name，输入 gibraltar。这实际上是 StreamingAssets 文件夹中找到的数据集的名称，为了方便，将其设置成与我们图像相同的名称！

控制器的 ARMarker 窗格现在应该如图 2-46 所示（实际的 UID 可能会有所不同）。

图 2-46

> ⓘ NFT 是自然特征跟踪的英文缩写（在第 1 章里介绍过），这是一种表达图像的奇妙方式，文件格式通常为 .jpg 或 .png，它具有足够的不规则细节，以便软件可以在影像中从一帧移动到另一帧时跟踪它。

2.5.4.2 添加 AR 追踪对象

我们现在需要将标识添加到场景中作为 Root 下的一个新 GameObject：

1）在"Hierarchy"面板中，选择 Root 后右键单击，然后选择 Create Empty（并确保 GameObject 是 Root 的子项，且是新的，没有其他子项）。

2）在"Inspector"面板中，将其重命名为 GibraltarTarget。

3）确保其 Transform 已复位，坐标位于（0，0，0）。

4）添加组件并命名为 AR Tracked Object。

5）在 AR Tracked Object 组件的 Marker Tag 字段里，为 AR Controller 赋予一个标签——gibraltar。

如果你拼写正确，你的跟踪对象应该已经在数据库中被找到，其组件将看起来应该如图 2-47 所示（实际的 UID 可能会有所不同）。

图　2-47

2.5.4.3　添加立方体

现在我们将一个对象添加到场景中，只是一个简单的立方体模型：

1）在"Hierarchy"面板中，选择 GibraltarTarget，右键单击 3D Object｜Cube 创建一个立方体（或从主菜单中选择 GameObject｜3D Object｜Cube，并使其成为目标对象的子项）。

这将创建一个边长为 1m 的立方体。显然，这个标识对于我们来说太大了，它接近 0.2 个单位的尺寸。因此，在"Inspector"面板中的 Transform 组件中，将 Scale 一项更改为更便于查看的尺寸，例如（0.05，0.05，0.05）。

你可能需要在"Scene"视图面板中调整视图，但是当你这样做时，你可以看到我们的标识对象与立方体一起出现，如图 2-48 所示。

> 如本章前面所述，若在"Scene"视窗要更改场景视图，使用 Windows 上的鼠标右键与/或鼠标中键以及其他控件。另请参阅 http://docs.unity3d.com/Manual/SceneViewNavigation.html 上的 Unity 手册。

让标识垂直放置有些尴尬，在现实生活中，你可能会认为它是水平放置的。

2）在"Hierarchy"面板中选择 Root，然后在"Inspector"面板中将其 x 轴旋转更改为 90°。

3）我们也可以移动立方体，使其尽可能位于标识的中心。

将场景中立方体的位置调整到位置（0.12，0.076，−0.037）后，如图 2-49 所示。

最后一件事：仔细检查 ARRoot 下的对象是否都位于 AR background 2 图层。

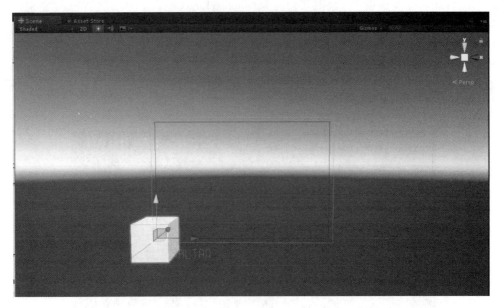

图 2-48

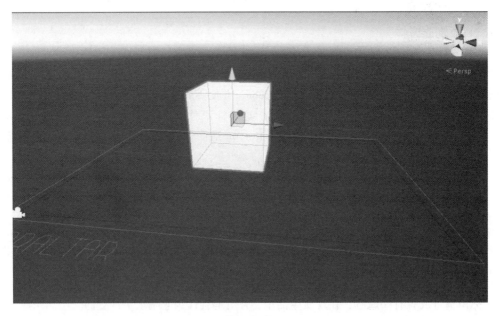

图 2-49

4) 如果选择 ARRoot，并在"Inspector"面板中再次设置其图层，则 Unity 会提示你更改其所有子图层。请选择继续。

现在我们准备好看它是否工作了。在 Unity 工具栏中再次按下 Play 按钮。将你的摄像头指向打印的 Gibraltar 图片。我们的魔方应该出现在标识之上。再次欢呼，耶！！！

> **TIP** 如果在编辑器上按下 Play 按钮时应用程序看起来很慢，这可能是由于许多消息正在被打印到控制台窗口。可以在 AR Controller 中设置 Log Level 为 Debug 或仅 Error。

图 2-50 显示了我们将摄像头指向打印出来的 Gibraltar 图片，Unity 在后面的监视器上运行该场景。在"Game"面板中，你可以看到来自外置摄像头的视频流，并将立方体添加到这个图片之上，这便是壮观的增强现实！

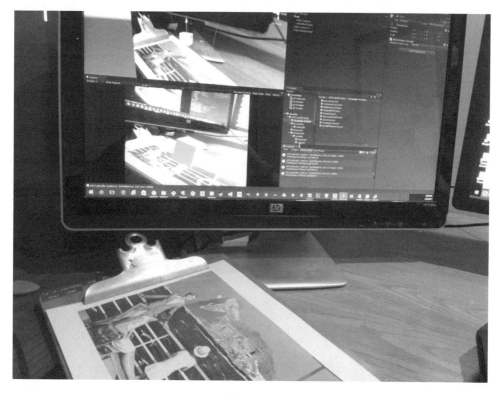

图　2-50

2.6　本章小结

在本章中，我们了解了开发系统并准备开展 AR 项目的开发，无论是在 Windows 系统上还是 macOS 系统上。首先，我们安装了 Unity，它将成为本书中所有项目的游戏引擎平台，包括你需要的可选组件，具体取决于你构建的 AR 项目的目标设备。然后，我们介绍了如何使用 Unity，强调你开始使用时需要了解的关键功能。

然后我们介绍了本书中使用的两个 AR SDK。Vuforia 是一个专业工具包,具有许多功能并且易于使用,但是如果你要用它制作商业产品,你需要支付许可费用。我们还介绍了一个开源工具包 ARToolkit,它可能不如 Vuforia 功能强大,但它更加透明,可扩展性强。对于每个 SDK,我们讲述了如何逐步完成安装,然后构建一个简单的 AR 应用程序。

但是,这只是完整设置的一半。在下一章中,我们将向你展示如何设置你的系统,以将你构建的项目部署到可运行 AR 应用程序的各种目标设备上,包括 Android、iOS 与 HoloLens 等。

第 3 章

构建你的应用程序

在前一章中，我们从建立 AR 开发系统、安装 Unity 3D 引擎与安装一个或多个 AR 开发工具包开始。在本章中，我们将通过安装与使用其他工具来完成设置过程，以便为各种目标设备构建应用程序，无论是 Android 或 iOS 移动设备（手机或平板电脑）、macOS 系统、Windows 10 桌面还是 Microsoft Mixed Reality。

在本章的第一个主题中，我们将介绍使用 Unity 进行构建的一般步骤。之后，你可以跳到以下所需的主题：

- 从 Unity 构建与运行并针对桌面系统。
- 针对 Android 系统。
- 针对 iOS 系统。
- 针对 Microsoft MR Holographic 系统。

本章可能会涉及较深的技术细节，但抱歉的是这无法避免。请大家把它作为一个开始，每个人都至少需要经历一次。幸运的是，一旦你的设备做好目标构建的准备，以后可能就不需要再进行这样的操作，直到你再次更换设备或者进行了重大升级。

3.1 识别开发平台与工具包

表 3-1 显示了在编写本书时，各种 AR SDK 与开发平台可用于 AR 应用的各种目标平台。

表 3-1

目标平台	AR SDK	开发平台	
		Windows 10	**Mac OS X**
Android	Vuforia	支持	支持
Android	ARToolkit	支持	支持
Android	ARCore	支持	支持

(续)

目 标 平 台	AR SDK	开发平台	
		Windows 10	**Mac OS X**
iOS	Vuforia	不支持	支持
iOS	ARToolkit	不支持	支持
iOS	Apple ARKit	不支持	支持
OS X Desktop	Vuforia	不支持	不支持
OS X Desktop	ARToolkit	不支持	支持
Windows Desktop	Vuforia	支持 UWP	不支持
Windows Desktop	ARToolkit	支持	不支持
Windows HoloLens	Vuforia	支持	不支持
Windows HoloLens	MixedRealityToolkit	支持	不支持

当然，本章中的许多安装细节可能会有所更改。请参阅 SDK 在线文档以获取最新的详细信息。

- 对于 Vuforia，请参阅 https://www.vuforia.com/。
- 对于 Apple ARKit，请参阅 https://developer.apple.com/arkit/。
- 对于 Microsoft MRToolkit（HoloToolkit），请参阅 https://unity3d.com/partners/microsoft/hololens。

> ⓘ 在撰写本书时，微软平台正在将其战略品牌从 Holographics 与 HoloToolkit 转变为混合现实 MR 与 Mixed Reality Toolkit。

3.2 Unity 构建与运行

在前一章中，我们看到了如何在 Unity 中创建一个新项目；将 AR SDK 包（如 Vuforia 或 AR-Toolkit）导入到项目中；并使用摄像头进行标识图像识别与构建虚拟对象（立方体）的场景。总而言之，正如我们在前一章中构建的演示场景，Unity AR-Ready 场景应该包含以下内容：

- 附带 SDK 特定 AR 组件的摄像头。
- 代表图像标识的游戏对象，其中包含特定的 SDK 组件，用于识别要使用的图像以及它的位置信息。
- 游戏对象在运行中识别标识时进行渲染，由标识父元素进行渲染，并在 3D 空间中注册至标识的位置。
- 场景的层次结构根据特定 SDK 的要求进行排列，包括额外的 SDK 特定组件。

我们通过在 Unity 编辑器中运行演示场景来测试项目，并使用连接到 PC 的摄像头捕捉标识并显示增强视图。你可以随时进行新的更改、修复与改进，并再次进行测试。这是我们开发应用程序的一个迭代过程。

现在我们想要在实际的目标设备上进行测试。将构建应用程序作为在 Unity 之外运行的独立可执行文件。

我们将为你的目标平台配置 Build Settings。如果你开发的平台是台式 PC 或 macOS，那么没有太多额外的工作。现在就即将要做这样的构建。即使它不是你的实际目标平台，你也可以学习，可以更好地满足你的兴趣。

要构建你的项目，请执行以下步骤：

1）在 File 中选择 Build Settings，这将打开 Build Settings 对话框，如图 3-1 所示。

图　3-1

在对话框的顶部是 Scenes In Build 列表。这应该包含你希望在此版本中的全部场景名称，其复选框已被选中。添加当前在编辑器中打开的场景的快速方法是使用 Add Open Scenes 按钮。

2）单击 Add Open Scenes 按钮。

在之前的案例中，有一个名为 Test1 的场景，我们之前就已经构建过了。除了要构建的场景之外，从列表中除去或取消选中所有场景。

如图 3-1 的屏幕截图所示，在平台列表中，你可以看到 PC、Mac & Linux Standalone 目前已被选中，并可用于其他平台。（你的平台列表可能因你的 Unity 版本、你使用 Unity 安装的组件以及你的授权许可证而异。）

如果你打算安装 Android 或其他平台，请参阅本章的以下部分。

Vuforia 不支持桌面应用程序，仅支持嵌入式摄像头。对于 Apple 产品，这意味着只有 iPhone 与 iPad。对于 Windows，如果要将其构建为在 Windows 桌面上运行，则必须为 Universal Windows Platform（UWP）构建。

在 Unity 中，你可以通过将平台从独立平台更改为 Windows Store 来完成此操作，如下所示：

1）在平台列表中，选择 Windows Store 并单击 Switch Platform。

2）如果它要求你核实任何内容，只需选择 Yes。

3）另外，选择 SDK（在右侧）选项作为 Universal 10，如图 3-2 所示（如果显示为灰色，则可能需要使用最初在你的机器上安装 Unity 的下载安装程序安装缺失的平台支持）。

4）你可以将目标设备作为任何设备或指定 PC。

图 3-2 的屏幕截图显示了 Windows 桌面平台的 Vuforia 的构建设置。

最后，虽然这次我们不会进行详细的介绍，但值得讲一下 Player Settings 按钮；它会在"Inspector"面板中打开播放器参数设置。我们现在不需要改变这些，但最终我们会讲到。

5）要构建可执行文件，请单击 Build And Run 按钮。

6）系统会提示你输入构建文件的名称与位置。我们建议你在名为 Build 的项目根目录中创建一个新文件夹，并根据需要在其下指定文件或子文件夹名称。

如果构建遇到错误，那么这是正常工作的一部分。我们目前无法看到你的屏幕，因此建议你到搜索引擎中查询是否有可以解决问题的答案。

另外，在 Unity Answers 论坛（http://answers.unity3d.com/）有一个很棒的用户社区也可以为你提供一些参考。

7）选择了 Build And Run 后，一旦构建成功地完成，它将开始运行。你会看到一个初始的 Unity 运行对话框，如图 3-3 所示。在单击 Play 按钮之前，请勾选 Windowed 全屏或窗口化的选项。

8）根据 AR SDK 配置，在启动应用程序之前，可能会收到其他提示。属性对话框是针对

图 3-2

图 3-3

ARToolkit 提示的。除非你想编辑属性值，否则只要接受默认值并单击 OK 按钮即可（弹出此对话框的指令是你可以从场景的 AR 控制器视频选项中输入你想要的选项）（见图 3-4）。

图 3-4

如果一切顺利，你将拥有独立的 AR 应用程序版本。

9）在网络摄像头的视野下显示图像标识，并出现渲染的模型。

下面几节将介绍需要为其他每个目标平台安装的附加工具与 SDK。可以跳转到你想要的主题部分。

3.3 针对 Android 平台

本节将帮助你在 Windows PC 或 macOS 上从 Unity 设置 Android 开发。这些要求并不只针对 AR；这些都是构建 Unity 中任何 Android 应用程序所需的相同步骤。该过程在其他地方也会完整适用，其中包括 Unity 文档，请参考如下网址：https：//docs. unity3d. com/Manual/android- sdksetup. html。

这些步骤包括以下内容：

- 安装 Java 开发工具包（JDK）。
- 安装 Android SDK。
- 安装 USB 设备驱动程序与调试。
- 配置 Unity 外部工具。
- 为 Android 配置 Unity 播放器设置。

让我们开始吧。

3.3.1　安装 Java 开发工具包（JDK）

你的计算机上可能已经安装了 Java。你可以通过打开终端窗口并运行 java-version 命令进行检查，如图 3-5 所示（macOS）。

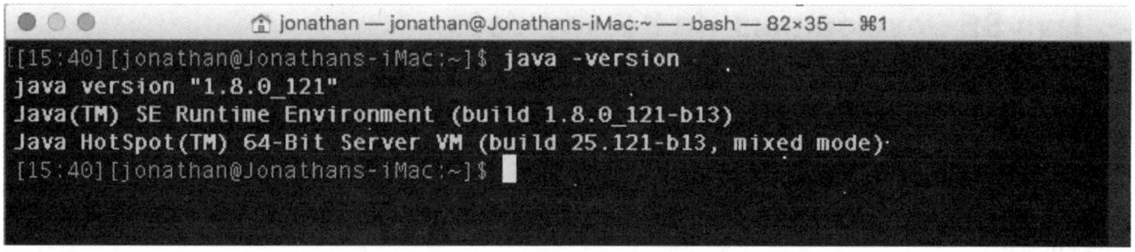

图　3-5

你可以看到这台机器运行的是 Java 1.8.0 版本，或者更常见的是 JDK 8（前缀 1. 是默认的）。你的系统应该已经安装了当前版本。如果你没有 Java 或需要升级，请浏览 Java SE 下载网页 http://www.oracle.com/technetwork/java/javase/downloads/index.html 并获取它。

查找 Java Platform（JDK）按钮图标，如图 3-6 所示，它会带你到下载页面。

图　3-6

为你的系统选择软件包。例如，对于 macOS 系统，请选择 Mac OS X；对于 Windows 系统，请选择 Windows x64。下载文件后，打开它并按照安装说明进行操作（见图3-7）。

Downloads tabs: Overview | Downloads | Documentation | Community | Technologies | Training

Java SE Development Kit 8 Downloads

Thank you for downloading this release of the Java™ Platform, Standard Edition Development Kit (JDK™). The JDK is a development environment for building applications, applets, and components using the Java programming language.

The JDK includes tools useful for developing and testing programs written in the Java programming language and running on the Java platform.

See also:

- Java Developer Newsletter: From your Oracle account, select **Subscriptions**, expand **Technology**, and subscribe to **Java**.
- Java Developer Day hands-on workshops (free) and other events
- Java Magazine

JDK 8u121 checksum

Java SE Development Kit 8u121

You must accept the Oracle Binary Code License Agreement for Java SE to download this software.

◯ Accept License Agreement   ⦿ Decline License Agreement

Product / File Description	File Size	Download
Linux ARM 32 Hard Float ABI	77.86 MB	jdk-8u121-linux-arm32-vfp-hflt.tar.gz
Linux ARM 64 Hard Float ABI	74.83 MB	jdk-8u121-linux-arm64-vfp-hflt.tar.gz
Linux x86	162.41 MB	jdk-8u121-linux-i586.rpm
Linux x86	177.13 MB	jdk-8u121-linux-i586.tar.gz
Linux x64	159.96 MB	jdk-8u121-linux-x64.rpm
Linux x64	174.76 MB	jdk-8u121-linux-x64.tar.gz
Mac OS X	223.21 MB	jdk-8u121-macosx-x64.dmg
Solaris SPARC 64-bit	139.64 MB	jdk-8u121-solaris-sparcv9.tar.Z
Solaris SPARC 64-bit	99.07 MB	jdk-8u121-solaris-sparcv9.tar.gz
Solaris x64	140.42 MB	jdk-8u121-solaris-x64.tar.Z
Solaris x64	96.9 MB	jdk-8u121-solaris-x64.tar.gz
Windows x86	189.36 MB	jdk-8u121-windows-i586.exe
Windows x64	195.51 MB	jdk-8u121-windows-x64.exe

图 3-7

记下安装目录以供日后参考。安装完成后，打开一个新的终端窗口并再次运行 java -version 进行验证。

3.3.1.1 关于 JDK 位置

无论你是刚刚安装了 JDK 还是系统中已经存在 JDK，都要记下它在磁盘上的位置。你需要在后面的步骤中告诉 Unity。

在 Windows 系统上，路径可能类似于 C：\ Program Files \ Java \ jdk1.8.0_111 \ bin。

如果找不到它，请打开 Windows 资源管理器，导航到 Program Files 文件夹，查找 Java，然后寻找其子目录，直到看到其 bin 目录，如图 3-8 的屏幕截图所示。

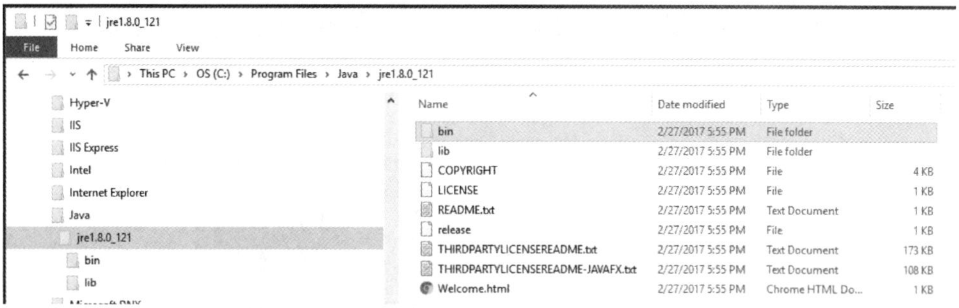

图　3-8

在 macOS 上，路径可能是这样的：/Library/Java/JavaVirtualMachines/jdk1.8.0_121.jdk/Contents/Home。

如果你无法从终端窗口找到它，请运行/usr/libexec/java_home。

此命令的输出显示在图 3-9 的屏幕截图中。

图　3-9

3.3.2　安装 Android SDK

你还需要安装一个 Android SDK。具体而言，你需要安装 Android SDK Manager。这本身可用作命令行工具或完整的 Android Studio 集成开发环境（IDE）的一部分。如果你可以承受磁盘空间，我建议你安装 Android Studio，因为它为 SDK Manager 提供了一个很好的图形界面。

3.3.2.1　通过 Android Studio 进行安装

要安装 Android Studio IDE，请转到 https://developer. android. google. cn/studio/install. html 并单击下载 Android Studio。下载完成后，打开它并按照给出的安装说明进行操作（见图 3-10）。

系统会提示你输入 Android Studio IDE 与 SDK 的位置。你可以接受默认位置或更改路径。但要记下 SDK 路径位置，你需要在以后的步骤中给 Unity 提供这些信息（见图 3-11）。

就我个人而言，我的 D 盘有更多空间，所以我会将应用安装到 D：\ Programs \ Android \ Android Studio。而且，我喜欢将 SDK 保持在 Android Studio 程序文件附近。通过这种方式再次找到更容易，因此我将 Android SDK Installation Location 更改为 D：\ Programs \ Android \ sdk。

3.3.2.2　通过命令行工具进行安装

Unity 实际上只需要命令行工具来为 Android 构建项目。如果你愿意，你可以只安装该软件包

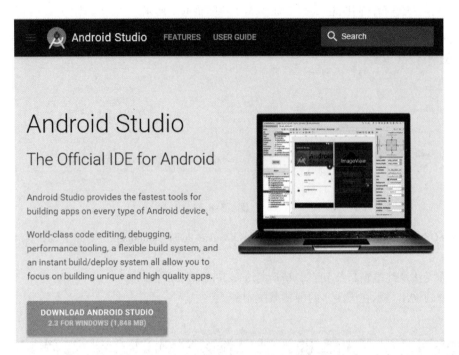

图 3-10

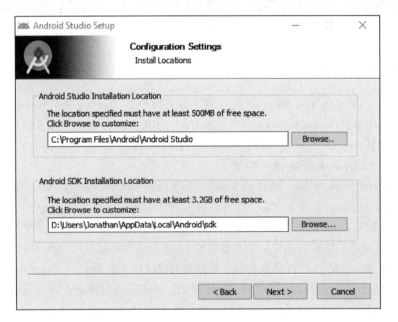

图 3-11

并保存在磁盘空间中。滑动列表找到名为 Get just the command line tools 的命令行工具。为你的平台选择软件包（见图 3-12）。

Get just the command line tools

If you do not need Android Studio, you can download the basic Android command line tools below. You can use the included sdkmanager to download other SDK packages.

These tools are included in Android Studio.

Platform	SDK tools package	Size	SHA-1 checksum
Windows	tools_r25.2.3-windows.zip	292 MB (306,745,639 bytes)	b965decb234ed793eb9574bad8791c50ca574173
Mac	tools_r25.2.3-macosx.zip	191 MB (200,496,727 bytes)	0e88c0bdb8f8ee85cce248580173e033a1bbc9cb
Linux	tools_r25.2.3-linux.zip	264 MB (277,861,433 bytes)	aafe7f28ac51549784efc2f3bdfc620be8a08213

See the SDK tools release notes.

图　3-12

这是一个 . zip 文件。解压缩到一个文件夹并记住它的位置。如前所述，在 Windows 系统中，我喜欢使用 D:\Programs\Android\sdk。这将包含一个工具子文件夹。

ZIP 文件只有工具，而不是实际的 SDK。使用 sdkmanager 下载你需要的软件包。

要列出已安装与可用的软件包，请运行 sdkmanager--list。你可以通过用分号分隔列出它们来安装多个软件包，如下所示：

```
sdkmanager "platforms;android-25"
```

在撰写本书时，最低 Android API 级别如下（查看当前文档中的更改）：

- Vuforia：API Level 22 （Android 5. 1 Lollipop）。
- ARToolkit：API Level 15 （Android 4. 0. 3 IceCreamSandwich）。

3. 3. 2. 3　关于 Android SDK 根目录位置

如果你已经安装了 Android SDK，或者你忘记了安装 Android SDK 的位置，则可以通过打开 SDK Manager GUI 来找到根路径。在 Android Studio 打开时，选择 Tools｜Android｜SDK Manager。你可以在顶部找到该路径（见图 3-13）。

在 Windows 系统上，路径可能类似于 C:\Program Files\Android\sdk。

在 macOS 系统上，路径可能类似于/Users/Yourname/Library/Android/sdk。

3. 3. 3　安装 USB 设备、调试与连接

下一步是在你的 Android 设备上启用 USB 调试。这是 Android 设置中开发者选项的一部分。开发者选项可能在手机中不可见，但是又必须要开启。

1) 通过选择 Settings｜About on the device 查找生成号码属性。根据你的设备，甚至可能需要向下找到另外一个或两个级别（例如，选择 Settings｜About｜Software Information｜More｜Build

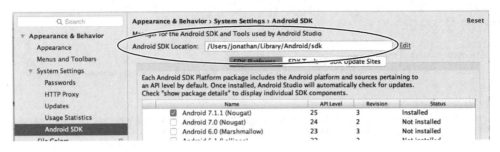

图 3-13

number）。

2）现在用一个小技巧，单击内部编号七次。它便会倒计时，直到开发者选项被启用，然后在设置窗格中出现另一个选择。

3）选择 Settings│Developer，找到 USB 调试，并启用它。

图 3-14 的屏幕截图显示了启用了 USB 调试的 Android 设备。

4）现在，通过 USB 电缆将设备连接到你的开发机器。

Android 设备可能会自动识别。如果系统提示你更新驱动程序，则可以通过 Windows 设备管理器执行此操作。

在 Windows 系统中，如果设备无法识别，则可能需要下载 Google USB Driver。你可以通过 SDK 管理器在 SDK 工具选项卡中执行此操作。例如，图 3-15 所示的屏幕截图显示了选择了 Google USB Driver 中 SDK Manager 的 SDK Tools 标签。

迄今为止进行得很顺利！

3.3.4 配置 Unity 的外部工具

有了我们需要的所有东西以及所装工具的路径，你现在可以回到 Unity。我们需要告诉 U-nity 在哪里可以找到所有 Java 与 Android 的东西。

或者，如果你跳过此步骤，则 Unity 在构

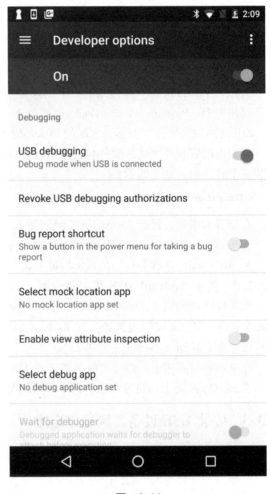

图 3-14

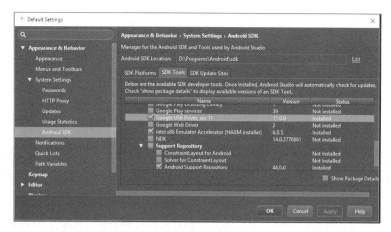

图　3-15

建应用程序时将提示你输入文件夹。在 Unity 中，执行以下操作。

1）在 Windows 中选择 Edit│Preferences，然后选择左侧的外部工具选项卡。在 macOS 上，它是在 Unity│Preferences 中的选项。

2）在 Android SDK 输入文本框中，粘贴 Android SDK 的路径。

3）在 Java JDK 输入文本框中，粘贴 Java JDK 的路径。

图 3-16 所示的屏幕截图显示了使用我的 SDK 与 JDK 的 Unity 首选项。

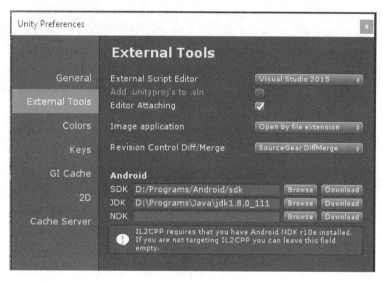

图　3-16

3.3.5　配置 Android 的 Unity 环境与播放器（Player）

我们现在将配置你的 Unity 项目，为 Android 构建做准备。首先，确保 Android 是你在 Build

Settings 的目标平台。

1）在 Unity 中，选择 File │ Build Settings 窗口并勾选平台部分的选项。

2）如果目前未选择 Android，请事先选择它并单击 Switch Platform 切换平台。

重新导入资源并将其转换为 Android 兼容格式可能需要一段时间。Build Settings 窗口显示如图 3-17 所示。

图　3-17

Unity 为 Android 提供了大量支持，包括运行时功能的配置与优化，以及兼容多款移动设备的功能。这些选项可以在 Player Settings 中找到。我们现在只需要设置几个。构建 Demo 项目的最低要求包括 Bundle Identifier 与 Minimum API Level。

1）如果你打开了 Build Settings 窗口，请单击 Player Settings 按钮。或者，你可以从主菜单中选择 Edit │ Project Settings │ Player。

2）查看"Inspector"面板，该面板现在包含播放器设置。

3）找到 Other Settings 参数组，然后单击标题栏（如果它尚未打开）以查找 Identification 变量，如图 3-18 所示。

图　3-18

将 Bundle Identifier 设置为你的产品的唯一名称，它必须类似于传统的 Java 包名称。所有 Android 应用都需要 ID。通常，它是以 com. CompanyName. ProductName 格式出现。它必须在目标设备上是唯一的，并且最终在应用商店中是唯一的。你可以选择你想要的任何名字。

4）请注意，我们还指定了 Minimum API Level。我们选择了 Android 5.1 Lollipop（API Level 22），因为我们使用的是 Vuforia，正如本章前面所述，这是目前其最低的 Android 版本。

同样，Player Settings 中还有许多其他选项，但我们现在可以使用它们的默认设置。

3.3.6　构建与运行

好的！我们应该可以顺利进行了，请按照下列步骤。

1）确保你的设备已连接并打开，并且你有权访问 PC。

2）在 Build Settings 中，单击 Build And Run 按钮开始构建。系统会提示你输入构建文件的名称与位置。

我们建议你在名为 Build 的项目根目录中创建一个新文件夹，并根据需要在其下指定文件或子文件夹名称。

> 在 macOS 上，你的库文件夹可能被隐藏。当提示输入 SDK 根路径时，可以按 Command + Shift + G 找到 ~/Library，然后找到 ~/Library/Android/sdk。

如果一切顺利，Unity 将创建一个 Android. apk 文件并将其上传到你的设备。你现在有一个正在运行的 AR 应用程序，你可以展示给你的朋友与家人！

3.3.7 排除问题

以下是针对 Unity 构建 Android 设备时可能将会遇到的常见错误的一些建议。

3.3.7.1 Android SDK 路径错误

如果你遇到图 3-19 所示的屏幕截图中显示的错误，可能是因为 Android SDK 根路径配置不正确或缺少某些内容。在 Android Studio 的某些版本中，会出现工具文件夹不完整的情况。尝试单独下载命令行工具（请参阅前面显示的 Via 命令行工具部分），然后使用更新的工具删除并替换 sdk/tools/文件夹。

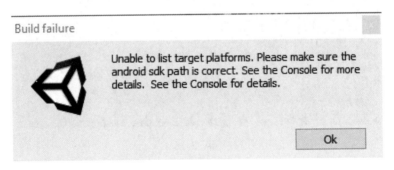

图 3-19

3.3.7.2 插件冲突报错

如果你遇到有关插件相互冲突的错误，特别是使用 ARToolkit 及其 libARWrapper 文件，这是因为你的插件文件夹中有几个文件具有相同的名称，并且正在链接到该版本。将版本保留在 Plugins/Android 中，在其他文件夹（即 x86 与 x86_64）中寻找并选择违规文件。在"Inspector"面板中，确保未勾选 Android 平台，如图 3-20 的屏幕截图所示。

对于其他错误的解决方法，可以上网搜索。

3.3.8 使用 Google ARCore for Unity

2017 年 8 月，Google 宣布推出一款名为 ARCore 的全新 Android 增强现实核心 SDK。据推测，它直接来源于谷歌 Tango 项目。Tango 是谷歌的 AR 平台，已经开发了多年的测试版，并且其技

图 3-20

术已经开始应用在配备深度感应摄像头的移动设备中。另一方面，ARCore 只需使用手机或平板电脑的普通摄像头与高速处理器（例如 Google Pixel 或 Samsung Galaxy S8 手机），除此之外的任何专用硬件都不涉及。就像 Apple 的 ARKit（如本章后面所述）一样，它正在被广泛采用，并有望成为 AR 的领先平台。

> **TIP** 我们很高兴在本书中介绍 Google ARCore，但只是一个概述。ARCore 是全新的，在撰写本书时，它仅在预览版中提供。他们提供的文档与演示场景是非常简单的。而且，当 Unity 在最终版本中支持 ARCore 时，设置可能会有所不同。例如安装 AR Services APK 的预览等内容将发生变化。请参阅本书的 GitHub 存储库以获取使用基于 Android 平台 Google ARCore 的说明与代码：https://github.com/ARUnityBook/。其原理与 ARKit 非常相似，但 Unity SDK 与组件是不相同的。

对于你的一些项目，你可以使用适用于 Android 的 Google ARCore，而不是像 Vuforia 或 ARToolkit 这种通用工具包。例如，Vuforia 就是最好的基于标识的 AR，但 ARCore 特别擅长在真实世界的 3D 空间中锚定虚拟对象并识别真实世界中的平面。从这个意义上讲，它对于微软 HoloLens 与 Apple ARKit 来说有着相同的用处。

在撰写本书时，ARCore 需要 Android SDK 7.0 版（API Level 24）的设备才能支持。而现在，系统要求、API 与 SDK 可能会发生变化。

Google arcore-unity-sdk 项目为本地 ARCore SDK 提供了一个简洁的封装。请注意，arcore-unity-sdk 是一个开源项目，位于 GitHub 社区 https://github.com/google-ar/arcore-unity-sdk。它提供了可以使用的 Unity 脚本、组件与预制体，还包括几个示例场景。

要安装 arcore-unity-sdk，请执行以下步骤：

1）确保你使用的是 Unity 兼容版本（撰写本书时，需要 Unity 2017.2 Beta 9 或更高版本）。

2）在 Getting Started 页面上提供的链接下载 SDK Unitypackage 文件。

3）将资源包导入 Unity 项目（从 Unity 主菜单中选择 Assets｜Import Package｜Custom Package，然后在系统上找到所选的 unitypackage 文件）。

4）然后导入。

查看安装在你的 Assets 文件夹中的文件夹和文件。Assets/GoogleARCore 文件夹中包含 HelloAR 示例场景以及各种支持的子文件夹。ARCore 插件的实际资源位于 Assets/GoogleARCore/SDK/文件夹中。

该项目的 Assets 文件夹显示在图 3-21 所示的屏幕截图中，并选择了 SDK/Scripts/文件夹。

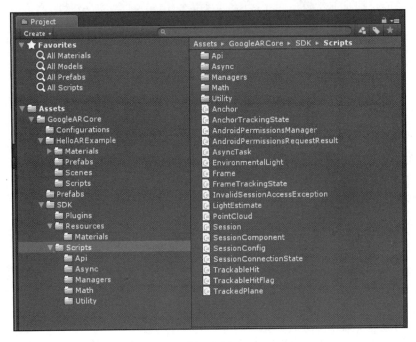

图　3-21

安装完成后，你可以打开其中一个示例场景来尝试使用 ARCore。HelloAR 场景是一个示例 Android robot 的基本场景。它演示了 ARCore 的所有基本功能。打开场景如下：

1）在 "Project" 窗口中，选择 Assets/GoogleARCore/HelloARExample/Scenes/文件夹。

2）双击 HelloAR。

你会注意到 "Hierarchy" 面板中的场景包含以下对象，这些对于任何 ARKit 场景都是很基础的。

1）首先是 ARCore 设备，它包含一个子项 First Person Camera 对象。它包括 Tracked Pose Driver、用于跟踪 3D 空间中摄像头位置的组件，以及用于管理 AR session 连接的组件 Session Component。

2）我们还有 Environmental Light，这会自动调整场景的灯光设置，使其与真实世界中的

ARCore的场景尽可能保持贴近。

HelloAR 项目的"Hierarchy"面板显示如图 3-22 所示。

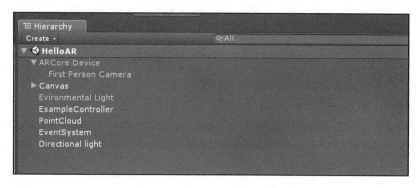

图　3-22

其他对象是特定于此 demo 应用程序场景的示例。虽然随着插件被更新的成熟度可能会在你的实际开发中发生变化，但当前场景包括以下内容：

- ExampleController 处理摄像头跟踪、水平面检测、平面可视化与碰撞检测。
- PointCloud 可视化点云，这些点云是 ARCore 在现实空间的网格结构中检测到的 3D 节点。
- Canvas 和 Event System 是处理用户界面（UI）的普通 Unity 对象。

在准备构建场景时，请执行以下步骤：

1）从主菜单中选择 File｜Build Settings。

2）选择 Add Open Scenes 与/或取消选中构建场景中的所有场景，HelloAR 的场景除外。

3）在 Platform 窗口中，确保选中了 Android，若没有切换到 Android 模式，请单击 Switch Platform 进行调整。

Build Settings 框显示如图 3-23 所示。

你还需要考虑构建与播放器设置等步骤。如果你使用的是 ARKit 并加载到新的 Unity 项目中，则这些类似的设置已经完成了。我们来看看以下步骤：

1）单击 Play Settings。

2）在"Inspector"面板中的 Other Settings 下，取消选中 Multithreaded Rendering 一项。

3）输入一个有效的 Bundle Identifier（以 com. company. product 的形式），如前所述。

4）对于 Mininum API Level，请选择 Android 7.0 或更高版本。

5）对于 Target API Level，请选择 Android 7.0 或 7.1。

6）在 XR Setting 中，选中 Tango Supported 一项。

在编写本书的时候，还没有可以用于在 Unity 内运行与测试的 ARCore 应用程序的模拟器，也没有远程选项可以让用户无须每次构建与运行的情况下就可以使用 Unity 的播放模式来测试你的应用程序。这显然会随着时间的推移而变化，希望在你阅读本书时这个问题会得到解决。

图　3-23

3.4　针对 iOS 平台

本节将帮助你设置你的 macOS，以便在 iPhone 与 iPad 的 iOS 应用程序中开发。这些要求并不针对 AR；这些都是任何人从 Unity 构建任何 iOS 应用程序所需的相同步骤。该过程在其他地方也会完整适用，其中包括 Unity 文档，请参考如下网址：https://docs.unity3d.com/Manual/iphone- GettingStarted. html。

苹果拥有封闭的开发生态系统，其缺点是你必须使用 macOS 作为开发 iOS 设备的开发机器。但好处是安装过程非常简单。

这些步骤包括以下内容：

1）获得 Apple ID。

2）安装 Xcode。

3）配置 iOS 的 Unity 播放器。

4）构建与运行。

好，让我们来咬一口这个苹果吧！

3.4.1　获得 Apple ID

要在 iOS 系统开发，你需要一台 Macintosh 计算机与一个 Apple ID 来登录到 App Store。拥有这些之后，才会允许你构建可以在个人设备上运行的 iOS 应用程序。

我们还建议你拥有 Apple 开发者账户。它每年的费用为 99 美元，但这是你可以使用工具与服务的入场券，包括在其他设备上共享与测试你的应用所需的设置配置文件。你可以在 https://developer.apple.com/programs/找到更多关于 Apple 开发者计划的相关信息。

3.4.2　安装 Xcode

Xcode 是用于为任何 Apple 设备开发的全功能工具包。它可以从 Mac App Store 上免费下载。请注意，这是相当大的文件（文件大小超过了 4.5GB）。下载它后，打开下载的 .dmg 文件，然后按照安装说明进行操作（见图 3-24）。

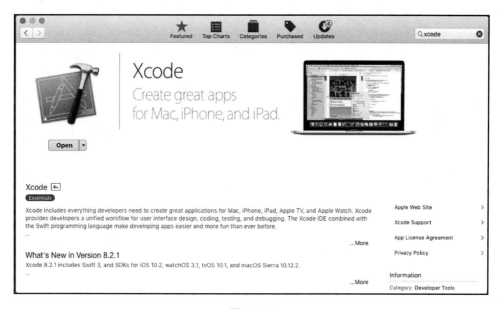

图　3-24

3.4.3　配置 iOS 的 Unity 播放器

我们现在为了构建 iOS 项目配置你的 Unity。首先，确保 iOS 是你在 Build Settings 中的目标平台。

1）在 Unity 中选择 File│Build Settings 并检查 Platform 窗格。如果目前未选择 iOS，请立即选择 iOS 并按下 Switch Platform 按钮，如图 3-25 的屏幕截图所示。重新导入资源以将其转换为 iOS 兼容格式可能需要一段时间。

图　3-25

Unity 为 iOS 提供了大量支持，包括运行时功能的配置与优化，以及移动设备的兼容能力。这些选项可以在 Player Settings 中找到。我们现在只需要设置几个。这是构建演示项目所需的最低要求。

2）如果你打开了 Build Settings 窗口，请按下 Player Settings 按钮。或者，你可以通过导航到 Edit│Project Settings│Player 来配置。查看"Inspector"面板，该面板现在包含播放器设置。

3）找到其他设置参数组，然后单击标题栏（如果它尚未打开）以查找 Identification 变量，如图 3-26 所示。

4）将 Bundle Identifier 一项设置为与你的产品类似的传统 Java 包名称的唯一名称。所有 iOS 应用都需要一个 ID。通常，它是 com. CompanyName. ProductName 格式。它在目标设备上必须是

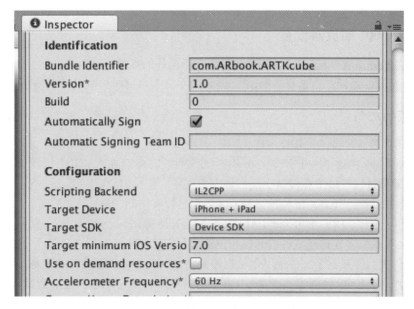

图　3-26

唯一的，并且最终在 App Store 中也同样是唯一的。你可以编辑你想要的任何名字。

5）在 Configuration 部分中，使用类似 Augmented Reality 等内容填写 Camera Usage Description 以要求用户允许使用摄像头的权限（见图 3-27）。

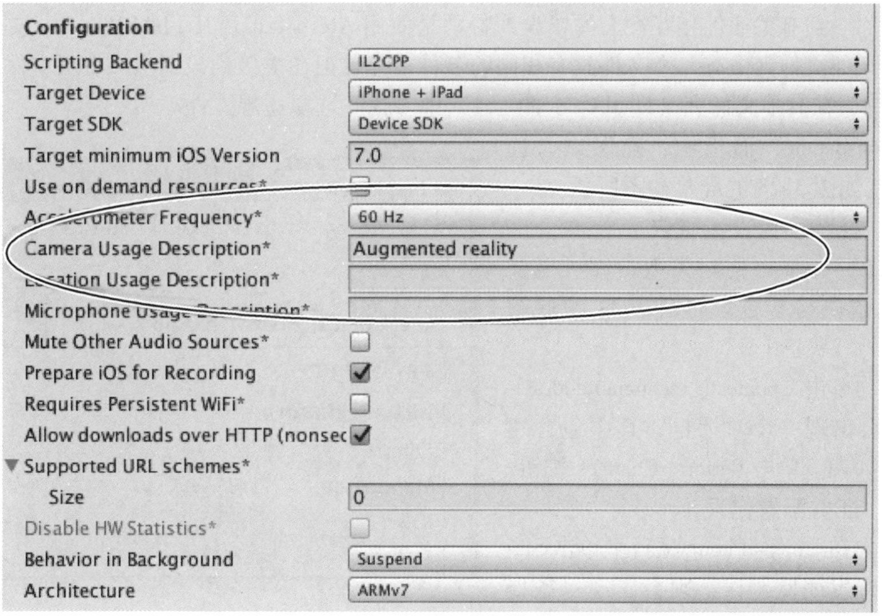

图　3-27

同样，在播放器设置中还有许多其他选项，但我们现在可以使用它们的默认设置。

3.4.4　ARToolkit 播放器设置

如果你使用的是开源 ARToolkit，则可能需要进行额外的播放器设置。

对于 Architecture 选项，请选择 ARMv7，因为（在撰写本书时）它的库不支持 Bitcode。

3.4.5　构建与运行

Xcode 由托管 Xcode 项目的 IDE 组成。当你从 Unity 构建 iOS 时，它实际上并不构建 iOS 可执行文件。相反，Unity 构建了一个 Xcode-ready 项目文件夹，然后在 Xcode 中打开该文件夹以完成编译、构建与部署过程，以便在设备上运行该应用程序。让我们尝试一下：

1）确保你的设备已开启，已经连接好，并且你已授权访问 Mac。

2）在 Build Settings 中，单击 Build And Run 按钮开始构建。

3）系统会提示你输入构建文件的名称与位置。我们建议你在名为"Build"的项目根目录中创建一个新文件夹，并在这个文件夹下面根据需要命名其他文件或子文件夹名称。

如果一切顺利，Unity 将创建一个 Xcode 项目并在 Xcode 中启动它。它会尝试构建应用程序，如果构建成功，则将这个应用程序上传到你的设备中去。现在在你的设备上应该有一个正在运行的 AR 应用程序，你可以向你的朋友与家人分享。

3.4.6　排除问题

以下是关于 Unity 与 Xcode 为 iOS 设备构建时可能遇到的常见错误所提供的一些建议。

3.4.6.1　插件冲突报错

如果你遇到有关插件相互冲突的错误，特别是使用 ARToolkit 及其 libARWrapper 文件，这是因为你的插件文件夹中有几个文件具有相同的名称，并且正在链接到该版本。将版本保留在 Plugins/iOS 中，在其他文件夹（即 x86 与 x86_64）中寻找并选择违规文件。

在"Inspector"面板中，确保未勾选 iOS 平台，如图 3-28 的屏幕截图所示。

3.4.6.2　推荐项目设置警告

如果在 Xcode 中构建失败，你可能会看到一些错误与警告，如图 3-29 的截图所示。

如果你单击 Update to recommended settings，则会出现一个对话框，其中包含建议更改的列表。单击 Perform Changes 按钮。

3.4.6.3　证书配置错误

如果你在 Unity-iPhone 项目里单击 Signing 显示开发团队错误，则会出现一条提示，指示你在项目编辑器中选择一个开发

图　3-28

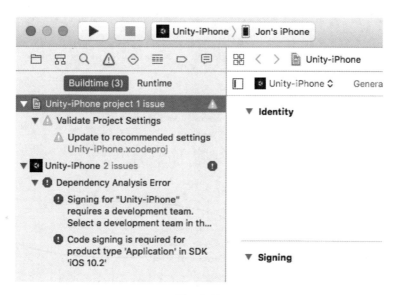

图　3-29

团队。要解决此问题，请执行以下步骤：

1）单击左侧报错的根目录项目名称（在前面的例子中，即 Unity-iPhone）。

2）然后，在主区域工具栏中，在最左侧的目标列表中选择你的项目名称（如图 3-30 所示，也是 Unity-iPhone）。

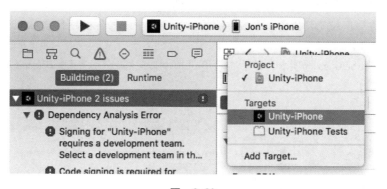

图　3-30

3）选择 General 选项卡，然后查看签名部分并从选择列表中选择一个团队，如图 3-31 所示。

4）如果列表中还没有团队，那么可能是你尚未使用 Xcode 配置 Apple ID。在这种情况下，首先选择 Preferences｜Accounts，通过单击加号来添加 Apple ID。

现在，再一次尝试通过按下 Xcode 左上角的播放图标来构建（提示：Play 按钮的工具提示会显示 Build and then run the current scheme）。

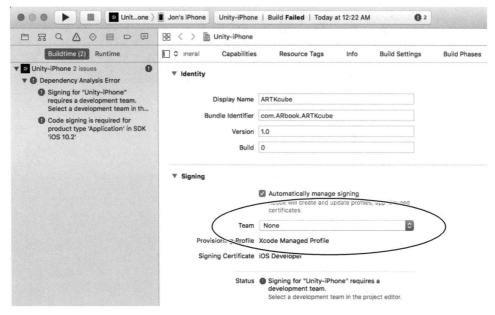

图 3-31

3.4.6.4 链接错误

如果显示链接错误，意味着链接命令失败，原因是库不包含 bitcode（可能与 ARToolkit 的 li-bARWrapper. a 文件有关），请尝试使用以下步骤禁用 bitcode：

1）单击左侧报错的根目录项目名称（在前面的例子中，即 Unity-iPhone）。

2）然后，在主区域工具栏中，在最左侧的目标列表中选择你的项目名称（如图 3-32 所示，也是 Unity-iPhone）。

3）选择 Build Settings 选项卡，然后查看 Build Options 部分与 Enable Bitcode 选项。将其设置为 No（见图 3-32）。

图 3-32

3.4.6.5 iOS 设备上视频流问题

如果 Unity 应用程序加载后屏幕空白没有内容，可能是由于多种原因。仔细检查，看看你是否已正确填写 Camera Usage Description 来授予使用摄像头的权限。

对于 ARToolkit，你应该在 AR 控制器组件内部启用 Allow non-RGB video internally（并尝试禁用 Use native GL texturing）（见图 3-33）。

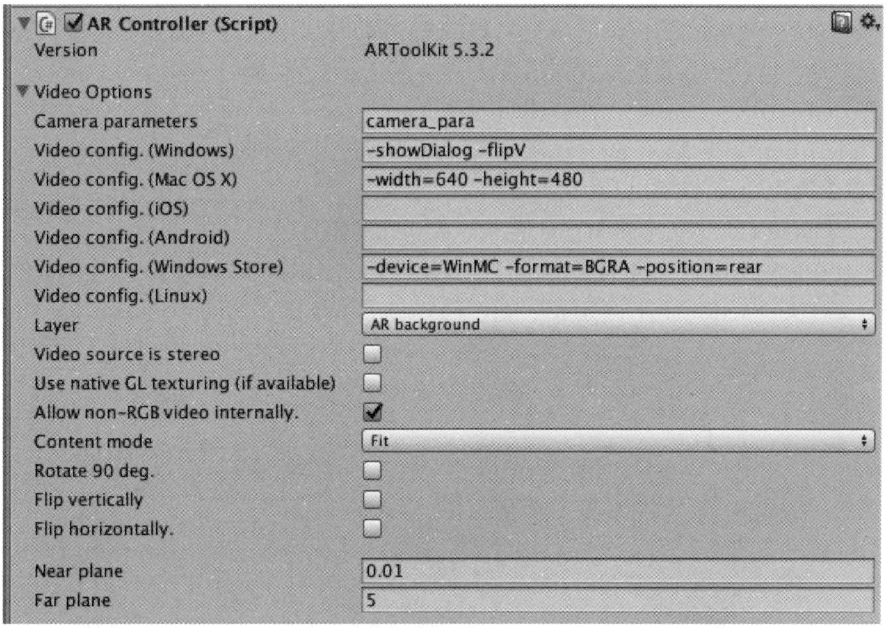

图　3-33

对于其他错误的解决方法，可以上网搜索。

3.4.7　使用 Apple ARKit for Unity

2017 年 6 月，在全球开发者大会（WWDC17）上，Apple 宣布首次投入 AR 技术领域，推出 Apple ARKit，这是 iOS 上用于为 iPhone 与 iPad 创建 AR 体验的新框架。虽然它是新的，但它正被迅速采用并承诺成为 AR 的领先平台，尽管仅限于苹果设备，而不适用于图像标识或基于标识的应用程序。

对于一些项目，你可以将 Apple ARKit 用于 iOS 系统，而不是通用工具包，例如 Vuforia 或 ARToolkit。例如，Vuforia 最好是一个基于标识的 AR 工具包，但 ARKit 尤其擅长在真实世界的 3D 空间中锚定虚拟对象并识别现实世界中的平面。从这个意义上讲，它与微软 HoloLens 有很相似的技术。

与任何 iOS 开发一样，使用 ARKit 开发需要使用 macOS 计算机与当前版本的 Xcode 开发环境。

在撰写本书时，ARKit 仍处于 beta 版本，需要 iOS 11。这意味着开发人员可以使用它，并且仅限于特定的 iOS 设备。这也意味着对系统有要求，其中的 API 与 SDK 可能会在之后发生变化。根据过去的经验，我们期望当它发布正式版本时，ARKit 的界面与我们正在使用的版本没有太大的区别，但是也可能会有些差异。

由 Unity Technologies 维护的 Unity-ARKit-Plugin 项目为本地 ARKit SDK 提供了一个简单的封装。它提供了可以使用的 Unity 脚本、组件与预制体。它还包括几个示例场景。

Unity-ARKit-Plugin 是一个开源项目。如果你想要最新与最好的版本，到这个网站 https://bitbucket.org/Unity-Technologies/unity-arkit-plugin 的 Bitbucket 下载。然而还有一个"Asset Store"软件包，它定期保持最新，我们推荐使用它。

要安装 Unity-ARKit-Plugin，请执行以下步骤：

1）在 Unity 中，如果 Asset Store 选项卡不可见，请转到 Window | Asset Store。

2）在搜索框中输入 ARKit 以查找当前包。

3）选择 Download，然后单击 Import 将其导入到你的项目中。

查看安装在你的 Assets 文件夹中的文件。Assets/UnityARKitPlugin 文件夹包含示例场景以及各种支持子文件夹。ARKit 插件的实际资源位于 Assets/UnityARKitPlugin/Plugsin/iOS/UnityARKit/文件夹中。

该项目的 Assets 文件夹显示在图 3-34 的屏幕截图中。

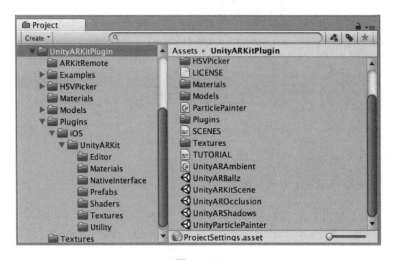

图 3-34

安装完成后，你可以打开其中一个示例场景来尝试 ARKit。UnityARKitScene 场景是只包含一个简单立方体的基本场景。它演示了 ARKit 的所有基本功能。打开场景如下：

1）在"Project"窗口中，导航到 Assets/UnityARKitPlugin/。

2）双击 UnityARKitScene。

你会注意到"Hierarchy"面板中的场景包含以下对于任何 ARKit 场景都很基本的对象：

● Main Camera：是一个空的 CameraParent 对象的子项，具有 UnityARVideo 组件，用于渲染实时视频与处理设备方向。

● ARCameraManager：带有 UnityARCameraManager 组件，它将摄像头与本机 ARKit SDK 连接起来，包括当前的摄像头姿态变换。

● Directional Light：带有可选的 UnityARAmbient 组件，将根据 ARKit 检测现实世界中的环境

光照条件来调整场景照明。

● GeneratePlanes：它与 UnityARGeneratePlane 组件将在场景中为由 ARKit 检测到的平面生成 Unity 对象。你可以提供预制件来渲染，例如，在现实世界中的遮挡物体或虚拟物体的阴影。

在"Hierarchy"面板中 UnityARKitScene 场景显示在图 3-35 的屏幕截图中。

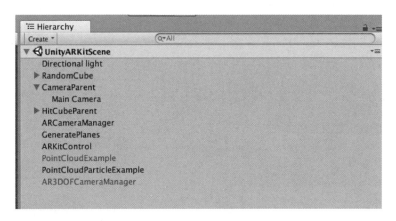

图　3-35

其他对象是特定于此演示应用程序场景的示例。之后随着插件的成熟度可能会发生一些变化，当前的场景包括以下内容：

● RandomCube：当应用程序启动时，这一带有棋盘格花纹的立方体会被渲染在离你1m 处。

● 带有 UnityARHitTestExample 的 HitCube（HitCubeParent 的子程序）：这是一个使用屏幕触摸将立方体置入 AR 场景的范例。

● PointCloudParticleExample：这与 PointCloudParticleExample 一起将 ARKit 当前的扫描结果渲染成模糊颗粒。当 ARKit 扫描你的环境时，它会在其 3D 空间里检测到的深度表面上生成关键点的云集。

● ARKitControl：这与 ARKitControl 组件一起提供了一个简单的 GUI，采用开始、停止及其他选项来控制 AR 的会话。

在准备构建场景时，请执行以下步骤：

1）从主菜单中选择 File｜Build Settings。

2）选择添加 Open Scenes 与/或取消选中除了 UnityARKitScene 之外的构建场景中的所有场景。

3）在 Platform 窗口中，确保选中 iOS 并在需要时单击 Switch Platform 来切换平台。

Build Settings 框显示在图 3-36 的屏幕截图中。

你还需要考虑构建与播放器设置等步骤。如果你使用的是 ARKit 并加载到新的 Unity 项目中，则这些类似的设置已经完成了。我们来看看以下步骤：

1）单击 Player Settings 按钮。

2）在"Inspector"面板中，取消选中 Auto Graphics API 并单击勾选 Metal Graphics API 一项。

图 3-36

3）输入一个有效的 Bundle Identifier（以 com. company. product 的形式，前面已有所描述）。

4）如前所述填写 Camera Usage Description（前面已有所描述）。

5）或者，为了获得更好的用户体验，请选中 Use Animated Autorotation 与 Render Extra Frame on Pause 的复选框选项。

我们也可以优化质量设置。默认的 High 设置与 ARKit 示例项目中使用的最接近；所以，如果你开始一个新项目，可以按如下操作：

1）转到 Edit│Project Settings│Quality。

2）在 Levels 表中，选中 High 行。

3）将 Shadows 设置为 Hard Shadows Only。

4）将 Shadows Projection 设置为 Close Fit。

5）将 Shadow Distance 设置为 20。

6）将 Shadowmask Mode 设置为 Shadowmask。

7）将 Shadow Near Plane Offset 设置为 2。

8）现在，在底部 iOS 的 Levels 列中，在下拉框中选择 High 作为默认质量设置，如图 3-37 的屏幕截图所示。

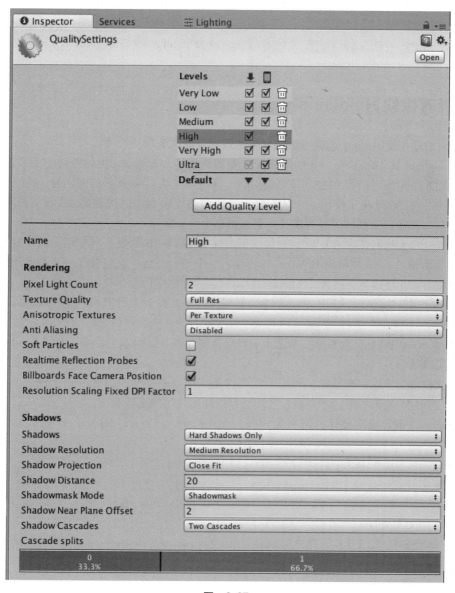

图　3-37

准备就绪后，请继续并单击 Build And Run。如前所述，与任何 iOS 应用程序一样，Unity 将创建一个 Xcode 项目并在 Xcode 中启动它，然后完成编译与构建 iOS 代码的繁重工作。

目前，没有用于在 Unity 内运行与测试 ARKit 应用程序的模拟器。但是，有一个远程选项可让你使用 Unity 的播放模式来测试你的应用程序，不用每次都构建与运行。随着远程应用程序在你连接的设备上运行，Unity 项目可以访问设备上的视频与传感器数据，并像在设备上运行一样，它会在 Unity 编辑器的"Game"窗口中播放。这个远程应用程序作为我们刚刚安装的 ARKit 包中的一个场景，可以在 Assets/UnityARKitPlugin/ARKitRemote/UnityARKitRemote. unity 路径中找到。要使用它，需要添加另一个游戏对象到你的场景中并添加 ARKitRemoteConnection 组件。说明包含在该文件夹中的自述文件中。有关更多信息，请参阅 https://blogs. unity3d. com/2017/08/03/introducing- the- unity- arkit- remote/。

3.5　针对微软 HoloLens

本节将帮助你使用 Unity 设置 Windows 来进行混合现实全息开发项目。

除了 Android 与 iOS 系统，AR 的第三个重要新开发平台是微软 MR。微软使用术语"Mixed Reality"来涵盖其 AR 与 VR 的技术策略的组合。这些技术确实有很多共同之处，特别是在系统与软件架构层面，微软决定使用一个 API 来对接虚拟和增强现实。微软的 AR 设备是 HoloLens，目前处于 Beta 阶段。他们的混合现实技术通常被称为全息影像。

Windows 10 为我们带来了 UWP，它为任何运行 Windows 10 的设备（包括桌面、游戏控制台（Xbox）、移动设备、VR 耳机与 HoloLens）提供了一个通用平台。它包含了一系列通用的确保可跨设备的核心 API 接口集。而且，Windows 应用商店为你的应用提供统一的分销渠道。这不仅仅只适用于微软生产的硬件。UWP 现在将持续得到 Microsoft 行业合作伙伴（包括惠普、宏碁等）产品的支持。

虽然 Microsoft UWP 全息影像技术是指一类混合现实设备，但本书将重点介绍 HoloLens 设备，有些术语可以通用。

现在我们将引导你完成设置步骤。但鉴于这是一个新的平台，设置上相比较之前可能会发生变化。以下是一些第一手参考资料，它们可以帮助你保持更新状态：

- Microsoft 混合现实概述，网址为 https://developer. microsoft. com/en- us/windows/mixed- reality。
- Microsoft Mixed Reality Unity 开发概述，网址为 https://developer. microsoft. com/en- us/windows/mixed- reality/unity_development_overview。
- Vuforia 为 HoloLens 开发，网址为 https://library. vuforia. com/articles/Training/Developing-Vuforia- Apps- for- HoloLens。
- Visual Studio 入门开发，网址为 https://www. visualstudio. com/vs/getting- started/。
- Microsoft Holograms 101E 模拟器介绍，网址为 https://developer. microsoft. com/en- us/windows/mixed- reality/holograms_101e。

所需要的最低要求与软件版本，如下所示。然而这些要求肯定会随着时间推移发生变化：

- 64 位 Windows 10 系统（不是家庭版）。
- Visual Studio 2015 Update 3 或更高版本，Visual Studio 2017 为首选。

- Vuforia 6.1 或更高版本。
- Unity 5.5.1 或更高版本，Unity 2017 为首选。
- Hololens 模拟器（即使你有设备，也建议你使用模拟器）。
- Holographic Remoting Player（推荐使用，需要安装在 HoloLens 设备上）；请参阅 https://developer. microsoft. com/en-us/windows/mixed-reality/holographic_remoting_player。

在 HoloLens 系统上开发，设置开发机器的主要步骤包括：

1）拥有微软开发者账户。

2）启用 Windows 10 Hyper-V。

3）安装 Visual Studio。

4）安装 HoloLens 模拟器。

5）设置 HoloLens 进行开发。

6）配置 Unity 项目设置。

7）配置 Unity 播放器设置。

8）HoloLens 的 Vuforia 设置。

9）构建与运行。

好的，是时候开启全息技术，飞向奥德朗（Alderaan，星球大战电影中的一个星球——译者注）。

3.5.1　获得 Microsoft 开发人员账户

第一步是确保你拥有 Microsoft 开发人员账户。它每年仅需 19 美元（公司开发者账户为 99 美元）。开发者账户不是必需的，当然我们会推荐使用开发者账户。你需要个人 Microsoft 账户才能与开发者账户相关联。它使你可以访问提交应用程序的开发工具与服务，并允许访问开发者中心门户网站。你可以通过 https://developer. microsoft. com/en-us/store/register/faq 了解有关 Microsoft 开发人员计划的更多信息。

3.5.2　启用 Windows 10 Hyper-V

需要在 Windows 10 系统的计算机上进行开发 HoloLens 程序。系统应该是 64 位版本，并且必须是 Windows 10 专业版、企业版或教育版，而不是 Windows 10 家庭版。如果你有家庭版，可以通过 Windows 商店花费 99 美元升级到专业版。在商店内搜索 "Windows 10 Pro"。

你必须在系统上启用 Hyper-V（hypervisor）才能使用 HoloLens 模拟器。Hyper-V 允许你在主机上运行虚拟机。毕竟 HoloLens 是一台运行着 Windows 10 系统的独立计算机。当我们运行一个 HoloLens 模拟器时，基本上是在计算机上运行一个虚拟机，这个虚拟机就是一台 HoloLens 设备。

要启用 Hyper-V，请按照以下步骤操作：

1）选择 Windows Control Panel｜Programs｜Programs and Features｜Turn Windows Features on or off。

2）确保已选择 Hyper-V。

非常好！

3.5.3 安装 Visual Studio

当你安装 Unity 时，可以选择安装 Microsoft Visual Studio Tools for Unity 作为默认脚本编辑器。但是这不是 Visual Studio 的完整版本。

Visual Studio 是适用于各种项目的强大 IDE。当我们从 Unity 构建 UWP 版本时，我们实际上会构建一个 Visual Studio-ready 项目文件夹，然后你可以在 Visual Studio 中打开该文件夹来完成编译、构建与部署过程，以便在你的设备上运行应用程序。

至少，你需要具有以下 Visual Studio 2015 Update 3 组件（请参阅 https://developer.microsoft.com/en-us/windows/holographic/install_the_tools）：

- Windows 10 SDK（10.0.10586）。
- Tools 1.4。

Visual Studio 有三个版本，即 Community、Professional 与 Enterprise。这些对我们开发项目来说是足够的。Community 版本是免费的，可以在 https://www.visualstudio.com/vs/下载。

下载安装程序后，打开它，然后选择要安装的组件。如图 3-38 所示，在 "Workloads" 选项卡中，需要选择以下内容：

- Universal Windows Platform development。
- Game development with Unity。

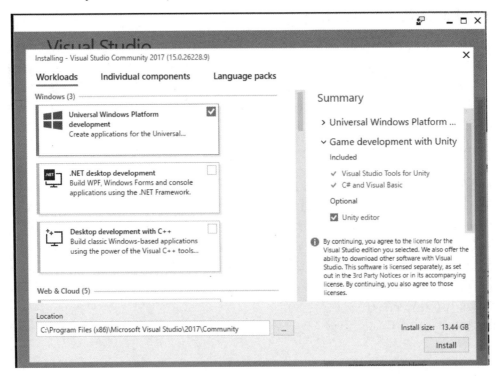

图 3-38

另外，选择 Game development with Unity 选项，如图 3-39 所示。

图　3-39

在 Individual Components 选项卡下，除了默认的 Windows 10 SDK 之外，请确保选择为 Windows 10 SDK（10.0.10586），如图 3-40 所示。

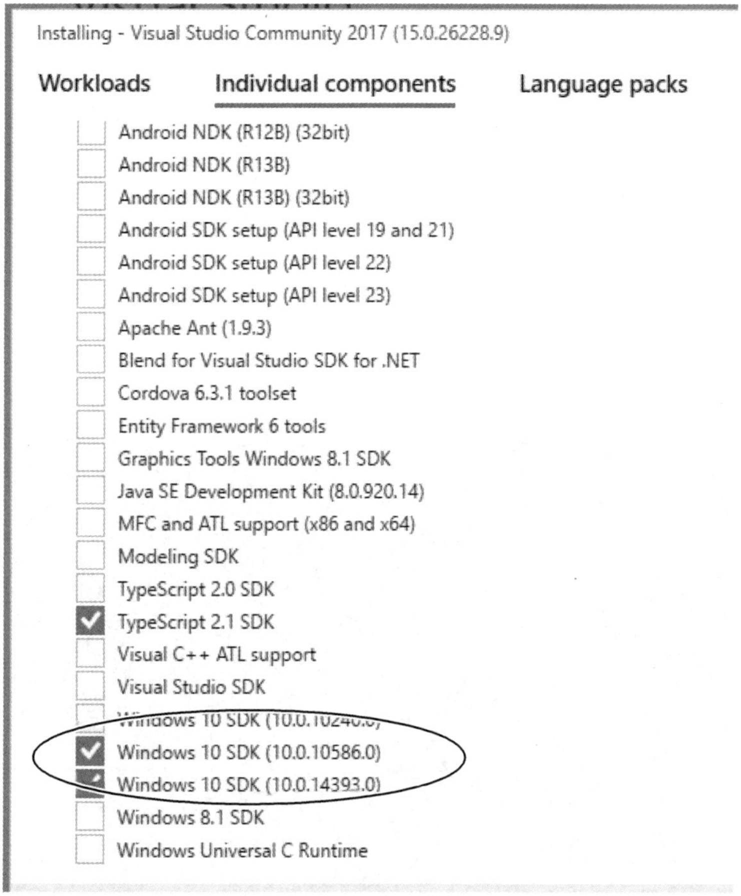

Installing - Visual Studio Community 2017 (15.0.26228.9)

Workloads　　**Individual components**　　**Language packs**

- Android NDK (R12B) (32bit)
- Android NDK (R13B)
- Android NDK (R13B) (32bit)
- Android SDK setup (API level 19 and 21)
- Android SDK setup (API level 22)
- Android SDK setup (API level 23)
- Apache Ant (1.9.3)
- Blend for Visual Studio SDK for .NET
- Cordova 6.3.1 toolset
- Entity Framework 6 tools
- Graphics Tools Windows 8.1 SDK
- Java SE Development Kit (8.0.920.14)
- MFC and ATL support (x86 and x64)
- Modeling SDK
- TypeScript 2.0 SDK
- ✓ TypeScript 2.1 SDK
- Visual C++ ATL support
- Visual Studio SDK
- Windows 10 SDK (10.0.10240.0)
- ✓ Windows 10 SDK (10.0.10586.0)
- Windows 10 SDK (10.0.14393.0)
- Windows 8.1 SDK
- Windows Universal C Runtime

图　3-40

开始下载并安装它。

> 💡 **TIP** 作为作者，我们在一本书中写出这些细节是很危险的。在阅读本书时，特定的 SDK 版本可能会发生变化。但我们认为应该涵盖安装与设置过程的细节，并让你参考它与你实际应用时的不同之处，而不是完全忽略它。

如果你已经安装了 Visual Studio（最低版本为 Visual Studio 2015 Update 3），或者如果你想验证你是否拥有所需的组件，则可以按照以下步骤进行检查：

1）选择 Windows Control Panel | Programs | Programs and Features。

2）找到你已安装的 Visual Studio（例如，包含更新的 Microsoft Visual Studio Community 2015），然后右键单击并选择 Change，如图 3-41 所示。

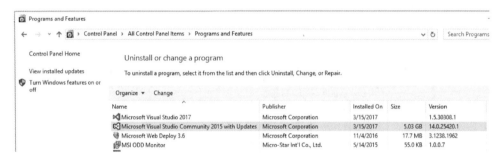

图 3-41

3）在下一个对话框中，单击 Modify。

4）检查缺少的功能并更新你的安装，如图 3-42 所示。

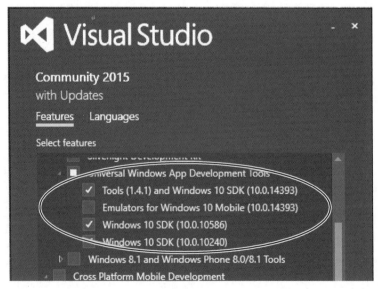

图 3-42

3.5.4　安装 HoloLens 模拟器

HoloLens 模拟器可让你在开发应用程序时模拟实体 HoloLens 设备。这在技术上并不是必需的，特别是如果你在整个开发周期中都有实体设备。即使如此，设备也会经常被借用、移动或者变得不可用，所以有一个 B 计划是明智的。

1）从安装工具页面 https：//developer. microsoft. com/en-us/windows/holographic/install_the_tools，下载 HoloLens Emulator 的安装程序。

2）打开它并按照说明安装模拟器，如图 3-43 所示。

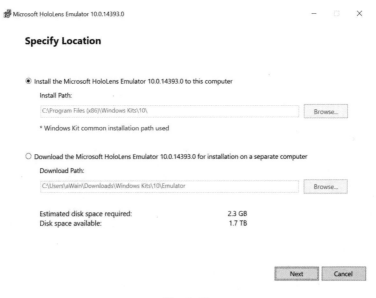

图　3-43

3）接受隐私与许可协议，然后安装它。

4）完成后，你应该看到一条欢迎信息。单击 Close 按钮。

5）安装模拟器后，你应该重新启动计算机。

> **TIP**　HoloLens 模拟器的使用方法文档可以在 https：//developer. microsoft. com/en-us/windows/holographic/using_the_hololens_emulator 网页中找到。

下一次进入 Unity 时模拟器将可以使用，正如我们将在 HoloLens 开始构建 AR 项目时所看到的那样。

3.5.5　设置与配对 HoloLens 设备进行开发

你的 HoloLens 设备需要设置为开发模式。如果尚未设置，请按照安装工具页面视频中的说明进行操作。每台开发计算机只需配对一套 Hololens 设备。

首先，你需要在 HoloLens 设备上设置 Windows Device Portal。它允许你通过 Wi-Fi 或 USB 远程配置与管理你的设备。根据文档，设备入口是 HoloLens 上的一个 Web 服务器，你可以从 PC 上的 Web 浏览器连接到该服务器。它包括帮助管理你的 HoloLens 并调试与优化你的应用程序的工具。请参阅 https://developer.microsoft.com/en-us/windows/holographic/using_the_windows_device_portal 中的 Using the Windows Device Portal 页面。

要在 HoloLens 设备中启用 Device Portal，请执行以下步骤：

1）执行 bloom 手势以启动主菜单。

2）注视 Setting 选项并使用单击手势。

3）执行第二次单击手势将应用程序放置在你的环境中。你的应用将在你放置后启动。

4）选择 Update 菜单项。

5）选择 For developers 菜单项。

6）启用 Developer Mode。

7）向下浏览并启用 Device Portal 与启用远程设备管理。

Device Portal 下的远程管理如图 3-44 所示显示前面。

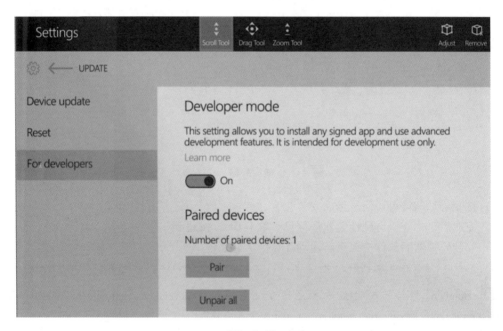

图 3-44

要配对设备，请通过 USB 将其连接到 PC。转到在线设备网站请求 PIN，如图 3-45 所示。

查看 HoloLens 设备，你将看到设备的唯一 PIN 码。现在回到设备入口，输入 PIN 码以及用户名与密码。通过输入你刚输入过的用户名与密码，将 HoloLens 设备与开发 PC 配对，如图 3-46 所示。

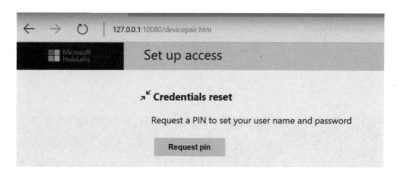

图　3-45

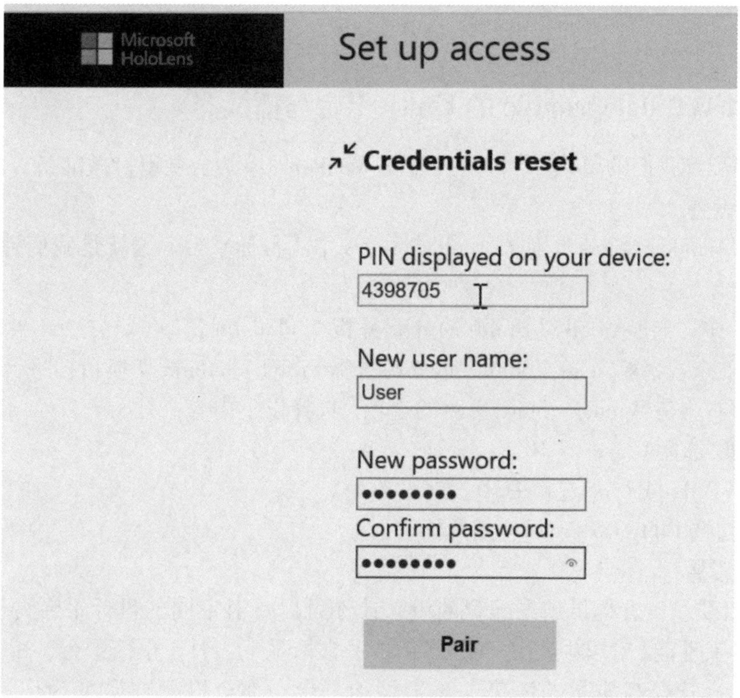

图　3-46

　　设备配对时，设备上带有配对号码的窗口应显示 Done 按钮。在此按钮上使用缩放（Tap）手势继续：用拇指与食指一起用手捏合，然后伸出拇指与食指。

　　你现在已经准备好开始在 HoloLens 上进行开发了。

3.5.6　配置 Unity 的外部工具

　　我们现在可切换至 Unity。首先，我们应该确保 Unity 知道我们正在使用 Visual Studio，如以下步骤所示：

1）选择 Edit | Preferences。

2）在 External Tools 选项卡中，确保 External Script Editor 设置为 Visual Studio，如图 3-47 所示。

图 3-47

3.5.7 配置 UWP holographic 的 Unity 平台与播放器

现在我们将配置我们的 Unity 项目，为开发 Windows UWP 全息项目做准备。

3.5.7.1 构建设置

首先，确保 Windows Store 是你在 Build Settings 中的目标平台。这就是我们为 UWP 构建时所必须要做的：

1）在 Unity 中，导航到 File | Build Settings 并检查 Platform 窗口。

2）如果当前未选择 Windows Store，请立即选择 Switch Platform 切换目标平台。

在对话框的右侧是 Windows Store 平台的选项。选择以下内容：

1）对于 SDK 选择 Universal 10。

2）对于 UWP Build Type 选择 D3D。

3）请确保勾选 Unity C# Projects 复选框。

3.5.7.2 质量设置

Unity 的项目质量设置提供预先配置的组，让你可以针对不同的目标平台调试你的 APP，并且管理不同平台上性能与渲染质量之间的平衡。通常情况下，对于桌面平台，由于具有很好的处理能力，因此你会选择高质量的渲染。对于移动平台，你会以牺牲质量为代价来提升性能和速度。

对于其他移动平台，质量设置很可能会针对性能较低的处理器进行量身定制，并节省电池寿命。特别是软阴影（soft shadows）与阴影级联（shadow cascades）在 HoloLens 上使用太耗费资源，应该避免使用。UWP 构建默认情况下可能没有此设置。如下更改质量设置：

1）导航到 Edit | Project Settings | Quality。

2）在 "Inspector" 面板中，你会看到一张包含不同质量等级的复选框表格。

3）找到 Windows Store 的列（Windows 图标）。

4）在列底部，单击向下三角形并选择 Fastest 作为默认质量级别，如图 3-48 所示。

图   3-48

有关更多详细信息与其他性能建议，请参阅 Microsoft 针对 Unity 的性能建议，网址为 https://developer. microsoft. com/en- us/windows/mixed- reality/performance_recommendations_for_unity。

3.5.7.3   播放器设置-功能设置

Unity 为 UWP 提供了大量支持，包括配置设备功能。我们需要为 HoloLens 启用一些设置，如下所示：

1）如果你打开了 Build Settings 窗口，请按下 Player Settings 按钮。或者，你可以通过选择 Edit｜Project Settings｜Player 找到。

2）查看"Inspector"面板，该面板现在包含播放器设置。

3）找到 Publishing Settings 参数组，然后单击标题栏（如果尚未打开）以查找 Capabilities 窗口。确保选中以下所有项目：

- InternetClient，用于 Vuforia 的云标识数据库。
- PicturesLibrary，用于图像捕捉摄像头框架功能。
- MusicLibrary，用于 VideoCapture 音频录制。
- VideosLibrary，用于 VideoCapture 视频录制。
- WebCam，用于图像捕捉与视频捕捉。
- Microphone，用于语音识别。
- SpatialPerception，空间建图所必需的。

3.5.7.4 播放器设置-其他设置

HoloLens 使用 Unity 内置的虚拟现实支持来进行立体渲染，除此之外，如下所示：

1）在 Player Settings 中，找到 Other Settings 组，然后单击标题栏。

2）确保勾选 Virtual Reality Supported 复选框。

3）你应该在虚拟现实 SDK 列表中看到 Windows Holographic（或 Windows Mixed Reality，取决于你的 Unity 版本）。

4）如果没有，单击"+"添加它（见图 3-49）。

图 3-49

使用 MixedRealityToolkit 的项目可跳至构建与运行部分。如果是使用 Vuforia 与 HoloLens 的项目，比如我们在下一章开始的项目，还需要配置 Vuforia。

3.5.8 HoloLens 的 Vuforia 设置

如果使用 Vuforia，我们需要告诉 Vuforia 我们使用的是 HoloLens 设备。这包括绑定 HoloLens 摄像头并启用扩展跟踪。关于在 HoloLens 上开发 Vuforia 应用程序的更多详细信息，请参阅 https://library. vuforia. com/articles/Training/Developing- Vuforia- Apps- for- HoloLens。

3.5.8.1 启用扩展跟踪

我们将在第 4 章中解释扩展跟踪。所以，现在让我们把它打开，因为 HoloLens 需要它。

1）在 Unity 的"Hierarchy"面板中，选择图像标识对象。

2）然后，在"Inspector"面板的 Image Target Behavior 组件中，选中复选框以启用 Enable Extended Tracking。

3.5.8.2 将 HoloLensCamera 添加到场景中

要配置 Vuforia 使用 HoloLens 摄像头，有几件事要做。首先，我们将添加一个 HoloLens 摄像头到场景中，然后将它与 AR 摄像头绑定，如下所示。请参阅 Microsoft 的"Camera in Unity"文档，网址为 https://developer. microsoft. com/en- us/windows/holographic/camera_in_unity。

1）选择 GameObject | Camera。

2）在"Inspector"面板中，将其重命名为 HoloLensCamera。

3）将 Clear Flags 设置为 Solid Color。

4）将背景设置为黑色（0，0，0，0）。

5）HoloLens 文档建议设置 Clipping Planes | Near 这项为 0.85，这可能是一个最佳的配置，但对于我在小型办公室工作来说，这有些受限。

6）将 Transform Position 重置为（0，0，0）。

图 3-50 显示了摄像头设置。

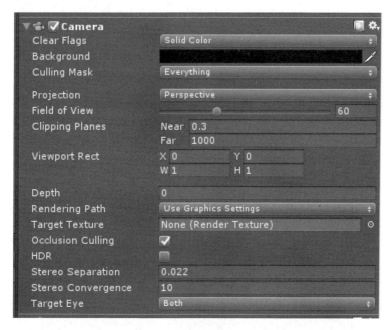

图　3-50

TIP　对于 HoloLens，如果你将用户的起始位置想象为（X：0，Y：0，Z：0），则布局应用会更容易。你需要相应地调整你的目标与虚拟物体的位置，比如在正前方 2m，则其位置为（0，0，2）。

3. 5. 8. 3　绑定 HoloLens Camera

在 Vuforia 配置中设置立体渲染场景。为此，请执行以下步骤：

1）从主菜单中，前往 Vuforia | Configuration。

2）在 "Inspector" 面板中，将 Eyewear Type 设置为 Optical See-Through。

3）将 See Through Config 设置为 HoloLens。

配置如图 3-51 所示。

现在，绑定 AR 摄像头以使用 HoloLens 摄像头，如下所示：

1）在 "Hierarchy" 面板中，选择 AR Camera 对象。

2）将 HoloLensCamera 从 "Hierarchy" 面板拖放到 Vuforia Behavior 组件的 Central Anchor Point 插槽中。

生成的 ARCamera 组件显示如图 3-52 所示。

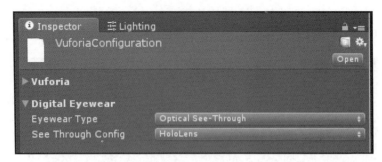

图 3-51

图 3-52

3.5.9　构建与运行

哇！这很有趣，不是吗？现在我们准备构建一个 Visual Studio 项目：

1）在 Unity 中，使用 File｜Build Settings 窗口并按 Build 按钮。

2）指定一个文件夹来放置项目文件。如第 2 章中提到的，我想创建一个名为 Build 的文件夹，然后为此版本创建一个子文件夹，我们称之为 hololens-cube。

3）现在在 Visual Studio 中打开该项目。

4）一种简单的方法是找到文件资源管理器中的 Build 文件夹并查找该项目的 .sln 文件（.sln 用于 Microsoft 解决方案文件）。双击它以在 Visual Studio 中打开项目。

我们在这里也有一些设置：

1）将 solution configuration selector 从 Debug 更改为 Release。

2）将选项设置为 x86。

3）选择你要测试的目标设备。在下面的例子中，我们选择了 HoloLens Emulator 10.0.14393.0。

4）如果使用物理 HoloLens 设备，请选择 Remote Machine，系统将提示你输入要运行的设备的 IP 地址；选择 Universal（Unencrypted Protocol）进行身份验证模式。

Visual Studio 设置如图 3-53 所示。

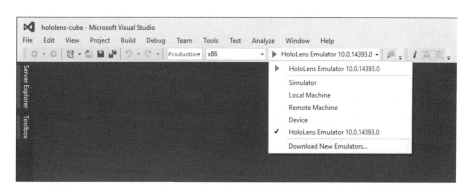

图　3-53

5）最后，选择 Debug｜Start Debugging。

图 3-54 所示是启动应用程序的 Visual Studio 以及旁边打开的模拟器。

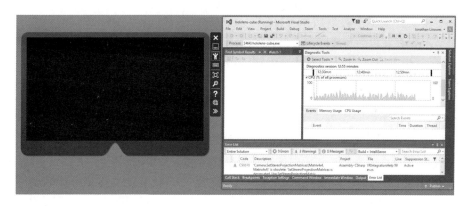

图　3-54

3.5.10　Unity 中的全息模拟器

Unity 开发人员习惯 Unity 编辑器中的播放模式，它允许你运行项目，而无须在每次更改后连接目标设备并进行构建与安装。Unity 编辑器中的全息模拟器可让你使用 HoloLens 进行类似的迭代过程。

有两种模式，即 Remote to Device 与 Simulate in Editor：

• Remote to Device 模式要求你连接物理 HoloLens 设备。该应用的行为就像在设备上运行一样，但图形显示在 Unity 中。该设备的传感器被用作游戏窗口的输入。

• 在 Simulate in Editor 模式下，你的应用程序在模拟全息设备上运行，直接在编辑器中运行，无须连接至真实的设备。使用游戏控制器来控制虚拟玩家。

107

要启用全息模拟器，请按照下列步骤操作：

1）从主菜单中选择 Window │ Holographic Emulation。

2）Emulation Mode 可以选择 Remote to Device 或 Simulate in Editor。

该视图如图 3-55 所示。

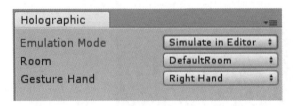

图 3-55

3.5.11 MixedRealityToolkit for Unity

对于我们的一些项目，你还需要 Microsoft 提供的 MixedRealityToolkit for Unity（以前称为 Ho-loToolkit）。这是一套帮助 HoloLens 在 Unity 中进行开发的附加实用程序脚本。它可以在 https://github. com/Microsoft/MixedRealityToolkit- Unity 中找到。

从 Releases 文件夹下载最新版本（https://github. com/Microsoft/MixedRealityToolkit- Unity/re-leases），并将其保存在以后需要时可方便找到的地方。

在 https://github. com/Microsoft/MixedRealityToolkit- Unity/wiki 中可以了解更多关于这些非常有帮助的组件信息。

3.6 本章小结

在本章中，我们做了大量工作，使你的开发系统上能够构建想要运行的 AR 应用程序。有很多可能的环境组合，这取决于你是在 Windows PC 还是 macOS 上开发；使用 Vuforia、ARToolkit SDK、Apple ARKit 或是 Google ARCore 开发工具包；针对 Android、iOS、Windows 桌面、Mac 桌面或是 HoloLens 的平台上实现应用。本章几乎涵盖了所有这些。

对于 Android 平台，我们安装了 Java JDK 与 Android SDK。对于 iOS 平台，我们安装了 Xcode。对于 HoloLens 平台，我们安装了 Visual Studio。对于上述这些中的每一种情况，我们都介绍了 Unity 的构建流程和播放器设置。

现在我们准备好了创造一些有意思的项目！在接下来的章节中，我们将通过一些令人兴奋与有趣的项目来展示使用 AR 的不同方法。我们将进一步学习如何使用 Unity 以及 3D 图形和 AR 技术的更多原理和实践。让我们开始吧！

第 4 章

增 强 名 片

好的！你的系统现在应该设置为 AR 开发环境。在第 2 章中，我们安装了 Unity 与 AR 开发工具包，在第 3 章中，我们安装了构建目标设备所需的开发工具。现在开始构建你的第一个完整 AR 项目！

在本章中，我们将创建一个 AR 应用程序，演示如何在商业与营销中使用 AR 技术。利用你自己的名片（或任何其他合适的图像），我们将展示如何制作应用程序，来增强你的专业形象，并打动你的客户与业务合作伙伴。我们甚至可能激发你其他有趣的想法！

从技术上讲，该项目是创建 AR 应用程序基础的一个很好的开始。

虽然 YouTube 与其他地方有很多类似的教程，但我们将帮助你从使用 Unity 开始，并在你开发项目时讨论每个组件背后的一些原则。

在本章中，你将了解到：

- 规划你的 AR 项目。
- 创建一个新的 Unity AR 项目。
- 选择与准备目标标识图像。
- 在实际与虚拟空间中按比例添加对象。
- 在 Unity 中创建动画对象。
- 构建与运行你的应用程序。

其中一些主题在前面的章节中介绍过。这里有机会审查这些步骤并将这些环境在实践中放在一起。

> **ⓘ** 有关每个平台已完成的项目，请参阅本书的 GitHub 网站上的存储库 https://github.com/ARUnityBook/。

4.1 规划你的 AR 开发

要成为一名优秀的 AR 开发人员，你应该了解 AR 技术背后的一些核心原则，并深入了解如何控制 SDK 中特定选项的细节。这就是我们在这里帮助你做的。这些强大的开发工具使你能够专注于应用程序与用户体验的实现，而不是核心算法、模式识别与 AR 技术中遇到的其他挑战。

除了决定你的开发平台、SDK 与目标 AR 设备外，你还应考虑其他步骤来规划与实施你的项目，这对几乎所有 AR 项目来说都是很常见的事情，其中包括以下几点：

1）确定将使用哪种核心技术，例如标识、图像、对象或空间建图。选择并准备实际目标，例如准备合适的图像标识。

2）选择并准备将用于 AR 场景的图形资源。

3）创建 Unity 项目与新场景。

4）将 AR 摄像头添加到场景中。

5）为 AR 标识插入占位符，并将其属性设置为特定标识图像。

6）将资源导入到识别标识时所在的场景中。

7）通过在 Unity 编辑器中播放场景进行测试。

8）构建并运行项目以测试目标 AR 设备。

4.1.1　项目目标

我有一个朋友经营了一个名为 PurpleFinch PhotoDrone 的无人机摄影业务。作为一个小小的恩惠，我向他提出要制作一个 AR 应用程序，用来识别他的名片并显示动态飞行的无人机。一旦打开这个应用程序，使用者将能够（用摄像头）查看公司的名片，并且虚拟的无人机将出现，并在手机视野范围内飞来飞去。这将是个很酷的小型促销活动，他可以与客户或朋友分享。图 4-1 是他的网站截图。

图　4-1

你可以关注这个特定的项目（资源可以从本书的发布者下载站点下载）。或者随意使用自己的或触手可及的资源。我们将引导你完成整个过程。

4.1.2 AR 标识

这个项目的计划是使用与你业务相关的名片或其他图像作为标识。事实上，名片的大小与样式可能是一个问题。从实践角度上我的建议是使用更大、更详细的图像效果最佳。但识别名片是我想要做的，因为它太酷了！AR 技术仍然可以工作得很好。因此，我们也将此作为教学时刻，探索哪些方法可以更好，以及为什么更好。我们将采用的名片如图 4-2 所示。

图 4-2

本章的资源包中包含该名片的 .jpg 图像。如果你正在为其他业务进行开发 AR 应用的实战项目，请扫描或拍摄你要使用的名片的照片，需要使用 .jpg 或 .png 文件格式的副本。

为获得最佳效果，AR 的标识图像文件不应太小或太大。一张名片的大小是你正好可以拿到手上很合适。有关选择良好标识图片的最佳做法，请参阅以下讨论。如果你需要更小的标识，那么考虑使用特别设计的标识。我们将在后面的章节中讨论标识的处理。

4.1.3 图像资源

当标识被识别时，我们的应用程序应该显示与业务相关的模型。你的选择将可能会有所不同，我们将讨论查找与导入 3D 模型，以便你在开发应用时可以使用简单的方法。

对于 PurpleFinch 的业务来说，我们将展示一架无人机四轴飞行器，并让它飞行起来。它位于我们命名为 SimpleDrone. unitypackage 的 Unity 包中，如图 4-3 所示。

无人机需要由脚本来激活轮轴转动。我们还将实现无人机模型起飞并着陆在名片上的动画。

4.1.3.1 获取 3D 模型

你为业务选择的物体模型，可能与我们的无人机不同。如果你擅长 3D 建模，你可以自己制作所需的模型。如果你不擅长，那么幸运的是 Unity 资源商店中有很多模型可用，有些是免费的，有些是付费的。另外还有许多 3D 模型共享网站，包括以下内容：

图 4-3

- Sketchfab：https://sketchfab.com。
- TurboSquid：http://www.turbosquid.com/。
- Blendswap：http://www.blendswap.com/。
- 其他网站。

在 Unity 资源商店中找到的模型会默认在 Unity 中可直接使用。来自其他来源的模型可能需要一些手动调整与/或格式转换。Unity 允许你导入 FBX 或 OBJ 文件格式的模型。只要你的系统上安装了该软件，你还可以导入 MAX（3D Studio Max）或 BLEND（Blender）等专有格式。但我们建议你在导入之前将专有文件转换为 FBX 或 OBJ 格式，以便开发团队中的每个人都不需要 3D 软件来进行转换格式。

4.1.3.2　简化模型

如果你的模型具有数千乃至数百万个面，那么导入 Unity 之前应该将其进行简化，因为过多面数是不必要的。特别是对于移动设备上的 AR 应用，你可能不需要如此复杂的模型。

> ℹ️ Blender 是一款免费的开源 3D 创建工具。我们用它来编辑 3D 模型与动画。它还提供了一整套附加功能，包括模拟、渲染，甚至游戏创作。https://www.blender.org/。

我们不在这里详细讨论，但会简要说明，例如使用 Blender 可以简化模型，如下所示：

1）如有必要，请从 https://www.blender.org/网站下载并安装 Blender。

2）打开 Blender 并删除默认对象（在键盘上按 A 键，然后再按 A 键，最后按 X 键删除）。

3）选择 File｜Import｜file type 导入模型，找到你的模型并单击 Import。

4）如果需要，对模型进行缩放，使其在屏幕上具有可管理的大小（将鼠标移动到视口中，按 S 键，然后滑动鼠标进行缩放，如果调整满意则右键单击确定）。

5）确保你处于对象模式（请参见底部工具栏），并在右侧的"Inspector"面板中找到扳手图标，单击访问修改器。

6）单击 Add Modifier 并选择 Decimate（见图 4-4）。

7）网格中的当前面数显示在 Modifier 窗口中。在 Ratio 输入字段中输入一个比例数字，例如 0.1 以将面数减少到 1/10。单击 Apply。

8）选择 File｜Export｜FBX 将模型导出为 .fbx。

此外，有几个软件包可让你直接在 Unity 编辑器中简化模型，例如 Simple LOD（https://www.assetstore.unity3d.com/en/#!/content/25366）。需要注意的是，首先该模型仍然需要合理的尺寸来导入，

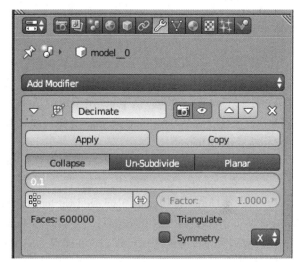

图 4-4

否则会有潜在的错误影响项目进行。Simple LOD 的目的是让你在多个细节级别中生成一系列更简单的网格，以便进行优化与使用，但这具体取决于与场景内摄像头的物距。

4.1.4　目标设备与开发工具

在定义了项目的目标、标识图像与对象之后，我们现在还应该知道结合了哪个开发平台、Unity 的版本、AR SDK 的种类以及我们正在使用的目标设备。本章包含表 4-1 所示组合的说明。

表　4-1

目标平台	AR SDK	开发平台
Android	Vuforia	Windows 10
iOS	Vuforia	macOS
HoloLens	Vuforia	Windows 10
Android	ARToolkit	Windows 10

为了描述得更加清楚，本章首先引导你完成整个项目，我们使用 Vuforia 在 Android 设备上进行开发。在本章的最后，我们将介绍在其他平台与设备上开发的步骤：iOS 系统平台、HoloLens 设备与 ARToolkit 软件开发包。

4.2　创建工程（Vuforia）

开始开发我们的项目，在 Unity 中创建一个新项目并为 AR 开发做好准备。你可能已经知道配置，但我们会尽快通过这些步骤。如果你需要更多详细信息，请参阅第 2 章与第 3 章中的相关主题。

让我们创建一个新项目并导入 Vuforia 软件包：

1）首先，打开 Unity 并创建一个新的 3D 项目。我会将其命名为 BusinessCard。

2）导入 Vuforia 软件包。从 Unity 主菜单中选择 Assets│Import Package│Custom Package，然后找到并选择系统上的 Vuforia. unitypackage 文件（如果需要下载软件包，请参阅第 2 章中的说明）。

3）然后单击 Import。

这将在你的项目资源中创建几个新文件夹，包括插件、资源与包含一堆其他子文件夹的主 Vuforia 文件夹。另外，导入 Vuforia 范例包。

4）再次选择 Assets│Import Package│Custom Package，然后在系统上找到并选择 VuforiaSamples- x- x- x. unitypackage 文件（在编写文件名时为 VuforiaSamples-6-2-10）。

设置应用程序许可证密钥：我们现在需要为应用程序提供许可证密钥。

5）如第 2 章所示，请访问 Vuforia 网站 Developer Portal 的许可证管理器 https://developer. vuforia. com/targetmanager/licenseManager/licenseListing（你必须先登录才能访问此链接）。

6）创建一个新的许可证密钥或选择一个现有的密钥。我喜欢将同一个密钥随机用于 AR 项目，只为我计划发布的特定应用创建专用密钥。

7）单击查看完整密钥代码。

8）从屏幕上的文本框中复制许可证密钥代码。

回到 Unity：

1）从 Unity 主菜单中选择 Vuforia│Configuration。

2）在"Inspector"面板中，将你的许可证密钥粘贴到 App License Key 区域。

3）在 VuforiaConfiguration 的"Inspector"面板中，再次勾选 Webcam Camera Device。

将 AR 摄像头添加到场景中：我们将用 Vuforia 的 ARCamera 预制体替换默认的主摄像头。

1）从"Hierarchy"面板中删除 Main Camera 对象。

2）然后将 ARCamera 预制体置于 Project Assets/Vuforia/Prefabs 文件夹中，选择它，然后将其拖入"Hierarchy"面板的列表中。

3）将摄像头设置组件添加到摄像头以启用自动对焦。在"Hierarchy"中选择 ARCamera 时，在 Inspector 中选择 Add Component，然后找到 Scripts│Camera Settings。

4）保存我们的工作。选择 File│Save Scene As 并将其命名为 BusinessCard，并将其保存到资源文件夹 Assets 中。

5）保存项目，选择 File│Save Project。

此时，如果你在 Unity 编辑器中按下 Play 按钮，则应该看到网络摄像头的视频输入。这将允许你在 Unity 编辑器内调试 AR 应用程序。

4.3 建立图像标识

我们可以开始创建 AR 应用程序。正如我们在第 2 章中看到的，我们可以使用 Vuforia 云服务来生成与维护标识图像的数据库，然后使用以下步骤将其下载到 Unity 中。

4.3.1 在场景中添加图像标识预制体

第一部分是在场景中需要添加一个图像标识：

1）在 Project Assets/Vuforia/Prefabs 文件夹中有一个名为 ImageTarget 的预制体。将其拖入"Hierarchy"面板中。

2）在"Inspector"面板中的 Image Target Behavior 组件中，找到 Type 参数。它可能会提示 No Targets Defined。按下按钮进行创建。

接下来将打开你的互联网浏览器到 Vuforia 标识管理器网页。这将允许我们使用他们的软件来创建标识数据库。

4.3.2 创建标识数据库

让我们为名片创建一个新的数据库（见图4-5）。

Create Database

Name:

BusinessCard

Type:
- ● Device
- ○ Cloud
- ○ VuMark

Cancel   Create

图 4-5

1）单击 Add Database 并将其命名为 BusinessCard。

2）我们计划将图像与应用程序一起存储在设备上，因此将数据库定义为 Device 类型。

3）选择 Target Manager｜BusinessCard 可以看到（空）标识列表。

4）单击 Add Target 来添加图像标识文件。

5）我们添加一个 Single Image 类型，单击 Browse 选择要上传的图像文件。

6）以 m 为单位指定图像的实际宽度。我们的是 0.09m。

7）然后上传。

115

> ⓘ 我们选择了 Device 类型选项，这意味着图像数据库将与你的应用绑定并保存在设备上。但是，假设你希望能够在应用程序构建与分发后扩展应用程序以处理更多不同的图像，可以借助 Vuforia，将数据库保存在 Vuforia 云中。这需要应用程序在运行时访问互联网，以便在你打开应用程序时检索标识数据（或数据更新）。这可能比将数据内置到应用程序中要慢。但是云中的数据库成为以后很多 AR 项目一个更强大的解决方案。

添加标识页面如图 4-6 所示。

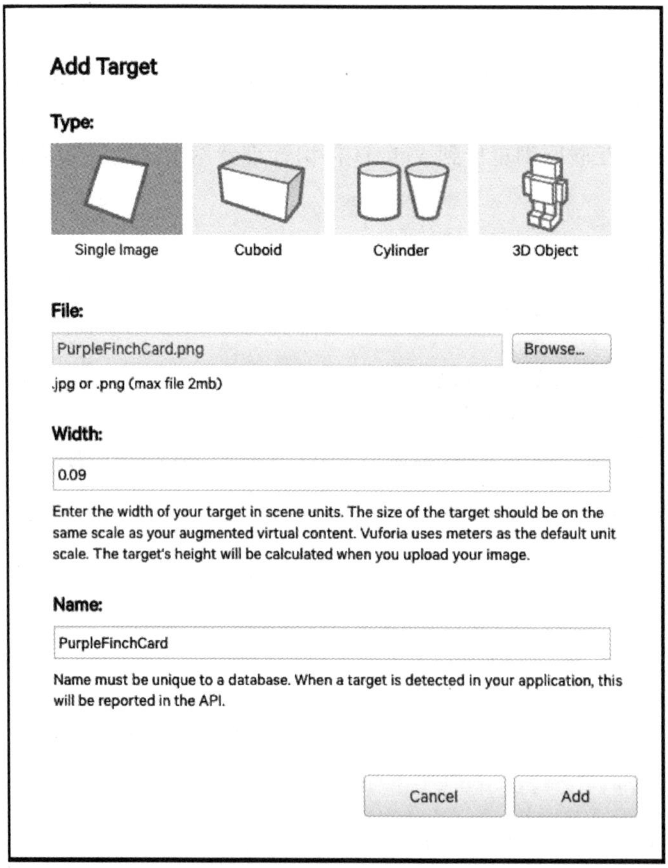

Add Target

Type:

| Single Image | Cuboid | Cylinder | 3D Object |

File:

PurpleFinchCard.png   Browse...

.jpg or .png (max file 2mb)

Width:

0.09

Enter the width of your target in scene units. The size of the target should be on the same scale as your augmented virtual content. Vuforia uses meters as the default unit scale. The target's height will be calculated when you upload your image.

Name:

PurpleFinchCard

Name must be unique to a database. When a target is detected in your application, this will be reported in the API.

Cancel   Add

图 4-6

请注意，Vuforia 要求图像为 jpg 或 png，以及 24 位或 8 位（灰度）。通常，png 文件是带有 alpha 通道的 RGBA，当你尝试上传时，这些文件将被拒绝上传。jpg 格式的图片从来没有 alpha 通道，它必须是 RGB 或灰度。在 Vuforia 中，图像文件最大为 2.25MB。

在图 4-7 的屏幕截图中，你可以看到我们已经将名片图像上传到数据库。注意它的高对比度，所以它得到了极好的五星级特征识别等级。

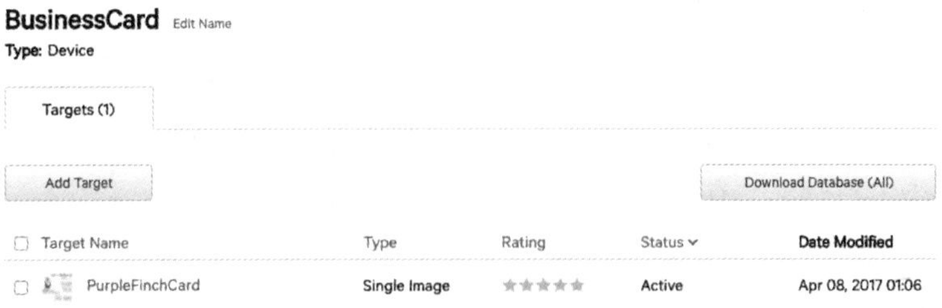

图 4-7

我们现在可以下载数据库在 Unity 中使用：

1）单击 Download Database。

2）选择 Unity Editor，然后单击 Download。

我们的下载文件被命名为 BusinessCard. unitypackage。现在我们可以将它导入 Unity。

4.3.3 将数据库导入 Unity

在 Unity 中要导入数据库，我们按照前面所示的步骤操作：

1）从主菜单中选择 Assets｜Import Package｜Custom Package。

2）选择我们刚刚下载的数据库文件。

3）单击 Import。

一旦导入，它将创建一个名为 StreamingAssets 的文件夹。这是所有数据库信息保存的位置，数据库存入的是导入特征点的信息，无论它是图像、物体还是 Vuforia 支持的任何其他跟踪标识。

在"Hierarchy"面板中选择 ImageTarget 后，查看"Inspector"面板并在 Image Target Behavior 组件中为 Database 参数选择你的数据库 BusinessCard。它会默认为第一个标识（这很好，因为我们的数据库只有一个标识！）

4.3.4 激活与运行

最后，我们必须激活数据库：

1）选择主菜单 Vuforia｜Configuration，进入 VuforiaConfiguration 文件。

2）在"Inspector"面板 Datasets 中，选中 Load BusinessCard 复选框（或任何你命名的数据库），然后将其标记为激活。

3）现在设置图像数据，快速测试我们的工作。在"Hierarchy"面板中，选择 GameObject｜3D Object｜Cube 创建一个立方体。

我们的名片尺寸不到 0.1m，我们的立方体尺寸为 1.0m。这太大了。

1）将其 Transform Scale 更改为（0.05，0.05，0.05），其 Position 变为（0，0.025，0）。

2）在"Hierarchy"面板中移动立方体，使其成为 ImageTarget 的子项。

单击 Play，将摄像头指向名片，立方体应会显示出来。

4.3.5　是否启用扩展跟踪

Vuforia 提供了一个强大的功能，有一个简单的复选框——扩展跟踪。通常你的 AR 应用程序会检测一个标识并显示相关的虚拟对象。当标识在摄像头视野范围外时，应用程序会看不到标识，并且停止渲染虚拟对象。有时候这正是你想要的效果，有时不是。

假设虚拟对象的高度很高，用户的手机不可能在一帧图像中看到整个虚拟物体。你需要平移手机摄像头以检查整个形状。即使标识不在视野中，你仍然希望继续查看该对象。扩展跟踪允许用户移动手机并保持跟踪标识。

在我们的项目中，计划对无人机进行动画制作，可以在名片上方飞行。我们可能需要平移摄像头才能观看它的飞行。此外，如果没有扩展跟踪，无人机正在飞行时跟踪被重置，则动画将从其开始位置开始。因此，我们希望使用扩展跟踪：

1）要启用扩展跟踪，请在图像标识行为（Image Target Behavior）中，单击启用扩展跟踪（Enable Extended Tracking）复选框。这将允许用户在环境中移动并且不会丢失跟踪。

2）ImageTarget 也必须在场景中标记为 Static：选中"Inspector"面板右上方的 Static 复选框。

通过启用扩展跟踪功能，我们可以移动摄像头并且不会丢失跟踪。这个是假定标识在现实生活中不会被移动。我们想象的是在运行应用程序时名片留在桌子上。

4.4　什么是最优的标识图像

什么使得一个图像成为好的标识，我们又将如何知道它会被很好地跟踪？我们可以识别物理标识上的图像特征。

标识本身的表面材质应该是亚光的，以避免反光和高光的材质会使得识别软件在运行处理视频流时识别的效果大打折扣。

它也应该是刚性的，以便在摄像头观看时不会扭曲或变形。因此，卡片或纸板不会像普通纸张那样容易弯曲或弄皱。实际的跟踪将更加稳定。

图像应该有一个边框，因此可以很容易地从背景中区分出来。建议这个边框应该大约为图像大小的 8%。边框可以是白色的。它最好不要和其他纹理一致。

鉴于这些要求，或者我们应该说是准则，普通名片作为图像标识是勉强可以接受的。你的标准名片可能不是 5in 宽！你可以选择重新设计你的名片，无论如何尝试让效果变得更好。对于 PurpleFinch 来说，我们将采取第二种方法重新设计名片！

另一个问题是标识的大小。真实图像标识必须足够大才能在摄像头视图中提供足够数量的像素以使其识别算法能够正常工作。用一个简明的公式表述，就是图像宽度应该是到摄像头距离的 1/10。例如，如果摄像头距离桌面大约 1.2m，则图像的宽度至少应为 12cm（即距离为 120cm，宽度为 12cm）。

图 4-8 显示标识物理尺寸、设备摄像头距离与屏幕上足以使识别算法正常工作的尺寸之间的关系。

在这个项目中，当运行应用程序时，我们希望用户一手拿着他们的移动设备，并将其指向桌

图 4-8

上的名片逐渐靠近。

当标识较小时，除了移动摄像头靠近外，还有其他解决方案。除了任意图像，还可以使用识别度更高的特殊标识。标识甚至可以使用类似二维码的图形进行编码，因此可以使用给定的标识设计并识别几十个单独的虚拟对象。我们将在后面的章节介绍标识技术。

标识上的图像也需要符合某些标准才能被正确识别。它应该是详细的、非对称的、不重复的。AR 软件需要识别图像中将会在视频流中出现的特征。如果图像中的图案没有足够的细节，则不会被识别。如果图像从各个角度看起来相同，那么软件将很难对其定位。

图像也应该具有良好的对比度。当图像是非常清晰的图案，就像我们的名片一样，这不是问题。大部分区域都是纯色背景（在我们的例子中为白色），与印刷文字与图标艺术形成鲜明对比。

但是当图像是照片时，它需要被称为自然特征跟踪（NFT）的技术才可以识别。在这种情况下，图像必须具有良好的对比度。我们来看看这意味着什么。

Vuforia 使用标识图像的灰度版本来发现可识别的特征。所以可以多参考图像的灰度效果而不是看它的彩色效果。

GIMP 与 Photoshop 等图像编辑软件提供了一个专业的线性直方图工具，可让你看到灰度光谱中像素值从黑色到白色的分布情况。你会想要使用线性直方图而不是对数。线性直方图表示摄像头如何看到图像，而对数直方图表示我们的眼睛如何看到它。

以下示例来自 Vuforia 文档（https://library. vuforia. com/content/vuforia-library/en/articles/Solution/Optimizing-Target-Detection-and-Tracking-Stability. html），它说明了你可以使用直方图来帮助评估鹅卵石图像与叶子图像哪一个提供了更好的特征效果。图 4-9 所示叶子图像的例子不是一个好的图像标识，因为在一个相对集中的灰度图中它的对比度比较低。

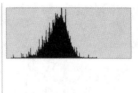

图 4-9

图 4-10 所示鹅卵石图像的例子是一个非常好的图像标识，具有良好的灰度范围与对比度。

图 4-10

对比度高的图像会有分布不是很均匀的直方图。图像上会有锯齿并显得不够平滑。并且它的值将在整个灰度图上分布，而不是集中在狭窄的区域中。

我们的 PurpleFinch 名片很难通过直方图测试。但这没关系，因为它是规则的艺术线条，而不是自然特征点，也是很好的标识。如前所示，它实际上获得了五星级的功能检测评级！

总之，为获得最佳效果，标识图片应具有以下特征：

- 亚光材质表面。
- 刚性的卡片。
- 足够的边界（约占图像的 8%）。
- 与预期摄像头距离成比例的大小（1/10）。
- 有足够多细节的、不重复的、非对称的图像。
- 良好的对比度（艺术线条或分布不均匀的线性直方图）。

继续我们的项目。

4.5　添加对象

我们现在准备将虚拟对象添加到场景中。对于这个项目，我们希望用四轴无人机飞行器来增强名片。

在 AR 中，当摄像头识别标识时，我们希望相关对象出现并增强场景。该连接是通过使虚拟对象成为"Hierarchy"面板中标识的子项来定义的。

首先,我们将删除立方体,然后添加无人机。

1)如果你在 ImageTarget 下添加了立方体,则可以立即右键单击 Delete 将其删除。

假设你有发行商为本书提供的 SimpleDrone. unitypackage 文件,现在可以在 Unity 中导入它。

2)从主菜单中选择 Assets | Import Package | Custom Package,找到 SimpleDrone 软件包文件并选择导入。

这将在你的资源中创建一个文件夹,其中包含动画、材质、网格与预制体,如图 4-11 所示。

图　4-11

3)在 Prefab 文件夹中,选择 SimpleDrone 预制体并将其拖入"Hierarchy"面板中,并让它成为 ImageTarget 的子项。

确保该对象是 ImageTarget 的子项,如图 4-12 所示。

图　4-12

我们的无人机模型是真实尺寸的,我们需要缩小它(现在我们将讨论尺寸)。

4)选中 SimpleDrone 后,将场景编辑 3D 空间坐标轴更改为 Scale(见图 4-13)。

图　4-13

5)在 Scene 窗口中,单击缩放 3D 空间坐标轴中心的小立方体,然后拖动鼠标缩小模型。

图 4-14 的屏幕截图中显示的模型为 Scale(0.1,0.1,0.1),略高于卡片(位置 Y = 0.06),

这在视觉上可以看出变化。

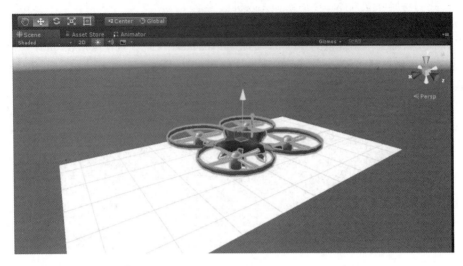

图 4-14

保存场景，然后单击 Play。将摄像头对准名片时，应显示该对象。螺旋桨叶片应该旋转。我们将在本章后面探讨它的作用。

4.6　构建与运行

现在可以在我们的目标设备（即 Android 手机）上构建与运行该应用程序。按照以下这些次序。如果你想了解更多细节与解释，请参阅第 3 章。

1）首先，选择 File | Save Scenes 确保保存场景，并选择 File | Save Project 保存项目。

2）选择 File | Build Settings 进入构建设置，选择 Add Open Scenes，确保场景是 Scenes In Build 中列出的唯一场景。

3）在 Build Settings Platform 中，确保 Android 是目标平台。

4）现在进入播放器设置（单击 Build Settings 中的 Player Settings 或主菜单 Edit | Project Settings | Player），然后查看右侧的"Inspector"面板中的 Android 设置。

5）在 Other Settings 下，包名称必须设置格式为 com. Company. ProductName 的唯一标识符，例如 com. PurpleFinch. BusinessCard。

6）对于最低 API 级别，请选择 Android 5. 1 版本（API 级别 22 或 Vuforia 当前最低级别）。

7）再次保存项目。

现在确保你的手机通过 USB 连接并解锁。然后单击 Build and Run。如第 3 章中所述，我们建议你创建一个名为 Build 的文件夹，并在其中保存可执行的构建文件。我们可以将其命名为 BusinessCard. apk。

图 4-15 是我一手拿着名片（要稳定地拿着名片！），另一手拿着手机，并将镜头指向标识图

像，无人机将出现在屏幕中的名片上。

图 4-15

4.7 了解大小比例

我们来谈谈尺寸问题。到目前为止，在我们的讨论里，尤其是一些特定的情况下，遇到了几个尺寸与单位问题。我们需要关注真实生活的空间尺寸、AR 设备摄像头的视图、AR 标识、虚拟空间以及 Unity 变换关系。它们都彼此互相关联来决定尺寸。

4.7.1 现实生活中的大小比例

我们生活在现实世界中，这个世界里面的物体是有衡量标准的。使用标准测量单位，我们可以来统一规范并共享给其他人，统一的标准可以保证其可以重复使用。衡量标准非常重要。因为人类的感觉不是很可靠。举个例子来说，1m 长的物体如果不被客观地测量，可能会被很多人主观地认为比实际尺寸更大或更小。

不管如何去使用，1m 的长度都是一样的。需要注意的是，我们在用数字传递信息或分享给别人时必须使用相同的度量单位。1999 年 9 月，NASA 失去了火星气候轨道器飞船，因为一个团队使用英制单位（例如 in、ft 与 lb），而另一个团队使用了公制单位用于重要航天器操作！（https://mars.nasa.gov/msp98/news/mco990930.html）。让我们尽力在我们的 AR 开发实践中避免这种灾难。

近大远小的概念大家都知道。作为人类，我们非常习惯这一点，而这些尺寸在理解我们周围的世界中扮演着重要的角色，包括对深度的感知，这些都是可以被客观衡量的。使用光学镜头，或针孔摄像头，可以将场景投影到平面上，场景里面的物体就可以被测量出来。远方的大树要比近处的孩子尺寸小。并且就像文艺复兴时期的艺术家们所发现的，物体的空间关系可以在一个平面上通过透视关系表现出来，也即物体各个边的透视延伸会交汇至最终消失点。

当使用计算机图形的知识在 AR 的技术里面时，我们需要考虑很多细节。使用手持式设备展现 AR 技术时，我们每次捕获一帧图像并增强这一帧图像。AR SDK 中的图像识别算法尝试将这帧中的图像与其数据库中的标识图像进行匹配。从图像面朝自己的方向观看比较容易，实际图像与存储标识都有四个角点很好对齐。

但是，当从一个日常观察的角度来看一个真实的标识图像时，算法必须考虑到观察的角度与距离。然后来计算摄像头的相对位置。这种方法用于定位虚拟摄像头的姿态，并将虚拟物体与视频流的一帧图像一起显示在屏幕上，如图 4-16 所示。

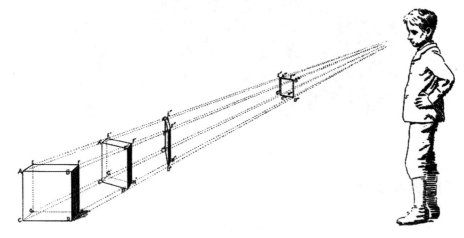

图 4-16 （来源于 https：//commons. wikimedia. org/wiki/File：Eakins_Perspective_
Study_Of_Boy_Viewing_Object. jpg 知识共享）

通过可穿戴光学透视 AR 设备，它将变得更加复杂。红外与光学传感器测量 3D 空间、深度与物体尺寸，从而构建空间地图。空间地图是用网格的方式来表现环境中相关的一些平面。计算机通过数学的方式来计算环境中这些平面的实际尺寸与距离。增强这些场景，我们可以将虚拟对象按照它的 3D 位置放置到 3D 空间中去。

这里的要点是，开发 AR 项目就是需要把真实对象放入到真实的 3D 空间中去。虚拟 3D 对象需要被放入 3D 空间中并缩放到合适的尺寸。如果 3D 概念对你来说是全新的，那么你用 3D 来思考可能需要一些时间，慢慢就会习惯。

再说一下，我们更习惯 2D 思考。我们南北东西地奔走，虽然我们也能通过电梯、无人车或星舰上上下下，但这不是传统思维。就像大副 Spock 在星际迷航电影的《可汗之怒》中说到的，他智勇双全但不够有经验。他的行为模式是典型的 2D 思维的结果。在为 AR 做开发时我们需要的是立体思维。

4.7.2 虚拟大小比例与 Unity

使用计算机图形引擎（如 Unity 与其他 3D 设计应用程序），我们处理在虚拟 3D 空间中由 x、y、

z 坐标定义的 3D 对象。有很多方法可以用数字表示对象。Unity 使用连接一组点来形成三角形面的网格。这些面将使用纹理贴图，光照与着色器渲染，以提供不断增加的逼真度与模拟的物理属性。

Unity 中的默认单位是 m。在某种程度上默认的单位是不够用的。你的应用程序可以选择改变默认的单位。但除非真的需要，否则建议使用 m 作为单位（假设更换了基本单位，Unity 的其他部分可能会受到单位变化的影响，例如物理引擎计算质量与速度）。如前所述，最重要的是保持一致。

每个对象都有一个 Transform 组件，用于定义其几何体相对于其默认位置的距离、旋转角度或缩放比例。因此，重置或默认的变换数值为 Position（0，0，0）、Rotation（0，0，0）与 Scale（1，1，1）。要使其长度增加两倍，请使 Scale X 值为 2.0。要旋转它以查看其背面，请将其 Rotation Y 值设置为 180°。

对象可以被分组（group）到另一个对象下，或形成父子继承的对象，从而形成各个对象之间的层次结构。因此，编辑器中的"Hierarchy"面板显示当前场景中排列在结构中的所有对象。例如，我们在项目中使用的 SimpleDrone 包含两个子组，即 Drone_Body 与 Drone_Rig。Body 由其 Arms、Body、Rotor_1 等组成。

SimpleDrone 层次结构显示在图 4-17 的屏幕截图中。

如果父对象的变换 SimpleDrone 发生更改，则它的所有子对象都会随着它一起移动，就像你期望的那样。如果我们通过缩放 SimpleDrone 来调整无人机的大小，其所有的子对象都随之缩放。接下来，我们将为无人机制作动画，通过改变其 Transform Position，向上或来回移动。

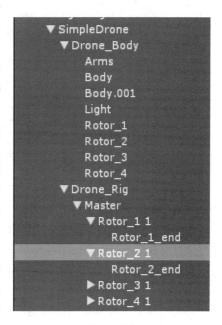

图 4-17

相反，螺旋桨相对于其自身的旋转轴独立旋转。无人机模型其中一个螺旋桨被选中的状态如图 4-18 所示。

4.7.3 标识比例与对象比例

如果你记得，当我们将名片图像添加到 Vuforia 数据库时，它要求我们指定对象的真实宽度。如果尺寸是 3.5in，首先我们将其转换成 m，然后输入宽度为 0.09m。当我们在 ImageTarget 上使用图像时，它在场景中是实际的大小。

摄像头相对于标识的位置是在运行时通过跟踪标识来计算的。为了连续跟踪标识，我们需要记住标识的大小以及它与设备摄像头的距离。你可以通过将摄像头与标识的距离除以 10 来估计标识的最小尺寸。例如，一个 10cm 宽的标识可以在 1m（10cm×10）以内的距离被检测到。在这个例子中，我们使用的是一张名片（尺寸约为 0.09m），则这张名片通常被看到应该是在一个胳膊的长度（0.81m）。虽然此计算不考虑照明条件，但我们可以确信，我们的名片图像是可以被识别追踪到的。

我们还希望确保我们的图像具有足够的特征点以便在较远的距离仍然能被跟踪。为此，我们应该考虑图像标识的分辨率或每英寸点数（dpi）。Vuforia 的标识会自动提取正确的分辨率，

图　4-18

推荐使用 320 像素的图像。

相比之下，ARtoolkit 并非如此的自动化。它要求你定义提取的分辨率的范围。这个计算取决于摄像头的分辨率。如果你正在使用各种高清视频输入，则可能需要使用 20dpi 作为最小值，并将图像标识的 dpi 作为最大值。由于这可能导致数据过多，因此你还可以使用 ARToolkit 的 NFT Utilities 工具（在路径：[downloaded ARToolkit Utilities root directory]/bin 下找到）。

当我们将无人机模型添加到场景中时，我们将它制作为 ImageTarget 的子项。默认情况下，ImageTarget 下的对象被禁用并且不会被渲染。但在运行时，AR 应用程序识别 ImageTarget 中指定的标识时，其所有子项均启用并变为可见。

我们应该用多大的无人机或任何其他虚拟物体来增强场景？思考一下在现实生活中它会有多大？如果你想让无人机像一只虫子一样降落在一张名片上，那就假定一只虫子在名片上并测量具体参数。相反，如果你想要展示一个真实大小的无人机在你的房间内飞行，你应该确保无人机模型在 Unity 中被缩放为实际大小（对于这种情况，你可能会使用比名片更大的标识图像，或者完全不同的标识类型）。

4.8　无人机动画

使用 Unity 创建与管理动画可能很简单，也可能非常复杂。必要的几个工作，其中包括：

- 动画组件（Animator component）：它附着到要制作动画的物体上。
- 动画控制器（Animator Controller）：这是一个状态机，告诉什么动画要在什么时候使用。
- 动画片段（Animation Clip）：它描述特定参数值随时间变化的方式。

动画组件附加到场景中的对象，并用于为其分配动画。它需要引用一个动画控制器来定义要使用哪些动画片段，并控制如何在片段之间进行切换。Animators 既可以应用于像我们的无人机一样的简单物体，也可以应用于复杂的人体的模型。

动画控制器是一种状态机，用于确定要播放哪些动画。

4.8.1　飞行叶片是如何旋转的

事实上，我们的 SimpleDrone 已经有一个动画组件，可以让它的螺旋桨旋转。该动画是使用包含在其 .fbx 文件中的原始模型（例如，来自 Blender）导入的。让我们来探讨它是如何组装的：

1）在"Hierarchy"面板中选择 SimpleDrone 并查看其"Inspector"面板，你可以看到该组件的动画控制器被称为 RotorSpin，如图 4-19 所示。

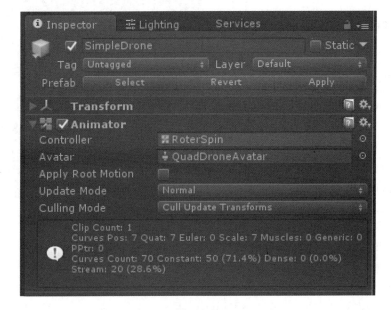

图　4-19

2）双击 RotorSpin 控制器，它将在 Animator 窗口中打开（窗口可以通过拖动它的选项卡停靠）。如图 4-20 所示，我们可以看到控制器中的状态。

图　4-20

127

3）单击 RotorSpin 状态，在"Inspector"面板中可以看到状态映射到的动画（在其 Motion 参数中）。

4）单击 Motion 参数，你的项目窗口将转到动画所在的位置。图 4-21 的屏幕截图显示我们的 RotorSpin 动画是 QuadDrone 网格的子节点（从底部倒数第二个）。

5）选择 QuadDrone 网格，然后你可以在导入设置的 Animator 选项卡中看到动画参数，如图 4-22所示。

由于我们希望螺旋桨持续旋转，因此勾选 Loop Time 复选框（如果没有选中，请现在勾选并单击 Apply）。你甚至可以通过单击检查器底部的 Preview Play 来预览模型动画。

如果你想看到 RotorSpin 动画片段，按照如下步骤继续：

1）选择 RotorSpin 动画文件（QuadDrone 的子项）。

2）然后在主菜单选择 Windows | Animation 打开动画窗口（窗口可以通过拖动其选项卡进行窗口位置停靠）。

默认的是关键帧 Dopesheet 的视图。在图 4-23 的屏幕截图中，我们切换到曲线视

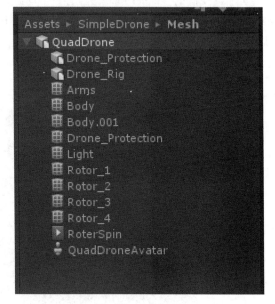

图 4-21

图并选择 Drone_Rig/Master/下的 Rotor_1 1。你可以看到，螺旋桨不仅以恒定速率旋转，而且以摆动模式巧妙地模拟了快速旋转叶片上可能观察到的发光模式。

因此，我们已经看到无人机螺旋桨叶片动画是 SimpleDrone 对象的动画组件，它引用的是 RotorSpin 动画控制器（状态机）。该动画编辑器反过来引用导入的动画，我们首先在 FBX 文件的导入设置中检查该动画。然后我们找到实际的 RotorSpin 动画片段，并在 Animation 窗口中查看它的摄影表与曲线。

现在让我们自己做一个。

4.8.2　添加空闲动画

我们的目标是让无人机先起飞，接着四处飞行，然后降落，并重复这一过程。这将需要两个动画片段。

为了简化我们的解释，我们首先将 SimpleDrone 放入父级为 FlyingDrone 的对象中，并为其设置动画：

1）在"Hierarchy"面板中，在 ImageTarget 下创建一个空对象并将其重命名为 FlyingDrone。

2）将 SimpleDrone 移动为 FlyingDrone 的子文件。

图 4-22

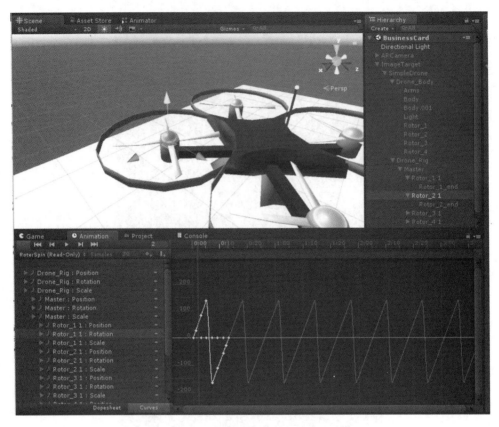

图 4-23

3）选择 FlyingDrone，添加组件动画。

现在我们可以开始为代表其静止状态的无人机创建第一个动画片段。

1）打开"Animation"选项卡（如果需要通过选择 Window│Animation 添加它）。它默认是空的，并且会出现关于要开始制作 FlyingDrone 动画的帮助说明，请创建 Animation Clip。

TIP 在这一步中，我们使用的是 Animation 窗口，而不是 Animator，这是不同的！

2）单击创建按钮。

3）打开文件对话框，导航到要放置动画的位置（例如，名为 SimpleDrone/Animation 的文件夹）并将其命名为 Idle。

在 Animation 窗口中，我们会看到一个时间轴，关键帧将被定位。Idle 动画非常简单，它只能在那里停留 2s!

1）单击 Add Property。

2）然后在 Transform 中，选择 Position，如图 4-24 所示。

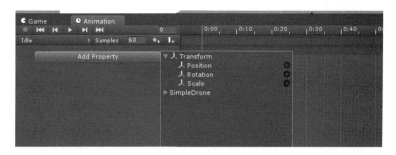

图 4-24

默认情况下，创建两个关键帧，分别为 0s 与 60s。因为我们希望无人机在地面上停留几秒钟，所以我们确保所有关键帧都具有相同的位置。样本字段指定需要多少帧来组成 1s。既然我们想要 2s，我们可以把这个数字改成 30。

1）在样本字段中输入 30。

2）使用鼠标滚轮缩小 Dopesheet 时间线，并看到完整的 2s，如图 4-25 所示。

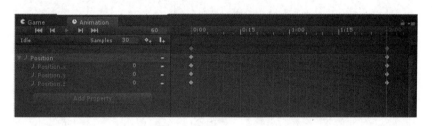

图 4-25

3）要确保动画不循环，请导航到 Project Assets 中的 Idle 动画，选择它，并确保未选中 Loop Time。

4.8.3 添加飞行动画

接下来，我们将制作第二部分的动画，即飞行动画。在"Hierarchy"面板中选择 Flying-Drone：

1）在 Animation 窗口中，左上角有一个选定的片段。它目前具有当前片段的名称，即 Idle。选择它并选择 Greate New Clip。

2）将动画命名为 Fly。这一次动画将变得更加复杂，我们将使用 Unity 中的记录功能。

3）单击 Animation 窗口左上方的红色圆形按钮开始录制。录制时，所有动画属性将在编辑器中突出显示红色。新的关键帧将显示在你选择的帧（红色垂直时间轴）上。

这将是一个简单的动画，我们可以减少它的样本数量。我们把它减少到 10 个样本，所以每 10 帧将等于 1s。

1）在样本字段中输入 10。无人机将在其起始位置（0，0，0）开始（并在这个位置结束）。

2）将时间线放在第 0 帧。

3）选择 FlyingDrone（在"Hierarchy"面板中）并确保它在检查器中的位置是（0，0，0）。

我们希望无人机在 1s 内能飞起来，并达到设想的高度。我们不希望无人机飞得太远，因为要确保图像能够继续使用设备摄像头进行跟踪。

1）将红色时间线设置为 1s 标记。

2）在 Scene 视图中，确保选中 3D 空间坐标轴小控件（显示用于移动对象的红色、绿色与蓝色箭头）。

3）将 Y 的位置移动到你想要的飞行高度。

在图 4-26 的屏幕截图中显示了在 1s 时间线上生成的动画设置。

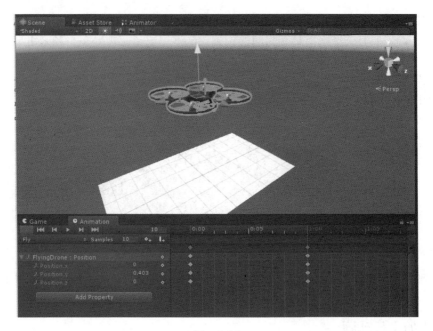

图　4-26

接下来，我们希望它在一个小圈子里飞。为了简化操作，请将场景视图更改为自上而下，如下所示：

1）单击场景窗口右上角的 Y 锥形。

2）将视图更改为正交摄像头视角。

修改后的场景视图现在应该看起来如图 4-27 所示。

从 2s 开始，我们将每 20 帧添加一个关键帧，将无人机位置改变为每个边缘的中心，并按顺序依次变为一个圆圈。使用以下步骤创建我们想要的飞行动画：

1）缩小时间线，这样我们可以看到大约 5s 的时间。

2）将红色时间线设置为 2s（第 20 帧）。

3）将无人机沿 x 轴移动，使其位于左边缘的中间位置。

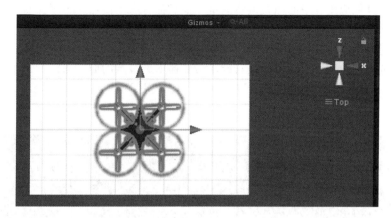

图　4-27

4）将红色时间线设置为4s（或在帧字段中输入40）。

5）将无人机移动到底部边缘的中间。

6）设为6s（第60帧）。

7）将无人机移动到右边的中间位置。

8）设为8s（第80帧）。

9）将无人机移动到顶部边缘的中间位置。

10）设为9s（第90帧）。

11）将无人机移动到名片的中心。

12）设置为10s（第100帧）。

13）在"Inspector"面板中，将位置设回原点（0，0，0）。

动画关键帧列表现在看起来如图4-28所示。

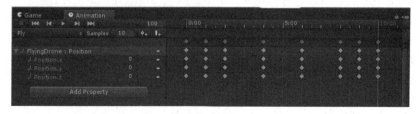

图　4-28

1）再次单击红色圆形按钮停止录制。

2）调整 Scene 视图，使其再次处于3D透视状态并更改视角（例如，Alt + 左键单击）。

3）然后单击 Preview Play 按钮预览动画。

所以现在无人机飞行成菱形图案。我们可以通过添加更多关键帧来解决这个问题。但我们会使用曲线来平滑它。

4）从窗口左下角选择"Animation"的"Curves"视图。

你可能熟悉其他应用程序的曲线编辑。每个节点都有一个锚点,用于在曲线穿过该节点时调整曲线的输入与输出斜率。你可以使用曲线进行调试,以使转场在沿着圆圈的 X 与 Z 位置以及在无人机上升与下降时的 Y 位置更平滑。

如果你需要细化曲线,则可以通过右键单击要插入新节点的曲线来添加额外的关键帧。例如,在图 4-29 的屏幕截图显示的起飞 Y 位置曲线中,我们添加了一些缓入缓出式平滑与加速以达到良好效果。

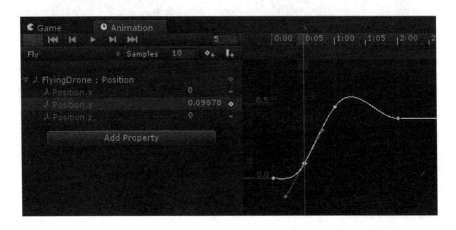

图   4-29

5)为确保动画不会循环,请找到 Project Assets 中的 Fly 动画,选中它并确保 Loop Time 未被选中。

4.8.4　连接动画控制器中的片段

现在我们需要将片段添加到 FlyingDrone 动画控制器,并在它们之间转换:

1)在"Hierarchy"面板中,选择 FlyingDrone,然后双击动画组件中的 FlyingDrone 动画控制器。

控制器现在显示两种动画状态,其中 Idle 作为默认输入状态。我们现在要将它连接到 Fly 动画。当 Fly 动画完成时,它应该转换回 Idle 状态。

2)右键单击 Idle 状态,选择 Make Transition,并将其拖动到 Fly 状态。

你可以通过单击转场线(transition line)预览过渡动画。然后在"Hierarchy"面板中,将 FlyingDrone 拖放到"Inspector"面板中的预览区域。

3)右键单击 Fly 状态,选择 Make Transition,然后将其拖回 Idle 状态。

现在动画序列将循环播放。

> 💡 **TIP** 当 Animator 窗口可见时,你可以在 Unity Play 模式下运行程序,观看动画状态的变化。

4.8.5　播放、构建与运行

到现在你应该都做到了。保存场景并保存项目。单击 Play 按钮并将摄像头指向名片。你应该看到无人机出现，并按照你在设定动画中指示的方向飞行着。

最后，单击 Build and Run，然后编译并构建一个可执行文件，以便在目标设备上进行尝试。完成!

4.9　在 iOS 设备上构建

如果你想使用 Vuforia SDK 为 iOS 设备（包括 iPhone 与 iPad）构建此项目，请按照下面将要讲到的步骤进行操作。这个过程中步骤非常多。如果你需要对各个步骤更详细的描述，请参阅前面的相应章节。

如前面章节所述，你必须使用 Mac 为 iOS 设备开发。在第 2 章中，我们在你的机器上安装了 Unity 并下载了 Vuforia 统一开发套件。在第 3 章中，我们安装了 Xcode。你的系统现在应该准备好在 Mac 上使用 Unity 与 Vuforia 进行 AR 开发，以在 iOS 上构建与运行。

如果你一直在关注本章并且已经开发了 Unity 场景，那么可以跳到构建设置部分。我们现在快速地再一次完成它。

4.9.1　创建工程

让我们快速进行准备步骤：

1）在 Unity 中创建一个名为 BusinessCard 的新 3D 项目。

2）选择 Assets｜Import Package｜Custom Package，导入 Vuforia 资源包。

3）选择 Assets｜Import Package｜Custom Package，导入 VuforiaSamples 资源包。

4）选择 Vuforia｜Configuration，为应用程序设置从 Vuforia Dev Portal 获得的许可证密钥。

5）从 "Hierarchy" 面板中删除 Main Camera。

6）将 ARCamera 预制体从 Project Assets 文件夹中拖放到 "Hierarchy" 面板中。

7）将 Camera Settings 组件添加到摄像头，启用自动对焦。

8）选择 File｜Save Scene As 与 File｜Save Project 来保存你的工作。

4.9.2　添加图像标识

我们现在在将图像标识添加到项目并导入图像数据库：

1）在你的 Web 浏览器中浏览 Vuforia Dev Portal（https://developer. vuforia. com/）。

2）创建一个标识数据库，并设置名称如 BusinessCard 与类型：Device。

3）单击 Add Target 以添加类型：单个图像，指定文件（PurpleFinchCard. png），宽度（以 m 为单位，0.09m），并将其添加到数据库。

4）单击 Download Database 下载数据库，请务必将类型选择为 Unity Editor。

回到 Unity：

1）将 ImageTarget 预制体拖到 "Hierarchy" 面板中。

2）选择 Assets｜Import Package｜Custom Package，导入下载的数据库包。

3）在 "Hierarchy" 面板中选择 ImageTarget，然后在 "Inspector" 面板中选择你的数据库（BusinessCard）。

4）选中 Enable Extended Tracking 复选框。

5）选中 ImageTarget "Inspector" 面板中右上方的 Static 复选框。

6）选择 Vuforia｜Configuration，然后在 Inspector Datasets 中，勾选 Load BusinessCard 复选框（或你的数据库名称），然后将其标记为 Activate。

4.9.3　添加对象

我们现在可以将无人机添加到该项目中：

1）选择 Assets｜Import Package｜Custom Package，导入 SimpleDrone 软件包。

2）将 SimpleDrone 预制体拖入 "Hierarchy" 面板中，并使其成为 ImageTarget 的子项。

3）选择无人机并将场景 3D 空间坐标轴设置为 Scale，或将 Transform Scale 输入（0.1，0.1，0.0）并将其移至名片上（位置 Y＝0.06）。

你还应该添加动画让你的无人机飞行起来。我们不会在此重复细节，请参阅上一节。

4.9.4　构建设置

我们现在将设置为 iOS 设备构建的项目：

1）首先，选择 File｜Save Scenes 确保保存场景，并选择 File｜Save Project 保存项目。如果提示输入场景名称，请选择你想要的内容，例如 PurpleFinch。

2）选择 File｜Build Settings，单击 Add Open Scenes 并确保该场景是 Scenes In Build 中列出的唯一场景。

3）在 Build Settings Platform 中，确保 iOS 是目标平台（选择 iOS 并单击 Switch Platform）。

4）现在进入 Player Settings 并查看右侧的 "Inspector" 面板。

5）在 Other Settings 下，必须将 Package Name 设置为唯一标识符，格式为 com. Company. ProductName，例如 com. PurpleFinch. BusinessCard。

6）在 Configuration 部分中，填写 augmented reality 之类的摄像头使用说明，以向用户提供使用摄像头的权限。

7）选择 Save Scene 和 Save Project，再次保存工作。

4.9.5　构建与运行

现在让我们在 iOS 设备上构建并运行应用程序。确保你的设备通过 USB 连接到 Mac、打开、解锁，并且你已授权 Mac 访问它。

单击 "Build and Run" 开始构建。我们建议你在名为 Build 的项目根目录中创建一个新文件夹，并根据需要在其下指定文件或子文件夹名称。

有关此时的任何疑难解答，请参阅第 3 章中的 iOS 部分进行了解。简而言之，你可能需要解决以下一些问题：

1）插件冲突错误（Plugins colliding error）：找到有问题的插件（例如，X86 与 X86_64），在 iOS 下面禁用它们访问。

2）推荐的项目设置警告（Recommended project settings warning）：接受推荐的设置。

3）需要开发者账号问题（Requires development team error）：请务必在 General 选项卡选项的签名部分设置你的团队名称。

4）链接器失败错误（Linker failed error）：尝试在 Build Options 中禁用 Bitcode。

该应用程序现在应该可以在你的 iOS 设备上运行！

4.9.6 使用 Apple ARKit 构建与运行

目前，ARKit 不支持图像标识识别，所以无法像 Vuforia 这种方式触发增强图形。相反，ARKit 擅长将物体锚定到 3D 空间位置。但这有点脱离本章的主题，专门用于识别与增强名片的主题。不过，如果你有兼容设备，尝试使用 Apple ARKit 的无人机模型可能会很有趣。

最简单的方法是启动一个新的 Unity 项目，导入 ARKit 软件包，并将无人机添加到 UnityAR-KitScene 场景中。有关更多详细信息，请参阅第 3 章中的 ARKit 主题。采取以下步骤：

1）在 Mac 上创建一个名为 DroneDemo 的新 Unity 项目。

2）选择 Window | Asset Store，下载并导入 Apple ARKit 包。

3）通过 File | Open Scene 打开场景 UnityARKitScene。

4）在场景 "Hierarchy" 面板中，创建 HitCubeParent 的 Create Empty 游戏对象子项 Flying Drone。

5）将名为 UnityARHitTestExample 的组件添加到 FlyingDrone，并将 HitCubeParent 拖到其中。

6）禁用 HitCube 对象来隐藏它。

7）选择 Assets | Import Package | Custom Package，导入 SimpleDrone 包。

8）将 SimpleDrone 预制体拖入 "Hierarchy" 面板中，并使其成为 FlyingDrone 的子项。

9）假设你还想让无人机在附近飞行，请按照前面无人机动画一节的说明操作。

生成的 "Hierarchy" 面板看起来如图 4-30 所示。

现在只需构建并运行这个场景，然后从 Xcode 构建它来享受你的增强现实无人机。图 4-31 是我们的无人机在我的厨房周围飞行的屏幕截图。

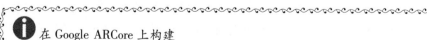

在 Google ARCore 上构建

请参阅本书的 GitHub 存储库以获取使用 Google ARCore for Android 实现开发的说明与代码：https://github.com/ARUnityBook/。原理与 ARKit 非常相似，但 Unity SDK 与组件是不同的。

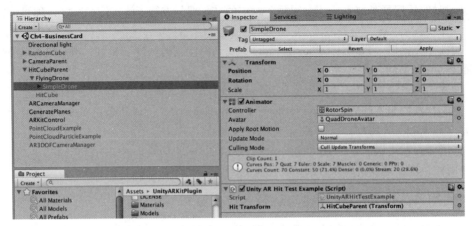

图 4-30

图 4-31

4.10 在 HoloLens 设备上构建

如果你想为 Microsoft Windows 10 UWP 构建此项目，请按照本节进行操作（通用 Windows 平台），用于包括 HoloLens 在内的使用 Vuforia SDK 的混合现实设备。这个过程中步骤非常多。如果你需要对各个步骤更详细的描述，请参阅前面的相应章节。

如前面章节所述，你必须使用 Windows 10 PC。在第 2 章中，我们在你的机器上安装了 Unity 并下载了 Vuforia 统一套件。在第 3 章中，我们验证了你拥有受支持的 Windows 版本并安装了 Visual Studio（具有必要的 Windows 10 SDK）以及可选的 HoloLens 仿真器。Unity 应设置为使用 Visual Studio 作为外部脚本编辑器。因此，现在你的系统应该可以在 HoloLens 的 Windows 10 上使用 Unity 与 Vuforia 为 AR 开发做好准备。

4.10.1 创建工程

让我们快速进行准备步骤：

1）在 Unity 中创建一个名为 BusinessCard 的新 3D 项目。

2）选择 Assets｜Import Package｜Custom Package，导入 Vuforia 资源包。

3）选择 Assets｜Import Package｜Custom Package，导入 VuforiaSamples 资源包。

4）在 Vuforia｜Configuration 中为应用程序设置从 Vuforia Dev Portal 获得的许可证密钥。

5）从"Hierarchy"面板中删除 Main Camera。

6）将 ARCamera 预制体从 Project Assets 文件夹中拖放到"Hierarchy"面板中。

7）将 Camera Settings 组件添加到摄像头，启用自动对焦。

8）选择 File｜Save Scene As 与 File｜Save Project，保存你的工作。

9）将 HoloLens 摄像头绑定到 Vuforia。

10）选择 GameObject｜Camera，重命名为 HoloLensCamera。

11）将 Clear Flags 设置为 Solid Color。

12）将 Background 设置为黑色（0，0，0）。

13）转到 Vuforia｜Configuration。

14）在"Inspector"面板中，将 Select Eyewear Type 设置为 Optical See-Through。

15）将 See Through Config 设置为 HoloLens。

16）在"Hierarchy"面板中，选择 AR Camera 对象。

17）将 HoloLensCamera 从"Hierarchy"面板中拖放到 Vuforia 行为组件的中心锚点插槽中。

4.10.2　添加图像标识

我们现在将图像标识添加到项目并导入图像数据库：

1）在你的 Web 浏览器中，转至 Vuforia Dev Portal（https://developer.vuforia.com/）。

2）创建一个标识数据库，并设置名称如 BusinessCard 与类型：Device。

3）单击 Add Target 以添加类型：单个图像，指定文件（PurpleFinchCard.png），宽度（以 m 为单位，0.09m），并将其添加到数据库。

4）单击 Download Database 下载数据库，请务必将类型选择为 Unity Editor。

回到 Unity：

1）将 ImageTarget 预制体拖到"Hierarchy"面板中。

2）选择 Assets｜Import Package｜Custom Package，导入下载的数据库包。

3）在"Hierarchy"面板中选择 ImageTarget，然后在"Inspector"面板中选择你的数据库（BusinessCard）。

4）选中"Enable Extended Tracking"复选框。

5）选中 ImageTarget "Inspector"面板中右上方的 Static 复选框。

6）选择 Vuforia｜Configuration，在 Inspector Datasets 中，选中 Load BusinessCard 复选框（或你的数据库名称），然后将其标记为 Activate。

4.10.3　添加对象

我们现在可以将无人机添加到该项目中：

1）选择 Assets│Import Package│Custom Package，导入 SimpleDrone 软件包。

2）将 SimpleDrone 预制体拖入"Hierarchy"面板中，并使其成为 ImageTarget 的子项。

3）选择无人机并将场景 3D 空间坐标轴设置为比例缩放，或将变换比例输入（0.1，0.1，0.0）并将其移至名片上（位置 Y = 0.06）。

你还应该添加动画让你的无人机飞行起来。我们不会在此重复细节，请参阅之前的章节。

4.10.4　构建设置

我们现在将基于 Windows UWP 全息设备构建的项目：

1）首先，选择 File│Save Scenes 确保保存场景，并选择 File│Save Project 保存项目。

如果提示输入场景名称，请选择你想要的内容，例如 PurpleFinch。

2）选择 File│Build Settings，单击 Add Open Scenes，并确保该场景是 Scenes In Build 中列出的唯一场景。

3）在 Build Settings Platform 中，确保 Windows Store 是目标平台。

4）选择 SDK：Universal 10，UWP Build Type：D3D，然后选中 Unity C# Projects 复选框。

5）选择 Edit│Project Settings│Quality 来调整质量，请为 Windows Store 平台列选择最快的默认级别。

6）现在进入 Player Settings 并查看右侧的"Inspector"面板。

7）在"Publishing Settings"下的"Capabilities"窗口中，确保选中以下所有内容：

- Internet 客户端（Internet Client）
- 图片库（Pictures Library）
- 曲库（Music Library）
- 视频库（Videos Library）
- 网络摄像头（Web Cam）
- 麦克风（Microphone）
- 空间感知（Spatial Perception）

8）在 Other Settings 下，选中支持的虚拟现实复选框，并确保 Windows Holographic（或混合现实）存在于 SDK 列表中。

9）选择 Save Scene 与 Save Project，再次保存。

4.10.5　构建与运行

现在让我们在 HoloLens 上构建并运行应用程序。

单击 Build 开始构建应用程序。我们建议你在名为 Build 的项目根目录中创建一个新文件夹，并根据需要在其下指定文件或子文件夹名称。这将生成一个 Visual Studio 项目。

在 Visual Studio 中打开项目（双击构建中的 .sln 文件）：

1）将 Solution Configuration 配置设置为 Release，将 Platform 设置为 x86，将 Target 设置为模拟器或远程设备（如第 3 章中所述）。

2）将设备设置为目标设备（例如，HoloLens 模拟器或物理设备）。

请参阅第 3 章中的 HoloLens 部分，以获取有关使用带有 HoloLens 实体设备的 Unity 编辑器及使用 Microsoft 提供的 HoloLens 模拟器的信息。

4.11　使用 ARToolkit 构建

本章中的每个平台都使用 Vuforia AR 工具包。如果你更喜欢免费的开源 ARToolkit，则可以使用以下步骤实施该项目。

在本节中，我们将在 Windows 10 开发机器上使用 Unity 中的开源 ARToolkit，并将 Android 设备作为目标。这个过程中步骤非常多。如果你需要对各个步骤更详细的描述，请参阅第 2 章中的对应的 ARToolkit 部分。

4.11.1　创建工程

让我们快速进行准备步骤：

1）在 Unity 中创建一个名为 BusinessCard 的新 3D 项目。

2）选择 Assets | Import Package | Custom Package，导入 ARToolkit 资源包（例如，ARUnity5-5.3.2. unitypackage）。

创建 AR 控制器对象。

1）选择 GameObject | Create Empty，创建一个空对象，命名为 AR Controller。

2）单击 Add Component 并添加 ARController。

3）确保组件脚本的"Video Options"的图层属性设置为 AR 背景（我们指的是 Video Options 层而不是 Inspector 面板顶部的 Object Layer）。如有必要，请首先创建所需的图层，请参阅第 2 章以获取说明。

创建 AR 根对象。

1）选择 GameObject | Create Empty，创建一个空对象，命名为 Root。

2）单击 Add Component 并添加 AR 源。

3）在"Inspector"面板顶部将对象的图层设置为 AR Background 2。

添加一个 AR 摄像头。

1）在"Hierarchy"面板中，将现有的主摄像头移动到 Root 的子项。

2）单击 Add Component 并添加 ARCamera。

3）使用 Transform | gearicon | Reset 重置摄像头。

4）将摄像头的 Culling Mask 设置为 AR Background 2（选择 Nothing，然后选择 AR Background 2 进行设置）。

5）选择 File | Save Scene As 与 File | Save Project，保存你的工作。

此时你可以通过单击 Play 按钮进行测试，并且你应该在 Game 窗口中看到视频流。

4.11.2　准备图像标识

首先将名片图像导入到你的项目中（例如，将其拖放到你的 Project Assets 文件夹中）。

在第 2 章中安装 ARToolkit 时，我们下载了 Unity 资源包。我们还下载了其他 Unity 工具（作为 ZIP 文件），并将它们安装在程序文件夹中或现在可以找到它们的地方。我们将使用一个命令行工具 genTextData 程序。

ARToolkit 提供了几种类型的标识，包括图像（它们被称为自然特征跟踪（NFT）），然后它们还提供类似于二维码的方形标识，这些标识的特点是在周围有显著的黑框的黑白标识。对于这个项目，我们使用自然特征跟踪（NFT）。

基本上，我们想要运行 genTextData 命令，将图像文件作为参数。

在 Windows 上，你可以采取以下步骤：

1）使用文件资源管理器，打开包含图像文件的文件夹（在我们的例子中为 PurpleFinchCard.jpg）。实际上，你可能希望将图像复制到单独的工作目录中，因为我们将生成其他数据文件以便与之一起使用。

2）使用另一个文件资源管理器窗口，找到你安装的 ARToolkit 工具。在 Windows 上，可能是 C:\Program Files（x86）\ARToolKit5\bin，然后打开 bin 目录。

3）找到名为 genTextData 的应用程序。

4）启动 Windows 命令提示符（右键单击 Start，然后选择 Command Prompt）。

5）将 genTextData 程序从 bin 拖到终端窗口。

6）按空格键。

7）然后将图像文件从其文件夹拖到终端窗口。

这个窗口是不是非常便于你输入？按 Enter 键运行该命令。

接下来请你提供特征跟踪的提取水平或图像分辨率。在 ARToolkit 中，你可以指定最大与最小分辨率。提取水平是中间的分辨率。

分辨率以每英寸点数（DPI）表示。我们的原始 PurpleFinchCard.jpg 图像的像素是 1796 × 1024，实际尺寸是 3.5in×2in。所以，我们可以匹配的最大分辨率是 512DPI。无论运行时设备摄像头的分辨率如何，匹配都不会比直接使用这个分辨率的标识更准确了。但是，如果运行时摄像头远离卡片，我们会尝试在更低的像素上进行匹配。如下面的列表所示，该程序建议最小与最大图像分辨率为 65.597 与 2399.000，我们将使用最小 66 与最大 512：

1）选择跟踪特征的提取水平：选择默认值 2。

2）选择初始化特征的提取水平：选择默认值 1。

3）输入最小图像分辨率：输入 66。

4）输入最大图像分辨率：输入 512。

然后它生成图像跟踪的数据集。在与给定图像相同的目录中数据被压缩并且生成数据文件（.fset、.fset3、.iset 格式的文件）。

genTexData.exe 的终端会话显示在图 4-32 的屏幕截图中。

在 Unity 中，将图像数据导入 Project Assets/StreamingAssets 文件夹中。执行此操作的简单方法是从 Explorer（Find）窗口中选择文件，并将其直接拖入 Unity。你应该省略原始 JPG 文件。

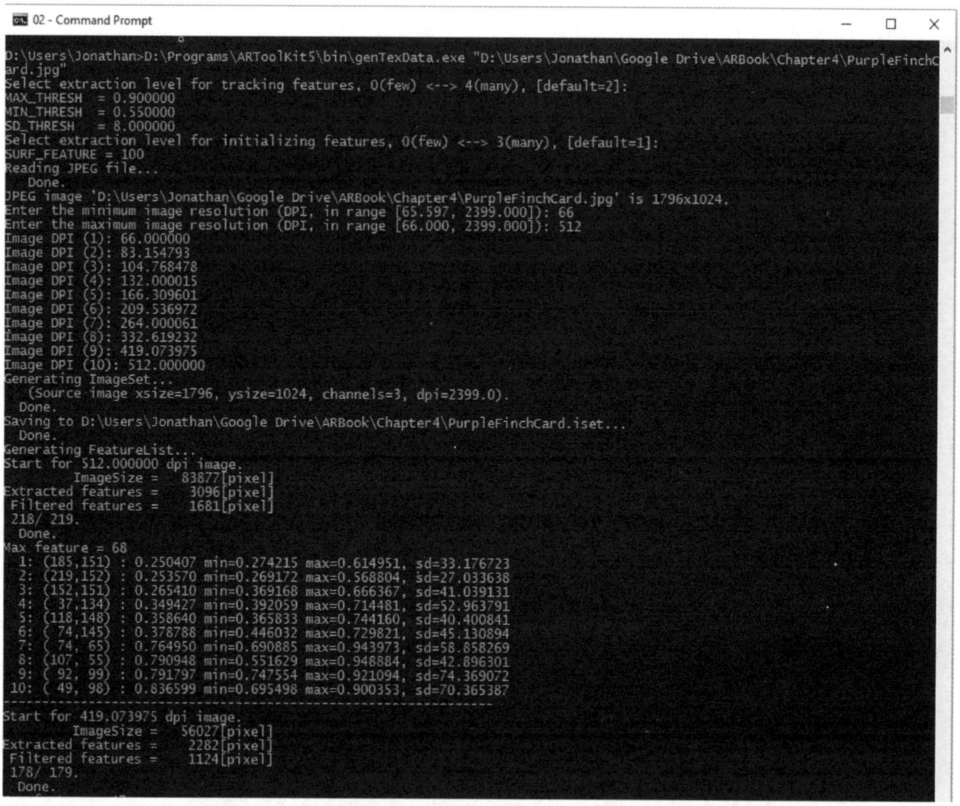

图 4-32

> TIP StreamingAssets 文件夹中的所有文件都将内置到你的最终应用中。删除所有未使用的文件，包括用于生成标识数据的原始图像以及可能已经用样本包导入的任何样本图像。

4.11.3 添加图像标识

回到 Unity，现在将告诉我们的场景关于要使用的名片图像标识。我们使用标签在项目中识别它。现在将标记我们的目标 PurpleFinch。

1）在"Hierarchy"面板中，主摄像头应该是 Root 的子项。选择主摄像头。

2）使用 Add Component，选择 ARMarker 将组件添加到摄像头。

3）对于 Target Tag，输入名称 PurpleFinch。

4）将其类型设置为 NFT。

5）对于 NFT 数据集名称，设置我们数据文件的相同名称（现在位于 StreamingAssets 中）。编辑名称为 PurpleFinchCard。

143

假设它找到数据集,你将在"Inspector"面板中看到确认消息,组件将显示找到的标记的 UID,屏幕截图如图4-33所示。

图 4-33

现在我们将它作为一个跟踪对象添加到场景中。

1)添加一个空对象作为 Root 的子项。快速方法是右键单击 Root 并选择 Create Empty。

2)将它重命名为 PurpleFinch Target。

3)使用 Add Component,选择 AR Tracked Object 将组件添加到它。

4)它要求 Marker Tag,给它设置与我们之前输入相同的标记名称(PurpleFinch)。

5)当识别标签时,Marker UID 将显示在组件窗口中。

生成的 AR 跟踪对象组件值显示在图4-34的屏幕截图中。

图 4-34

4.11.4 添加对象

我们现在可以将无人机添加到项目中。首先将模型导入到项目中:

1)选择 Assets | Import Package | Custom Package,导入 SimpleDrone 软件包。

2)现在我们将无人机添加到场景中,使其成为 PurpleFinch Target 标识对象的子项。

3)将 SimpleDrone 预制体拖到"Hierarchy"面板中,并使其成为 PurpleFinch Target 的子项。

4)选择无人机并将场景 3D 空间坐标轴设置为 Scale,或将 Transform Scale 输入(0.001,0.001,0.001),并将其移动到名片中心位置(0.01,0.005,0)上。

ARToolkit 中的缩放与 Vuforia 有点不同。在 Vuforia 中,我们可以用真实世界的单位来设定标识尺寸,因此名片尺寸可以缩小到0.09。

默认情况下,ARToolkit 假定标识是垂直的,就好像挂在墙上一样。Vuforia 默认使用标识平铺,就像放在桌子上一样。把标识放平并让无人机保持直立:

1）将 Root 的 Transform X Rotation 设置为 90°。

2）将 SimpleDrone 的 Transform X Rotation 设置为 −90°。

3）最后一件事，仔细检查 Root 下的对象是否都在 AR background 2 图层上。选择 Root 并在 "Inspector" 面板中再次设置其图层，Unity 会提示你更改其所有子图层。按照提示更改。

我们项目的 ARToolkit 版本的结果场景视图现在应该看起来类似于如图 4-35 所示。

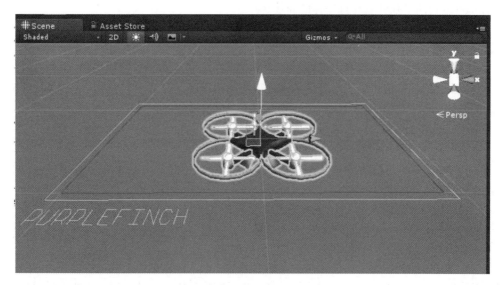

图 4-35

你还应该添加动画以使无人机飞行。我们不会在此重复细节，请参阅之前的章节。

4.11.5 构建与运行

现在可以在我们的目标设备（即 Android 手机）上构建与运行该应用程序。按照以下这些次序。如果你想了解更多细节与解释，请参阅第 3 章。

1）首先，选择 File | Save Scenes 确保保存场景，并选择 File | Save Project 保存项目。

2）选择 File | Build Settings 进入构建设置，选择 Add Open Scenes，确保场景是 Build Settings 中列出的唯一场景。

3）在 Build Settings Platform 中，确保 Android 是目标平台（选择 Android 并选择 Switch Platform）。

4）现在选择 Build Settings 中的 Player Settings，或者选择主菜单 Edit | Project Settings | Player 进入播放器设置，然后查看右侧的 "Inspector" 面板中的 Android 设置。

5）在 Other Settings 下，必须将包名称设置为唯一标识符，格式为 com. Company. ProductName，例如 com. PurpleFinch. BusinessCard。

6）对于最低 API 级别，请选择 Android 5. 1 Lollipop 版本（API 级别 22 或 ARToolkit 当前最低级别）。

7）再次保存项目。

现在确保你的手机通过 USB 连接并解锁。然后单击 Build and Run。如第 3 章中所述，我们建议你创建一个名为 Build 的文件夹，并在其中保存可执行的构建文件。我们可以将其命名为 BusinessCard. apk。

现在完成了！无论你选择使用 Vuforia 还是 ARToolkit，无论你的目标平台是 Android 还是 iOS，你都可以使用增强的名片打动你的商业客户！

4.12　本章小结

在本章中，我们构建了第一个真正的增强现实应用程序，这是一个实用的、有趣的业务用例示例。使用名片作为图像标识，我们用与业务相关的模型增强了它。我们用应用程序显示无人机飞来飞去，以便增强我们的无人机摄影业务。你可以将自己的想法用于自己的业务。

我们的第一步是确定要求并制定计划。我们选择了标识图像、目标平台。我们选择了 Windows 10、Unity 与 Vuforia 作为项目开发环境，然后用 Android 作为手机平台展示项目。在本章的最后，我们再次介绍了整个项目在 iOS、HoloLens 与 ARToolkit 的移植。

为了构建项目，我们使用 Vuforia SDK 建立了一个新项目，包括许可密钥、AR 摄像头与图像标识数据。然后，我们将无人机对象添加到场景中，以便在识别标识图像时出现。最后，我们演示了如何使用 Unity 的动画功能来构建与控制动画片段。

在此过程中，我们讨论了如何制作一个好的图像标识，包括有一个较宽的边界、详细的非重复图案以及良好的对比度。我们还讨论了尺度，包括度量单位、2D 与 3D 空间的视觉感知、虚拟坐标系以及 AR 的标识尺寸。

在下一章中，我们将考虑 AR 科学教育领域的另一个不同应用。我们将会建立一个太阳系的模型，让它在你的客厅里旋转！在这个过程中，我们将向你介绍 Unity C#编程，并详细介绍如何使用纹理贴图，以及给你带来更多的 AR 乐趣。

第 5 章

AR 太阳系

教育是 AR 的重要应用。各个年龄段的孩子都喜欢天文学，并研究太阳系的行星。因此，对于这个项目，我们将建立一个教育性的 AR 应用程序，让你可以在舒适的起居室里探索太阳系并查看行星。

在本章中，我们将建立一个太阳系模型，包括地球、月球、太阳与其他八颗行星（是的，冥王星仍然很重要！）。我们将用实际的 NASA 数据来设定每个天体的大小与质地。我们将使用 C#编程来用动画模拟地球的旋转与轨道等运行动作。

我们将使用编码的标识作为主要 AR 技术来实现该项目。我们将打印带有 AR 标识的卡片，你可以通过它们用更自然的交互方式来探索天体。我们还将向你展示如何为支持空间建图的设备制作无标识版本的项目。

在本章中，你将学习以下主题：

- 利用绕地球运行的月球建立一个包含轨道行星与地球-月球系统的太阳系等级体系。
- 将纹理贴图添加到对象以制作逼真的行星。
- 为场景添加光线并显示地球的白天与黑夜。
- 编写用于行星旋转与轨道的 C#脚本。
- 使用自定义标识来控制增强场景中可见的内容。
- 为支持空间建图的设备创建无标识的 AR 项目。

为了清晰起见，本章将首先引导你完成整个项目，就好像使用 Vuforia 开发 Android 设备一样。在本章最后，我们将介绍其他可以用于开发的工具，包括 ARToolkit 作为 Vuforia 的替代方案。对于无标识实现，你可以考虑使用适用于 iOS 的 Apple ARKit、适用于 Android 的 Google AR-Core、适用于 HoloLens 的 MixedRealityToolkit。

> 请参阅本书的 GitHub 存储库，了解每个平台的已完成项目，网址为 https://github.com/ARUnityBook/。

好吧，让我们乘坐火箭出发去太空！

5.1　项目计划

在我们开始实施该项目之前，如果我们首先定义要做的事情，确定我们将要使用的资源并制定计划，这将对整体开发有所帮助。

这个项目的目标是展示一个太阳系模型，说明九个行星的相对位置、大小与旋转速度。

5.1.1　用户体验

用户应该能够打开我们的太阳系应用程序，并看到太阳、地球、月亮与其他八颗行星按预期旋转的模型。每个部分都可以使用 NASA 的纹理图像，看起来合理逼真，并且应该按比例缩放，同时要记住每个行星的直径、旋转速度（日）与轨道（年）。行星将绕太阳运行并被太阳照亮。

为每个星球创建自定义卡片，用户将能够使他们的摄像头对准一张卡片放大特定的星球。用户还应该能够看到行星以快速或慢速运动。最后，应用程序在运行时应播放背景音乐。

由于太阳系的实际尺度如此之大，我们可以在压缩距离与尺寸方面采取一些自由度，因此出于展示目的，可以将它们放在一起。

5.1.2　AR 标识

我们的目标是演示如何使用自定义标识，因为它们可能出现在可交易的卡片或儿童读物的页面上。每个标识上都有不同的编码，就像条形码，应用程序将可以识别出不同的行星。使用编码标识比自然图像标识（也称为自然特征标识）跟踪更容易与更高效。

对于这个项目，我们将使用由 Vuforia 与 ARToolkit 软件包提供的标准示例构建的标识。我们将在出版商为本书提供的文件中，提供这种卡片的简单示例，参见有关 Vuforia 兼容标记的 Plan-etMarkerCards. pdf 与有关 Files 文件夹中 AR Toolkit 的 PlanetMarkerCardsARTK. pdf。

5.1.3　图像资源

每个天体都是球面，而纹理映射到它们的表面。我建议你首先要下载纹理图像。这些文件包含在本书的下载内容 SolarSystemTextures. zip 中，里面包含单独的纹理文件，名称为 mercury. png、venus. png 等。大多数这些图像的来源是 http://www. solarsystemscope. com（冥王星的来源是 https://celestiaproject. net/）。例如，earth. png 看起来如图 5-1 所示。

我们也有机会将一些真正的科学融入我们的项目。NASA 表格（见表 5-1）显示了每个行星的实际距离、大小、旋转与轨道值（https://

图　5-1

nssdc. gsfc. nasa. gov/planetary/factsheet/index. html）。

表 5-1　星体情况说明

	水星	金星	地球	月球	火星	木星	土星	天王星	海王星	冥王星
质量/10^{24}kg	0. 330	4. 87	5. 97	0. 073	0. 642	1898	568	86. 8	102	0. 0146
直径/km	4879	12. 104	12. 756	3475	6792	142. 984	120. 536	51. 118	49. 528	2370
密度/（kg/m^3）	5427	5243	5514	3340	3933	1326	687	1271	1638	2095
重力加速度/（m/s^2）	3. 7	8. 9	9. 8	1. 6	3. 7	23. 1	9. 0	8. 7	11. 0	0. 7
逃逸速度/（km/s）	4. 3	10. 4	11. 2	2. 4	5. 0	59. 5	35. 5	21. 3	23. 5	1. 3
自转周期/h	1407. 6	− 5832. 5	23. 9	655. 7	24. 6	9. 9	10. 7	− 17. 2	16. 1	− 153. 3
日长度/h	4222. 6	2802. 0	24. 0	708. 7	24. 7	9. 9	10. 7	17. 2	16. 1	153. 3
离太阳距离/10^6km	57. 9	108. 2	149. 6	0. 384 *	227. 9	778. 6	1433. 5	2872. 5	4495. 1	5906. 4
近日点/10^6km	46. 0	107. 5	147. 1	0. 363 *	206. 6	740. 5	1352. 6	2741. 3	4444. 5	4436. 8
远日点/10^6km	69. 8	108. 9	152. 1	0. 406 *	249. 2	816. 6	1514. 5	3003. 6	4545. 7	7375. 9
轨道周期/天	88. 0	224. 7	365. 2	27. 3	687. 0	4331	10. 747	30. 589	59. 800	90. 560
轨道速度/（km/s）	47. 4	35. 0	29. 8	1. 0	24. 1	13. 1	9. 7	6. 8	5. 4	4. 7
轨道倾角（°）	7. 0	3. 4	0. 0	5. 1	1. 9	1. 3	2. 5	0. 8	1. 8	17. 2
轨道偏心率	0. 205	0. 007	0. 017	0. 055	0. 094	0. 049	0. 057	0. 046	0. 011	0. 244
黄赤交角（°）	0. 01	111. 4	23. 4	6. 7	25. 2	3. 1	26. 7	97. 8	28. 3	122. 5
平均温度/℃	167	464	15	− 20	− 65	− 110	− 140	− 195	− 200	− 225
表面压力/bar①	0	92	1	0	0. 01	未知	未知	未知	未知	0. 00001
卫星数	0	0	1	0	2	67	62	27	14	5
光环系统	无	无	无	无	无	有	有	有	有	无
全球性磁场	有	无	有	无	无	有	有	有	有	未知

① 1bar = 10^5Pa。

　　我们在项目中使用的数据值将与地球的真实数值成正比，如 https://nssdc. gsfc. nasa. gov/planetary/factsheet/planet_table_ratio. html 所示。所以，当我们的地球以 1 单位缩放时，其他行星的数据值将与地球的直径相关联。

　　行星之间的实际尺寸与距离是天文数字！我们需要调整实际的比例以使这个模型具有实用性。例如，太阳的直径约为地球大小的 109 倍，所以在这个项目中，我们将太阳直径描述为地球大小的 1 倍。使用我们的比例尺—— 一个 Unity 单位是一个地球直径，在目标标识上约为1in——在现实世界中，地球-太阳距离等比例约为300m，冥王星距离我们的目标标识超过11km！如果按照实际的尺寸，这将会是无比漫长的观看模式。所以，当行星定位在模型中时，为了更好地进行展示我们将会压缩空间与时间。

5.1.4　目标设备与开发工具

　　定义了项目的目标之后，我们也应该知道我们将使用的是哪个开发平台、Unity 版本、AR 工具包与目标设备。本章包含表5-2组合的说明。

表 5-2

AR 目标平台	AR SDK	开 发 平 台
Android	Vuforia	Windows 10
iOS	Vuforia	OS X
HoloLens	Vuforia	Windows 10
Android	ARToolkit	Windows 10

在本章的最后，我们还将介绍一个无标识版本的项目，该项目使用空间建图来确定太阳系在现实世界中的位置，而不是可识别的目标标识，这个项目将用于表5-3所示的平台。

表 5-3

AR 目标平台	AR SDK	开发平台
iOS	Apple ARKit	OS X
HoloLens	MixedRealityToolkit	Windows 10

> ⓘ 有关每个平台已完成的项目，请参阅本书的 GitHub 存储库（https://github.com/ARUnityBook/），其中包括适用于 Android 的 Google ARCore。

5.2 创建工程

让我们开始实施，在 Unity 中建立一个新项目并为 AR 做好准备。这可能现在已经很熟悉了，所以我们会很快完成这些步骤（甚至比上一章更加简化）。如果你需要更多信息，请参阅第 2 章与第 3 章中的相关主题。

5.2.1 创建初始工程

使用以下步骤在 Unity 中创建新的 AR 项目。你需要首先下载 Vuforia 软件包（请参阅第 2 章）。按照以下步骤来执行此操作：

1）打开 Unity 并创建一个新的 3D 项目。将其命名为 SolarSystem。

2）选择 Assets│Import Package│Custom Package，导入 vuforia- unity- xxxx。

3）选择 Assets│Import Package│Custom Package，导入 VuforiaSamples- xxxx。

4）浏览到 Vuforia Dev Portal（https：//developer. vuforia. com/targetmanager/licenseManager/licenseListing）并选择或创建许可证密钥。将许可证密钥复制到剪贴板。

5）回到 Unity，选择 Vuforia│Configuration，将许可证密钥粘贴到 App License Key。

6）查看其他配置设置，包括当前网络摄像头设备。

5.2.2　设置场景与目录文件夹

接下来，用 Vuforia 的 ARCamera 预制体替换默认的主摄像头对象：

1）从"Hierarchy"面板中删除主摄像头对象。

2）在 Project Assets/Vuforia/Prefabs 文件夹中找到 ARCamera 预制体，然后选择并将其拖动到"Hierarchy"面板中。

3）使用 Add Component 将 Camera Settings 组件添加到 ARCamera 中。

4）选择 File | Save Scene As 将场景保存为 SolarSystem，选择 File | Save Project 保存项目。

对于这个 demo 而言，我们将定位在 Android 设备上开发。我们现在可以做一些基本设置。这样，你可以定期执行构建并运行以查看整个项目中实际设备上的进度：

1）选择 File | Build Settings。

2）将平台切换为 Android。

3）另外，添加当前的场景并单击 Add Open Scenes。

4）选择 Player Settings，然后设置你的识别包名称（com. Company. Product）与最低 API 级别（Android 5. 1）。

5）保存场景，然后保存项目。

此时，如果你在 Unity 编辑器中单击 Play 按钮，则应该看到来自网络摄像头的视频源。这将允许你在 Unity 编辑器内调试 AR 应用程序。

如果我们现在在即将使用的项目的 Asset 文件夹中创建一些空文件夹，这很有用：

1）在 Project 窗口中，选择根目录 Assets/文件夹。

2）在 Assets/中创建一个新文件夹，并命名为 SolarSystem。

3）在 Assets/SolarSystem/内创建三个新文件夹，命名为 Textures、Scripts 与 Materials。

结果项目的 Asset 文件夹显示在图 5-2 的屏幕截图中。

5.2.3　使用标识目标

我们在开发这个项目时需要一个物理标识图像。选择一个标识图像并打印出来。稍后我们将在本章讨论更多关于定制 AR 标识的内容。选择下列其中一项打印：

• 你可以使用样本包中提供的 VuMark00 文件。打印在 Assets/Editor/Vuforia/ForPrint/Vuforia- VuMark- Instances- 00- 99. zip（将该文件解压缩到项目目录之外的另一个文件夹中）中找到的 VuMark00. pdf 的副本。

• 或者在本书提供的标识文件表中下载标识。文件名是 PlanetMarkerCards. pdf。打印并剪下第一张：SOLAR SYSTEM（这是 VuMark00 的标识）。

图 5-3 所示是其中一个标识。

在 Unity 中，请按照下列步骤操作：

1）激活数据库。选择 Vuforia | Configuration，勾选 Load Vuforia Database 复选框，然后选中其激活复选框。

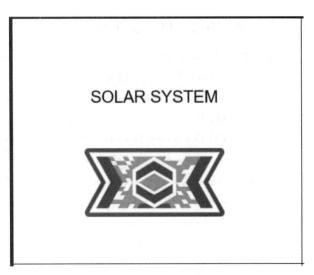

图 5-2   图 5-3

2）在 Vuforia/Prefabs/ 文件夹中将 VuMark 预制体拖到 "Hierarchy" 面板中（如果需要，重新设置其变换）。

3）在 "Inspector" 面板中，在 Vu Mark Behavior 组件下，将 Database 设置为 Vuforia。

4）选中 Enable Extended Track。

Vu Mark Behavior 组件设置显示在图 5-4 的屏幕截图中。

图 5-4

5.2.4　创建一个太阳系（SolarSystem）容器

现在我们应该创建一个空的游戏对象，它是 VuMark 的一个子项，并且将成为我们太阳系所有天体的父级容器。为此，请执行以下步骤：

1）在"Hierarchy"面板中选择 VuMark，右键单击 Create Empty，并将其命名为 SolarSystem。

2）确认它是 VuMark 的一个子项。

如果你现在在编辑器中单击 Play 按钮，你将能够从网络摄像头看到视频源。但是检测目标标识的功能目前还尚未实现。

3）添加 SolarSystem 的 Sphere 子项（选择 SolarSystem 并右键单击 3D 对象下的 Sphere）。确保球体的变换已重置（Transform│齿轮图标│Reset）。

4）将鼠标悬停在 Scene 窗口上，然后按 F 键查找并缩放到对象（或者双击"Hierarchy"面板中的 SolarSystem 对象）。

5）再次从"Hierarchy"面板中选择 So-larSystem，然后将其定位在标识上方，例如（0，0.75，0）。

6）保存场景与项目。

7）立即单击 Play 按钮并将网络摄像头指向标识。你应该看到球体。

当前场景在"Hierarchy"面板中的显示，如图 5-5 的屏幕截图所示。

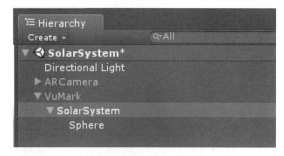

图　5-5

它应该在 Scene 窗口中看起来如图 5-6 所示。

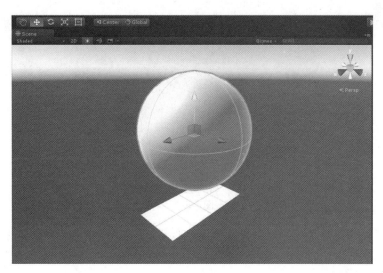

图　5-6

5.3　创建地球

在 Unity 中，地球开始是一个无贴图的球体。Unity 中的 3D 对象，例如球体、立方体或任意形状的立体网格，默认情况下是无纹理的。

材质通常使用纹理图像来定义对象表面的细节。纹理是映射到对象表面上的图像，就像这个对象被绘制或是被贴上壁纸一样。这被称为 Albedo 纹理或表面反射。高级材质可以使用其他纹理来模拟额外的表面细节、凹凸、锈蚀、金属与其他物理特性。

假设一个球体具有图 5-7 所示的表面纹理。

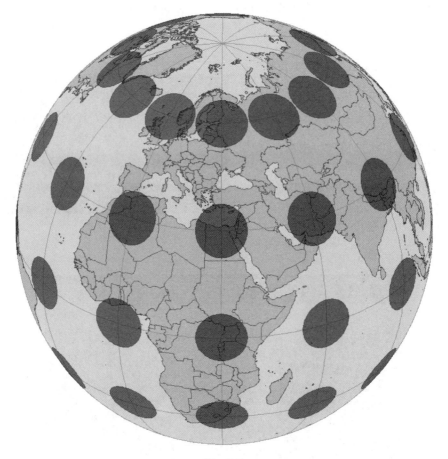

图　5-7

从球体展开并展平成 2D 贴图的纹理称为等矩形投影，如图 5-8 所示，就像你在世界地图中找到的一样（请参阅 https://en.wikipedia.org/wiki/Equirectangular_projection）。这种类型的投影也常用于 360°VR 图像中。

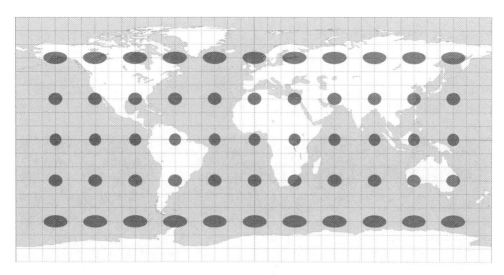

图　5-8

5.3.1　创建地球模型

要在 Unity 中创建地球，请按照以下步骤：

1）如果你没有 SolarSystem 的 Sphere 子项，现在在"Hierarchy"面板中，右键单击 SolarSystem，选择 3D Object｜Sphere 创建一个球体。将它重命名为 Earth。

2）确保它是 SolarSystem 的子项。

3）如果有必要，重置其 Transform（Transform｜齿轮图标｜Reset）。

4）选择 Sphere Collider｜齿轮图标｜Remove Component，移除其碰撞体。

> ⓘ 碰撞体是定义物体形状以检测物理碰撞的组件。它是不可见的，并且通常比对象本身更简单，因为如果碰撞体对象相对复杂，可能在计算上变得非常耗时。我们在这个项目中不使用 Unity 物理碰撞，所以我们的行星不需要碰撞体。

现在我们可以使用纹理。

5）将 earth.png 导入到项目的 Assets/SolarSystem/Textures/文件夹中（通过将它们从操作系统文件资源管理器（finder）拖放到 Unity Project 窗口，可以轻松完成此操作）。

6）现在，将地球纹理从 Assets/SolarSystem/Textures/文件夹中拖放到 Earth 对象上。

如果浏览到项目的 Assets/SolarSystem/Materials 文件夹，你会发现 Unity 自动创建了一个新材质，其名称与纹理相同，纹理设置为 Albedo（表面纹理图像）。

7）在地球的"Inspector"面板设置或直接在 Assets 文件夹中打开它的材料。

8）取消选中 Specular Highlights，然后取消选中 Reflections。

我们将保持地球模型对象缩放至 1 个单位。这样我们可以按比例缩放其他行星。

> ⟨TIP⟩ 如果要调整地球相对于标识的大小或位置，请调整父节点 SolarSystem 对象，并将地球缩放比例设置为 1，并将其居中 (0, 0, 0)。

保存场景与项目，然后单击 Play 按钮，然后将摄像头对准目标标识并查看地球模型。图 5-9 是项目运行时 Game 窗口的屏幕截图，根据标识来识别并显示我们的地球对象。

图 5-9

5.3.2 旋转地球

在前一章中，我们使用 Unity 图形编辑器为动画状态与动画轨迹实现了一系列的动作。这一次，我们将使用 C# 脚本来完成这个功能。

我们都知道地球每天旋转一圈！因此每小时大概是旋转 15°（360°/24）。如果我们想要追求现实主义，那么以这种速度观看我们的模型旋转可能有点无聊（并且当我们添加太阳时，我们必须等待一年才能观看完整轨道的动画）。相反，如果我们让地球模型在 24s 内旋转一圈。那么每 1s 代表 1h。

我们将编写一个快速脚本来旋转地球。如果你对编程不熟悉，请继续阅读下一节中的编程介绍：

1) 在 "Hierarchy" 面板中，选择 Earth，然后在 "Inspector" 面板中（可能需要将其向下滚动），单击 Add Component，然后选择 New Script（C-Sharp）。将其命名为 Spin 并单击 Create and Add。

Spin 脚本现在作为地球 "Inspector" 面板设置中的以一个组件出现，如图 5-10 所示。

2) 双击 Spin 脚本，在你的编辑器中打开它。

图　5-10

> ⓘ 根据你安装 Unity 的方式，程序脚本的默认编辑器可能是 MonoDevelop 或 Visual Studio。这两个程序编辑器都很好。Unity 会从默认模板中创建一个空脚本。

如下所示，编辑当前文件：

```
File: Spin.cs
using System.Collections;
using System.Collections.Generic;
using UnityEngine;

public class Spin : MonoBehaviour {
    public float gametimePerDay = 24.0f;

    void Update () {
        float deltaAngle = (360.0f / gametimePerDay) * Time.deltaTime;
        transform.Rotate(0f, deltaAngle, 0f);
    }
}
```

首先我们声明了一个名为 gametimePerDay 的变量，其值为 24（float 型是一个带有小数点的数）。每次游戏重新进入并显示地球时，它都会围绕 y 轴（垂直轴）以 deltaAngle 度旋转当前对象。delta-Angle 属性是每秒的旋转度数（360/gametimePerDay）乘以当前帧时间（Time. deltaTime）。

3）编辑完成后，保存文件。

4）返回 Unity，单击 Play 按钮并将摄像头指向你的标识以观察地球旋转动画。

> ⓘ 如果脚本有任何错误，Unity 会在 Console 窗口中将这些报告给你。确保 Console 窗口可见（可选择 Window | Console 调出该窗口），以便你可以知道在编写脚本时是否有任何输入错误或其他错误。

5）现在为了进行一些整理，在 Project 窗口中，将 Spin 脚本从 Assets/文件夹拖拽到 Assets/SolarSystem/Scripts 文件夹中。

6）保存场景与项目。

5.3.3　添加音频

兴不兴奋，我们有个旋转的地球能来增强现实世界。让我们通过在旋转时播放一些背景音乐来添加气氛。

选择 MP3 文件。我们决定使用 Laurie London 的免费版本 *He's got the whole world in his hands*（http://www.bulkmp3.co/song/Laurie-London-He-S-Got-The-Whole-World-In-His-Hands-1958.html）。该文件包含在本书的下载中。也许你更喜欢古典音乐，或者 David Bowie 的"Starman"：

1）在"Project"窗口中，创建名为 Assets/Audio 的文件夹并将 MP3 文件导入（拖放）到其中。

2）在"Hierarchy"面板中，在根目录下创建一个空对象并将其命名为 BackgroundMusic（如有必要，重置其 Transform）。

3）选择 Add Component｜Audio｜Audio Source。

4）现在，将 MP3 音频片段从"Project"窗口拖到 Audio Source 的 AudioClip 插槽中。

5）勾选 Play On Awake 和 Loop，因为我们希望它在应用程序加载时开始播放，并在播放后循环回到开始重新播放。

好！单击 Play 按钮并享受你的应用。然后，保存场景与项目。我们刚刚定义的 Audio Source 组件显示在图 5-11 的屏幕截图中。

图 5-11

TIP　如果音乐变得烦人，可以在"Game"窗口编辑器的 Play 模式中使用 Mute Audio 禁用音频。或者，你可以通过取消选中 BackgroundMusic 对象（"Inspector"面板左上角）或禁用其 Audio Source 组件（请记住在构建之前将其重新打开）。

5.4 场景光照

我们的目标是制造一个太阳系，而不仅仅是一个旋转的地球。这意味着我们需要从侧面照亮行星，就好像它正在接受阳光的照耀一样。为了实现这一点，我们将通过用点光源替换默认场景照明。

首先，删除默认灯光：

1）在"Hierarchy"面板中，删除 Directional Light。

2）接下来打开 Lighting 面板。如果未启用，选择 Window｜Lighting｜Settings 并将其标签拖到"Inspector"面板旁边。

3）在"Lighting"面板中的 Environmental Lighting 部分的 Scene 选项卡上，将 Source 设置为 Color，并将 Ambient Color 设置为黑色（000）。

4）另外，在 Environmental Reflections 组中，将 Intensity Multiplier 设置为 0。

这将看起来非常黑。

5.4.1　创建自然光

Unity 提供各式各样的光源系统来为你的场景服务。阳光这种场景，我们将使用点光源，因为它向各个方向辐射：

1）在"Hierarchy"面板中，选择 Create｜Light｜Point Light 并将其命名为 Sunlight（你可能需要单击"Inspector"面板标签才能显示该面板）。

2）将它作为 SolarSystem 的子项，重置其 Transform，并将其从中心移开，例如（-5，0，0）。

3）将其范围设置为 10000（这个数值真的非常大）。

4）将 Mode 设置为 Realtime。

5）将其 Intensity 设置为 1.3（调整这个数值，使其看起来很好即可）。

6）将 Shadow Type 设置为 Soft Shadows。

> 请记住，你可以使用鼠标右键在"Scene"面板中旋转视图，并使用鼠标中键移动视图。

现在运行这个场景，并去审视你是否喜欢它。然后，保存场景与项目。

5.4.2　夜晚纹理

还有一些奇怪的地方。我们的地球看起来像是无人居住。与我们太阳系中的其他行星都不同（据我所知），因为只有地球在夜晚的太空中可以看见城市灯光。因此在夜晚将使用另一种地球纹理，叫作 earth_night.png，我们需要将它添加到地球模型上。这将使这种纹理成为一种光源，这意味着它会产生自己的光线（城市的光线会在地球的黑暗面上产生）：

1）将 earth_night.png 导入 Project Assets/SolarSystem/Textures 文件夹。

2）选择 Earth 材质。在"Hierarchy"面板中，选择 Earth，然后在"Inspector"面板中或选择 Assets/SolarSystem/Materials/earth 文件夹展开其材质。

3）选中 Emission 复选框。

4）将 earth_night 纹理拖放到 Emission Color 旁边的方块图形上。

5）在 Emission Color 的最右侧将光源级别调低至 0.5。

6）保存场景与项目，并单击 Play 按钮。

我不知道你是否能在图 5-12 的屏幕截图中看到，地球的一面被太阳光照亮，而不受阳光照射的一面，显示的是城市灯光的效果。太酷了！

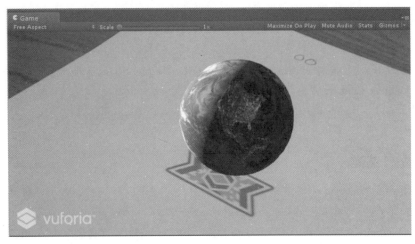

图　5-12

5.5　创建地球-月球系统

让我们添加月球模型并将它制作成绕地球轨道运动。我们将在"Hierarchy"面板中组织一个新的容器对象，我们称之为 Earth-Moon。这样，我们可以将地球与月球绑定在一起，以便稍后我们可以将它们作为一个单位（天体对），在绕太阳运行时共同移动。

你可能想知道，为什么不把月球变成地球的子项，这样它们就会一起在太阳周围移动？如果是这样，月球继承地球在昼夜周期时自转的那个旋转角度，这样就不对了，所以它们的轨道必须要分开。

5.5.1　创建容器对象

首先，我们来创建一个 Earth-Moon 容器：

1）在"Hierarchy"面板中，在 SolarSystem 下创建一个名为 Earth-Moon 的新空对象并重置其 Transform。

2）把地球当作 Earth-Moon 的子项。

3）设置它们的位置如下：SolarSystem（0，0.75，0）、Earth-Moon（0，0，0）、Earth（0，0，0）。

最终的"Hierarchy"面板显示在图 5-13 的屏幕截图中。

5.5.2　创建月球模型

接下来，我们可以创建一个月球模型。我们开发月球相关工作时可以暂时隐藏地球：

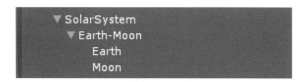

图　5-13

1）在其"Inspector"面板左上角，取消选择复选框来临时隐藏地球。

2）在 Earth-Moon 下，选择 3D Object｜Sphere 创建一个球体，并将其重命名为 Moon。

3）选择 Sphere Collider｜齿轮图标｜Remove Component，删除其 Sphere Collider 组件。

4）将 moon. png 导入 SolarSystem/Textures 文件夹中（如果尚未完成）。

5）将 Moon 纹理拖到场景（或"Hierarchy"面板）中的 Moon 上。

6）在 Earth 的"Inspector"面板中或直接在 Assets 中打开其材质，并取消选中 Specular High-lights 与 Reflections。

月球现在缩放在（1，1，1），它与我们的地球大小相同。我们需要按比例缩小它。根据我们的 NASA 数据，月球的大小是地球的 27%。

7）在"Hierarchy"面板中选择 Moon，然后在其"Inspector"面板中将变换比例更改为（0.27，0.27，0.27）。

5.5.3　定位月球

现在，我们将相对于地球定位月球。为了更好地帮助我们查看，将场景改为自上而下的正交视图：

1）在 Scene 窗口中，使用右上角的 3D 空间坐标轴给出顶视图（单击 y 轴箭头）。

2）单击 3D 空间坐标轴正中的方框。

Scene 窗口应该看起来如图 5-14 所示。

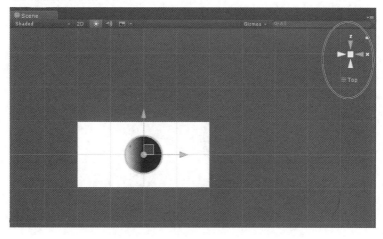

图　5-14

月球距离地球384400km。地球直径为12756km。根据我们规定的单位,一个Unity单位等于地球的直径。所以,如果我们准确地将月球定位成与地球尺寸成正比,那么它距离地球30.13个单位:

3)将月球的Transform Position设置为(30.13,0,0)。

4)通过在"Hierarchy"面板中选择Earth并在"Inspector"面板中重新选择启用复选框来显示地球。

5)缩小以便两者都可见。

在这一点上,你的"Scene"窗口可能看起来如图5-15所示:一个小地球与一个更小的月球。

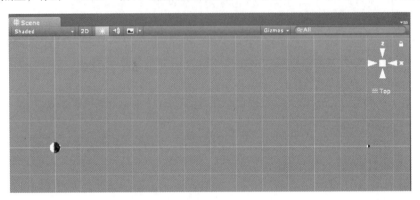

图 5-15

哇!这是一个很大的距离。我们必须缩小视图才能看到两者。地球与月亮看起来很小,这可能是准确的,不过对于可视化来说并不理想。

让我们来试着解决这个问题。将空间大小压缩到实际距离的大约5%,其中30.15/20大约为1.5。

6)将Transform Position设置为(1.5,0,0)。

这看起来更适合我们的目的,如图5-16所示。

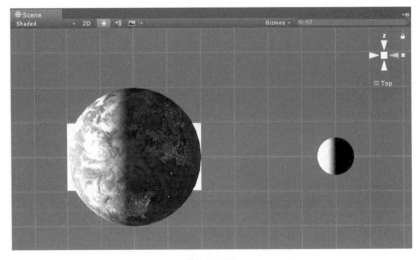

图 5-16

5.6　Unity C#快速入门

Unity 能实现很多事情：管理模型对象、渲染模型、为模型对象设置动画、进行计算物理等。Unity 本身就是一个程序。游戏开发者可以通过点选编辑器界面访问内部 Unity 代码。在 Unity 编辑器中，脚本表现为可配置的组件。但是，你也可以通过 Unity 脚本 API 更直接地访问它。

API（Application Programming Interface，应用程序接口），指你可以从自己的脚本访问的已发布的软件接口。Unity 的 API 非常丰富，设计也很好。这是开发者可以为 Unity 编写出惊人插件的原因之一。

市面上有很多可用的编程语言，Unity 选择支持微软的 C#语言。计算机语言必须遵守特定的语法，否则计算机将无法理解你的脚本。在 Unity 中，脚本错误（与警告）出现在编辑器的 Console 面板中，以及应用程序窗口底部的页脚中。

Unity 的默认脚本编辑器是一个名为 MonoDevelop 的集成开发环境（IDE）。如果需要，可以配置其他编辑器，例如 VisualStudio。它们具有帮助理解 Unity 文档的有用功能，例如文本格式、自动完成与提示帮助等。C#脚本文件的扩展名为 . cs。

在 Unity C#脚本中，一些单词与符号是 C#语言本身的一部分。一部分来自 Microsoft . NET Framework，另一部分来自 Unity API。其他部分就是由你编写的代码组成。

一个空的默认 Unity C#脚本如下所示：

```
using System.Collections;
using System.Collections.Generic;
using UnityEngine;

public class NewBehaviourScript : MonoBehaviour {

    // Use this for initialization
    void Start () {
    }
    // Update is called once per frame
    void Update () {
    }
}
```

我们来剖析它。前三行表明这个脚本需要其他一些东西来运行。using 这个关键词代表了C#。using UnityEngine 这行表明了我们将使用 UnityEngine API。using System. Collections 这行表明了我们也可以使用一个名为 Collections 的函数库来访问对象列表。

C#要求每行代码以分号结尾。双斜杠（//）表示代码中的注释，从双斜杠那里到该行结尾的任何内容都将被忽略。

这个 Unity 脚本定义了一个名为 NewBehaviorScript 的类。类就像具有自己的属性（变量）与行为（函数）的代码模板。从基类 MonoBehaviour 派生的一些类都能被 Unity 识别，并在你的游戏运行时使用。比如说 public class NewBehaviorScript：MonoBehaviour 这行代码，我们正在定义一个名为 NewBehaviorScript 的新公共类，它继承了 Unity 基类 MonoBehaviour 的所有功能，包括 Start ()

与 Update（）函数的功能。这个类里的内容被一对大括号（｜｜）所包围。

当某些东西是 public 的时候，它可以被这个特定脚本文件之外的其他代码看到；当它是 Private 的时候，它只能在这个文件中被引用。我们希望 Unity 能看到我们的 NewBehaviorScript 类。

类定义变量与函数。一个变量保存特定类型的数据值，例如 float、int、boolean、GameObject 与 Vector3。函数实现逻辑指令。函数可以接收参数（括号内的变量）由其代码使用，并且可以在完成时返回新值。

数字浮点型（float）常量（例如 5.0f）在 C#中最后需要一个 f 来确保数据类型是简单的浮点值而不是双精度浮点值。

在代码编辑器中编写或修改脚本后，保存它，然后切换到 Unity Editor 窗口。Unity 会自动识别脚本已经被更改并重新导入它。如果发现错误，它将立即显示在 Console 面板中。

如果你定义了 Unity，Unity 将自动调用特定的命名函数。请注意，Start（）与 Update（）是回调的两个示例。默认 C#脚本中提供了这些版本的空白版本。函数前面的数据类型指示返回值的类型；Start（）与 Update（）不返回值，所以它们是 void 类型。

在游戏开始之前调用游戏中所有 MonoBehaviour 脚本的每个 Start（）函数。这是数据初始化的好地方。

在运行时，Unity 运行一个循环，反复重复，因为显示需要在每帧中更新，可能每秒钟更新 60 次。所有 Update（）函数在游戏运行时在每个时间帧上调用。这是很多 action 所在的地方。

Unity 程序必须与我们进行交互和输出，必须能够响应事件，例如用户输入、网络消息或视频输出。事件由事件处理程序或回调处理，你可以在自己的代码中编写事件。这些函数通常以这种格式开始：On［EventName］（如 OnMouseDown）。

这只是对 Unity 编程的粗略介绍。当在本书中介绍我们的项目时，我们将在介绍其他内容时进行解释。

5.7　月球轨道动画

好，回到我们的开发工作中。通过对 Unity 编程的简短解释，我们可以更好地编写更多的代码。让我们来通过编程实现让月球自转，并且让月球按照轨道绕地球运行。

5.7.1　添加月球轨道

让我们写一个名为 Orbit 的脚本，一个物体，比如说月球，可以围绕另一个物体，比如说地球旋转。我们将其轨道周期指定为完成围绕地球转一圈需要的天数。对于月球来说，应该是 27.3 天。而且，就像我们的旋转脚本一样，还需要提供一个标量，这个标量将地球日期转换为游戏时间秒数，如前所示：

1）在"Hierarchy"面板中，选择 Moon，Add Component，New Script（C-Sharp）。将其命名为 Orbit，然后单击 Create and Add。

2）双击新脚本在代码编辑器中打开它。

编写如下的 Orbit 类：

```
File: Orbit.cs
using System.Collections;
using System.Collections.Generic;
using UnityEngine;

public class Orbit : MonoBehaviour {
    public Transform aroundBody;
    public float orbitalPeriod = 27.3f; // earth days for one complete
orbit
    public float gametimePerDay = 24f;  // realtime seconds per game earth
day

    void Update () {
        float deltaAngle = (360.0f / (gametimePerDay * orbitalPeriod)) *
Time.deltaTime;
        transform.RotateAround(aroundBody.position, Vector3.up,
deltaAngle);
    }
}
```

这与 Spin 代码类似。不同的是，这次我们有另一个变量 aroundBody，它将是地球的 Transform 组件。然后，我们调用 transform. RotateAround（而不是 transform. Rotate）来更新月球的旋转与位置，因为它围绕 aroundBody 对象的轨道。

> **TIP** 要了解有关这些 API 函数与其他许多函数的更多信息，请访问 https://docs. unity3d. com/ ScriptReference/Transform. RotateAround. html 上的 Unity Script API 文档。

保存你的脚本并返回到 Unity；你将看到 Orbit 组件现在具有公共变量的插槽，包括 Around Body。

3）从"Hierarchy"面板中拖拽 Earth 到 Around Body 插槽，如图 5-17 所示。

图　5-17

当你单击 Play 按钮时，月球的运行速度很慢（1s 代表实际的 1h，所以意味着我们想要观看一个约 27 天的完整轨道需要大约 11min）。现在，尝试将 Gametime Per Day 改为 1 或 0.05。它会运行得快很多！另外，需要将地球旋转脚本中的相同参数更改为相同的值，以便保持运动同步。

> **TIP** 当然，你可以在 Play 模式下修改组件值。但是，当你退出 Play 模式时，你在 Play 模式中更改的任何值都会恢复为其初始值。

现在，我们进行一些清理，执行以下步骤：

4）在 Project 窗口中，将 Orbit 脚本从 Assets 文件夹移动到 Assets/SolarSystem/Scripts 文件夹中。

5）保存场景与项目。

5.7.2　添加全球时间表

目前，你可能已经注意到我们的脚本 Spin 与 Orbit 都有一个 gametimePerDay 变量，它可以完成相同的事情，即定义与地球时间对应的运行秒数。

> ⓘ 没有人写完代码还希望后面要修改它，编程是一种动态艺术，因为你正在重新思考如何做事。有时，这些更改不一定要添加新功能或修复一个错误，而是要使代码更简洁，更易于使用并更易于维护。这被称为重构，当你需要修改或重写程序的某些部分，但不一定改变它的功能时，它就会起作用。

让我们重构我们的代码来移除这个重复，然后将这个变量放在一个主 GameController 对象中：

1）在"Hierarchy"面板中，创建一个空的游戏对象并将其命名为 GameController。

2）选择 Add Component，New Script（C-Sharp），并将其命名为 MasterControls，然后单击 Create and Add。

打开它，如下所示进行编辑：

```
File: MasterControls.cs
using System.Collections;
using System.Collections.Generic;
using UnityEngine;

public class MasterControls : MonoBehaviour {
    public float gametimePerDay = 0.05f;
}
```

该脚本将默认时间设置为 0.05f，这将运行得非常快，但它会显示地球每隔 18s（365 × 0.05）绕太阳运行一次。

现在将修改 Orbit. cs 与 Spin. cs 以引用 MasterControls 的 gametimePerDay。

我们正在完善内容，准备添加其他行星，并且我们也会修改 Spin 脚本，因此它也需要 rotationRate。系统中的地球日期与当地日期一致。对于地球来说，它会是 1.0。但是对于其他行星而言，它可能会有所不同：

```
File: Spin.cs
public class Spin : MonoBehaviour {
    public float rotationRate = 1f; // in earth days
    private MasterControls controls;

    void Start() {
        GameObject controller = GameObject.Find("GameController");
```

```
        controls = controller.GetComponent<MasterControls>();
    }

    void Update () {
        float deltaAngle = (360.0f / (rotationRate *
controls.gametimePerDay)) * Time.deltaTime;
        transform.Rotate( 0f, deltaAngle, 0f);
    }
}
```

Spin. cs 中，我们添加了两个变量：rotationRate（对于地球而言为1.0）和一个私有变量 controls（它是对 MasterControls 组件的引用）。然后，我们添加了一个 Start( ) 方法，该方法将在应用程序启动时通过在"Hierarchy"面板中查找 GameController 并获取其 MasterControls 组件。这样我们可以在 Update ( ) 中引用它来初始化控件。然后，在 Update ( ) 中，我们使用了 controls. gametimePerDay。

> ⓘ 有经验的程序员可能会反对使用 GameObject。因为它会耗费性能并且容易出错，且需要一个专门命名为 GameController 的对象。更好的做法是使用单例模式或 Unity 脚本对象。

接下来，我们将对 Orbit. cs 进行类似的更改以使用 MasterControlsgametimePerDay，如下所示：

```
File: Orbit.cs
using System.Collections;
using System.Collections.Generic;
using UnityEngine;

public class Orbit : MonoBehaviour {
    public Transform aroundBody;
    public float orbitalPeriod = 27.3f; // earth days for one complete
orbit
    private MasterControls controls;

    void Start() {
        GameObject controller = GameObject.Find("GameController");
        controls = controller.GetComponent<MasterControls>();
    }

    void Update() {
        float deltaAngle = (360.0f / (orbitalPeriod *
controls.gametimePerDay)) * Time.deltaTime;
        transform.RotateAround(aroundBody.position, Vector3.up,
deltaAngle);
    }
}
```

保存脚本。然后单击 Play 按钮。你可以在运行时更改 Gametime Per Day 的值，以便动态更改它的转速。

5.8 绕太阳旋转

为了建立一个太阳系，地球-月球的这种组合对需要围绕中心的太阳轨道运行。

5.8.1 以太阳为中心，而不是地球

目前，我们仍然把地球置于宇宙的中心。正如哥白尼提出的"日心说"理论那样，让我们把事情依据真实情况做好，把地球的位置移到轨道上，让太阳成为中心。为此，我们建议你回到Scene窗口中，调整为自上而下视图。

1）在 Scene 窗口中，使用右上角的 3D 空间坐标轴调整为顶视图（单击 y 轴箭头）。

2）单击 3D 空间坐标轴中心的方形框。

3）现在将 Earth-Moon 移动到位置 X=5，并将 Sunlight 移到原点。

4）在"Hierarchy"面板中选择 Earth-Moon，并将位置设置为（5, 0, 0）。

5）在"Hierarchy"面板中选择 Sunlight，并将位置重置为（0, 0, 0）。

5.8.2 创建太阳

创建太阳很像制作地球与月球，但有一个例外。由于太阳光源在太阳内部（0, 0, 0 原点），其表面不会被其他光照亮。而是太阳本身的物质就是一种光源：

1）将 sun.png 导入 Assets/SolarSystem/Texture 文件夹中。

2）创建一个名为 Sun 的 Sphere 对象，该对象将是 SolarSystem 的子项。

3）删除其 Sphere Collider。

4）将 Sun 纹理拖到 Sun 对象上。

5）展开材质并取消选中 Specular Highlights 与 Reflections。

6）选中 Emission。

7）将太阳纹理拖到 Emission Color 的插槽中。

8）移动 Sunlight，使它成为 Sun 的子项。

图 5-18 是生成的场景视图。

此时的"Hierarchy"面板如图 5-19 所示。

另外，图 5-20 是我们制作的太阳材质选项。

实际上，太阳大约是地球大小的 109 倍。在这个项目中显示太阳的实际相对大小是不现实的，所以我们现在将它的大小保持在 1 个单位。或者，我们可以尝试把它变得相对更大但不要太大了；也许，这可能成为另一个有趣的项目，即提供一个模型来说明太阳系中物体的真实相对尺度与距离。

5.8.3 地球围绕太阳

我们可以重复使用我们为月球编写的轨道脚本，用于地球围绕太阳的轨道。当然，地球在哪里，我们的月球也在哪里，所以我们实际上是在绕地球-月球对象旋转：

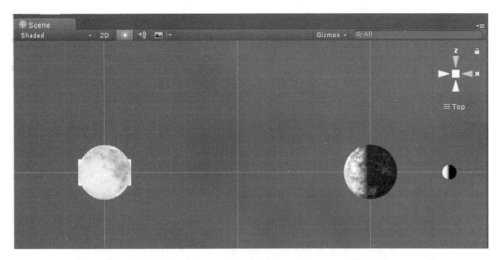

图   5-18

1）从"Hierarchy"面板中选择 Earth- Moon 对象。

2）选择 Component｜Scripts｜Orbit。

3）将 Sun 对象从"Hierarchy"面板拖放到 Around Body 插槽中。

4）将 Orbital Period 设置为 365.25（一年中的天数）。

5）保存场景与项目，然后单击 Play 按钮。

尝试更改 GameController 的 Gametime Per Day 的数值，数值范围在 24 ～ 0.05 之间。

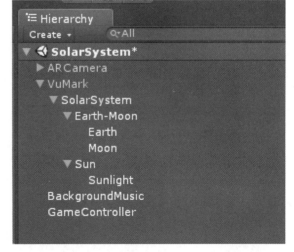

图   5-19

5.8.4 倾斜地球的轴线

哦！还有一件事差点忘记。地球有四季，因为我们的星球的旋转轴相对于我们的轨道平面（地球绕太阳轨道的平面）倾斜了 23.4°。

现在我们已经定义了一个父级 Earth- Moon 对象，我们也可以倾斜地球而不影响整个天体对系统的位置：

1）选择 Earth 并将其变换旋转更改为（0，0，23.4）。

2）如果在场景视图中使用旋转 3D 空间坐标轴，请务必将其设置为"Local"（而不是"Global"）。

图 5-20

3）确保变换位置仍然是（0，0，0）。

4）保存场景与项目。

图 5-21 的屏幕截图显示了太阳、倾斜角度后的地球与围绕地球轨道运行的月球的全部场景视图。

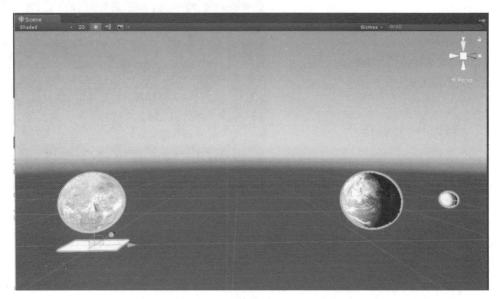

图 5-21

5.9　添加其他行星

表 5-4 显示了每个行星相对于地球的关联数据的大小（来源：https://nssdc.gsfc.nasa.gov/planetary/factsheet/planet_table_ratio.html）。例如，你可以看到水星的直径是地球的 0.38 倍，木星是地球的 11.21 倍。水星需要 58.8 天才能完成一次自转，而地球仅需要 24h，倒是其围绕太阳公转的时间仅需要 87.7 天。

表　5-4

	相对直径	与太阳的相对距离	自转（地球日）	公转（地球日）
水星	0.38	0.39	58.8	87.7
金星	0.95	0.74	-244	226.5
地球	1	1	1	365.25
月球	0.27		0	27.4
火星	0.53	1.55	1.0	686.67
木星	11.21	5.29	0.42	4346
土星	9.45	9.7	0.45	10592
天王星	4.01	19.5	-0.72	32032
海王星	3.88	30.6	0.67	59791
冥王星	0.19	40.2	6.41	90545

我们将精确地调整各个行星相对于地球的大小。

你可以尝试调整它们的位置以符合各星球与太阳的实际距离。但正如本章开篇所提到的（就像我们所述的地球和月球的情况），这些距离实际上是名副其实的天文数字！如果只是为了完成这个项目，我建议你只将它们均匀地分开即可，这样你就可以在你的 AR 设备上看到所有的行星而不用四处走动，并保证了行星的大小便于观察和欣赏。

你可以使用每个星球的实际自转值（以天计算）和公转的轨道值（以年计算）。各星球相对于地球的关系体现在 Unity 的地球日中。然而，由于外围的行星计量时间如此之长，以至于在我们的模型中可能根本观察不到它们在运动。所以，对于那些运行很慢的星球你可以使用 1/10 的时间，甚至 1/100 的时间。根据你想要的效果调整为任何值。表 5-5 是我们所做的项目中使用的值。

表　5-5

	尺寸比例	位置 X	自　转	公转周期
水星	0.38	1.4	58.8	87.7
金星	0.95	3	-244	226.5
地球	1	5.7	1	365.25

（续）

	尺 寸 比 例	位 置 X	自 转	公 转 周 期
月球	0.27	1.5	0	27.3
火星	0.53	8.7	1.0	686
木星	11.21	17	0.42	434
土星	9.45	36	0.45	1059
天王星	4.01	50	-0.72	320
海王星	3.88	58	0.67	597
冥王星	0.19	66	6.41	905

请注意，表5-5中我们选择在模拟中使用的值，在比例或自转方面是准确的，轨道比率是准确的或按照指示缩放的，与太阳的距离是完全错误的。

5.9.1　使用纹理创造行星

创建其他八颗行星的步骤非常类似于我们之前在该项目中所遵循的步骤。

对每个星球重复以下步骤：

1）在"Hierarchy"面板中选择 SolarSystem，右键单击选择 3D Object | Sphere 创建一个球体。

2）命名行星，重置其 Transform，并删除其碰撞体。

3）按照表 5-5 中建议的尺寸缩放每个行星。

4）将它以合理间隔的方式放置在其相邻的两颗行星之间（x 轴）。

5）如果尚未导入，请将星球的 .png 纹理文件导入 Assets/SolarSystem/Textures 文件夹中。

6）将纹理拖到行星球体上。

7）在材质上，禁用 Specular Highlights 或 Reflections。

8）添加 Spin 组件并按照表中的建议设置其旋转速率。

9）添加一个 Orbit 组件并将轨道周期设置为地球日数，如表 5-5 所示。

10）将太阳拖到 Around Body 上。

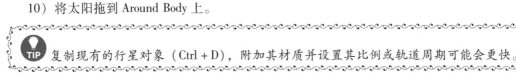

复制现有的行星对象（Ctrl + D），附加其材质并设置其比例或轨道周期可能会更快。

图 5-22 的屏幕截图显示了我们在"Scene"窗口中整齐定义或排列的所有行星。

虽然行星排列了，但似乎不是我们期望看到的景象。

在 Scene 视图中工作时，你可能需要通过在工具栏中单击场景照明切换禁用 Scene Lighting，特别是可能出现在木星阴影中的外部行星。

准备测试时，单击 Play 按钮（请记住，你可能需要将 GameController 上的 Gametime Per Day 设置为 0.05，以便以更快的动作查看所有轨道）。

还有一点需要注意：如果你希望整体更改模型比例，并保持你设置的比例，请在"Hierarchy"面板中缩放 SolarSystem 容器对象，而不是单个对象。

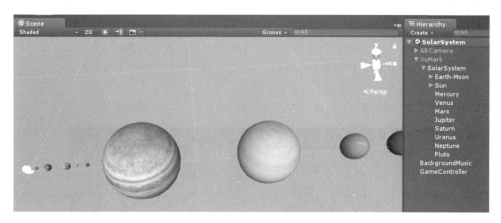

图　5-22

5.9.2　添加土星环

土星环的直径约为 282000km，约为土星直径的 2.35 倍。我们有一个纹理 saturn_rings. png，可以在一个平面上呈现为环形。在 Unity 中，1 倍大小的平面实际上测量了 10 个单位。所以，我们将把平面的比例设置为 0.235。

为了使环具有透明度，我们可以将渲染模式更改为 Cutout。这将使用图像的 alpha 通道作为阈值来确定是否显示纹理的像素。着色器可让你选择前面显示的 Alpha Cutoff 值：

1）在"Hierarchy"面板中，右键单击 Saturn，选择 3D Object｜Sphere 创建一个球体。

2）选择 Transform Reset，然后将其缩放至（0.235，0.235，0.235）。

3）将 saturn_rings. png 导入到 SolarSystem/Textures 文件夹中，然后将 saturn_rings 拖放到 SaturnRings 对象上。

4）打开其材质，然后取消选中 Specular Highlights 和 Reflections.。

5）将 Rendering Mode 更改为 Cutout。

6）将 Alpha Cutoff 调整为 0.3。

结果设置显示如图 5-23 的屏幕截图所示。现在，我们拥有了土星环。

图　5-23

但是，你可能会遇到问题，例如你从下面查看它们（平移或旋转"Scene"窗口中的视图），则会看到它们消失。这是因为该平面仅在其正面上渲染（这是计算机图形中的优化，称为背面剔除，它决定图形对象的多边形是否可见）。为了解决这个问题，我们可以编写一个不执行背面剔除的自定义着色器。相反，我们会复制土星环并将其翻转放置在底侧。

7）右键单击 SaturnRings 并选择 Duplicate（或 Ctrl + D）。

8）将其 Transform Rotation 设置为 X = 180。

图 5-24 的屏幕截图显示了土星及其双面土星环。

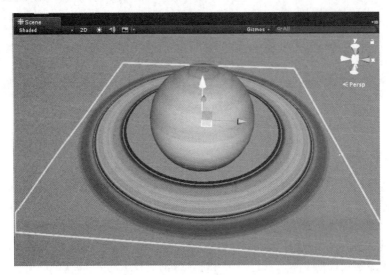

图　5-24

请注意，土星环会随着土星星球一起旋转。如果你想纠正这个问题，你可以制作一个 SaturnAndRings 父项并移动这些环，使它们不再是行星的直接子项，就像我们为地球-月球系统做的那样。

5.9.3　切换视图

当 SolarSystem 位于（0，0）位置时，太阳位于我们的标记处。当 SolarSystem 处于位置（-5，0）时，地球在标记上。通过这种方式，我们可以通过使用对象的相对于 SolarSystem 父项的 Transform 位置在中心之间进行切换来更新我们的视图。

我们为此编写一个脚本。我们将它作为一个组件附加到 GameController 中：

1）在 GameController 中，选择 Component | New Script 添加一个新的脚本，并将其命名为 PlanetView。

打开脚本并编辑它，如下所示：

```
File: PlaneView.cs
public class PlanetView : MonoBehaviour {
    public Transform solarSystem;
    public Transform planet;
    void Update () {
```

```
        Vector3 position = solarSystem.localPosition;
        if (planet != null) {
            // move solar system so planet is in the center
            position.x = -planet.localPosition.x *
solarSystem.localScale.x;
            position.z = -planet.localPosition.z *
solarSystem.localScale.x;
        } else {
            // center solar system on the sun
            position.x = 0f;
            position.z = 0f;
        }
        solarSystem.localPosition = position;
    }
}
```

请注意，我们也可以通过 solarSystem. localScale 缩放位置偏移量。当 SolarSystem 缩放到 1.0时，这不是问题，但如果你要重新调整它的大小，以下这些步骤将是必需的：

2）将 SolarSystem 对象拖放到 GameController 的 Solar System 插槽中。

3）将 Earth- Moon 对象拖到 Planet 插槽上。

4）单击编辑器中的 Play 按钮。

5）现在太阳似乎围绕着地球旋转。我们可以在编辑器中运行程序时动态更改它。在 Play 模式下，将 Sun 对象拖到 Planet 插槽上，取代 Earth- Moon。

现在太阳再次位于中心，地球绕着它旋转。

图 5-25 的 Scene 视图显示地球现在处于 ImageTarget 原点，而其他球体相对于它定位。

图　5-25

6）现在我们来整理一下。在 Project 窗口中，将脚本从 Assets 文件夹移动到 Assets/SolarSystem/Scripts 文件夹中。

5.10　使用 VuMark 标识（Vuforia）

我们现在准备将我们的应用程序与真实世界的目标联系起来。我们的目标是为每个行星提供用户卡。当用户将摄像头指向其中一张卡时，他们应该从该行星的角度看到太阳系。当然，我们有一张位于中心的太阳标识卡。

VuMark 是 Vuforia 生成编码标识的系统。Vuforia 附带一组示例 VuMark，编码为 0~99 的值，是 Vuforia Samples 开发包的一部分。（一旦导入到 Unity 项目中）它们可以在 Assets/Editor/Vuforia/For-Print/Vuforia- VuMark- Instances-00-99. zip 中找到，其中包含 SVG、PNG 或 PDF 格式的版本。

如本章前面所述，我们为本项目的 VuMark 示例提供了带有示例卡片的 PDF 文件，如图 5-26 所示。每张卡都有一个单独的 VuMark 标识，嵌入代表数字 0~9 的类二维码。某些标识卡显示如图 5-26 所示。

图　5-26

我们希望做到的是，当应用程序看到一个值为 0 的标识时，它应该在中心显示太阳；水星的标识为 1、金星的标识为 2……冥王星的标识为 9。请参阅本书随附的文件 PlanetMarkerCards. pdf，其中打印的卡片为 3. 33in×4in（Avery 5524 图纸布局）。当你打印标识图片时，一定要将它们切成不同的卡片；我们的应用程序一次只能识别一个标识。

Vuforia 提供设计自己定制的 VuMarks 标识的能力（我们稍后会看到 AR Toolkit 对它们的条形码标记具有类似的效用），但是这里我不会讲怎么定制卡片。另外，你需要 Adobe Illustrator 来设计卡片，当然 Vuforia 提供设计模板。更多信息，请参阅以下内容：

- VuMark 设计指南，网址为 https://library. vuforia. com/articles/Training/VuMark- Design- Guide。

5. 10. 1　关联标识与行星

要将标识与行星视图相关联，我们需要编写这些标识处理程序脚本。

我们将逐步构建每一个脚本，因此很容易看到这个过程中都发生了什么。

首先，我们将编写代码以将我们的回调函数注册到 VuMark Manager。这是 Unity C#中用于处理事件的标准模式：

1）在“Hierarchy”面板中，选择 GameController 并转到 Add Component | New Script，将其命名为 PlanetMarkerHandler。

在你的编辑器中打开脚本并按如下方式编写代码：

```
File: PlanetMarkerHandler.cs
using System.Collections;
using System.Collections.Generic;
using UnityEngine;
using Vuforia;

public class PlanetMarkerHandler : MonoBehaviour {
    private VuMarkManager mVuMarkManager;

    void Start () {
        // register callbacks to VuMark Manager
        mVuMarkManager =
TrackerManager.Instance.GetStateManager().GetVuMarkManager();
        mVuMarkManager.RegisterVuMarkDetectedCallback(OnVuMarkDetected);
    }

    public void OnVuMarkDetected(VuMarkTarget target) {
        Debug.Log("New VuMark: " + target.InstanceId.StringValue);
    }
}
```

我们使用 Vuforia 的产品线来访问他们的 SDK，包括 VuMarkerManager。然后我们用 TrackerManager 注册了我们的回调函数 OnVuMarkDetected。现在，回调函数只在调试控制台上输出检测到的标识的名称（StringValue）。

2）保存该脚本并在 Unity 中单击 Play 按钮。向摄像头显示不同的标识，控制台将打印它找到的标识 ID。

要打开控制台，请选择 Window｜Console 并将其停靠在 Unity 编辑器中。

标识 ID 是我们使用 VuMark00 格式的 target. InstanceId. StringValue 获得的字符串（文本）。我们需要它是一个整数。因此，我们现在将编写一个帮助函数 markIdToInt，将其从字符串转换为整数（它会查找从位置 6 开始并接受下两个字符的子字符串，例如 00），然后将其在控制台中打印。如下所示更改脚本。

```
public void OnVuMarkDetected(VuMarkTarget target) {
    int id = markIdToInt(target.InstanceId.StringValue);
    Debug.Log("New VuMark: " + id);
}

private int markIdToInt(string str) {
    return int.Parse(str.Substring(6, 2));
}
```

现在我们给处理程序一个行星列表。该列表索引从 0 到 9。

将此行添加到 PlanetMarkerHandler 类的顶部（花括号内）：

```
public class PlanetMarkerHandler : MonoBehaviour {
    public List<Transform> bodies = new List<Transform>();
```

3）转到 Unity 并执行以下操作：

① 你会在 Planet Marker Handler 组件中看到行星列表。编为 10 号。

② 然后，将每个对象从 "Hierarchy" 面板拖动到相应的插槽，从 Sun 开始添加到 Element 0，然后 Mercury 添加到 Element 1，一直到 Pluto。像以前一样，一定要使用 Earth- Moon 作为地球系统。

你的 Planet Market Handler 程序组件现在应该如图 5-27 所示。

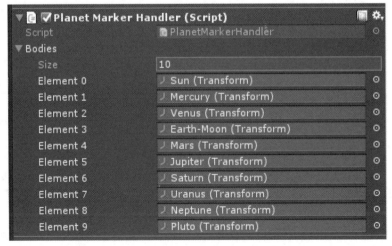

图 5-27

178

回到代码中，我们需要做的就是将 Planet View 组件的 Planet 值设置为由 VuMark 标识标记的值。完成的脚本如下所示：

```
File: PlanetMarkerHandler.cs
public class PlanetMarkerHandler : MonoBehaviour {
    public List<Transform> bodies = new List<Transform>();
    private VuMarkManager mVuMarkManager;
    private PlanetView planetView;

    void Start () {
        // get the Planet View component
        planetView = GetComponent<PlanetView>();

        // register callbacks to VuMark Manager
        mVuMarkManager =
TrackerManager.Instance.GetStateManager().GetVuMarkManager();
        mVuMarkManager.RegisterVuMarkDetectedCallback(OnVuMarkDetected);
    }

    public void OnVuMarkDetected(VuMarkTarget target) {
        int id = markIdToInt(target.InstanceId.StringValue);
        Debug.Log("Changing view: " + bodies[id].name);
        planetView.planet = bodies[id];
    }

    private int markIdToInt(string str) {
        return int.Parse(str.Substring(6, 2));
    }
}
```

新代码通过调用实例 ID 上的 markIdToInt 来获取整数 ID。然后它在我们的列表中查找相应的对象并将其分配给 planetView. planet，从而在应用程序中切换哪个行星位于我们视图的中心。

当你将摄像头对准不同的标识时，你会看到不同的行星。

5. 11　创建主速率 UI

这是我最想拥有的最后一个功能。当 GameController 的 Gametime Per Day 设置为 0.1 时，行星轨道则会动态地运转，这很好也很快。但那太快了，几乎看不到地球表面。当 Gametime Per Day 放慢速度时，比如说调整到 24，我们可以更清楚地看到行星纹理，但轨道运行的动画几乎不明显。让我们提供一个按钮，让用户在这些速度之间切换。请记住，这个值是地球时间每小时中的游戏秒数。因此，24 将代表在 24s 内显示一个地球日，则 0.05 将代表在大约 18s 内显示一个地球年。它在一开始程序运行时应该是快速，当你按下切换按钮时，一切都会变慢，此时可检查 GameController 并确保 Gametime Per Day 设置为 0.05。

5.11.1　添加 UI 画布与按钮

在 Unity 中，用户界面（UI）按钮位于画布上。创建一个画布：

1）在 "Hierarchy" 面板中，选择 Create｜UI｜Canvas 创建一个画布。

2）选择画布并将 UI Scale Mode 更改为 Constant Physical Size。

默认情况下，Canvas UI 缩放模式设置为 Constant Pixel Size。这的确是一个问题，因为移动设备可能有许多不同的屏幕尺寸或分辨率（DPI），并且根据屏幕尺寸的不同，按钮会变得更小或更大。我们应将其更改为不变的物理尺寸。

然后，你可以根据需要在画布上排列 UI。在屏幕的右下角创建并定位一个按钮。

3）选择 Canvas 后，右键单击选择 UI｜Button。

在 Game 窗口中会很容易预览到该按钮。在 "Inspector" 面板中，注意按钮的 Rect Transform 左上角的 Anchor Presets 图标。

4）单击 Anchor Presets 图标打开预设对话框。

此时，你可以通过单击鼠标来设置锚点，或者使用 Shift 键 + 单击来设置锚点或枢轴。或者，你可以使用 Alt 键 + Shift 键 + 单击鼠标来设置锚点或透视位置。我们将这样做：

5）按下键盘上的 Alt 键 + Shift 键，然后单击右下角的图标（见图 5-28）。

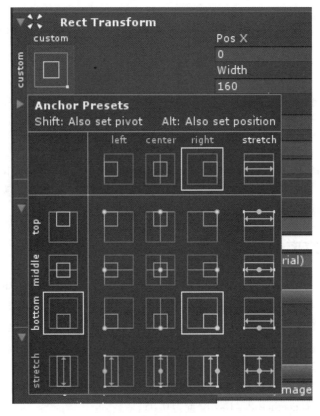

图　5-28

我们的按钮现在也应该位于 Game 视图的右下角。

6）在"Hierarchy"面板中，展开 Button 并选择 Text。改变文字为 Slow，如图 5-29 所示。

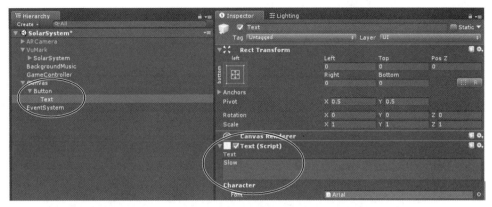

图　5-29

5.11.2　时间事件处理器

现在，我们可以在用户单击鼠标，并释放鼠标时实现这一行为。很简单，我们将分别设置 gameTimePerDay 为 24f 或 0.5f。我们将这些功能添加到 MasterControls. cs 中。打开该脚本并添加两个函数，即 SlowTime() 或 ResetTime()，如下所示：

```
File: MasterControls.cs
using UnityEngine;

public class MasterControls : MonoBehaviour {
    public float gametimePerDay = 0.05f;

    public void SlowTime() {
        gametimePerDay = 24f;
    }

    public void ResetTime() {
        gametimePerDay = 0.05f;
    }
}
```

SlowTime() 函数将改变 gametimePerDay，因此动画很慢。同样，ResetTime() 会加速备份。

5.11.3　触发输入事件

当事件发生时，我们现在可以告诉按钮来调用我们的事件处理器：

1）在 Button 上，选择 Add Component | Event | Event Trigger。

2）然后选择 Add New Event Type | PointerDown。

3）在 Pointer Down 列表中，单击加号图标，然后将 GameController 从"Hierarchy"面板拖放到 Object 插槽中。

4）现在在函数列表中（现在称为 No Function），选择 MasterControls│SlowTime( )。

对 PointerUp 事件重复此操作：

5）选择 Add New Event Type│PointerUp。

6）单击加号图标，然后将 GameController 拖放到 Object 插槽上。

7）现在在功能列表中选择 MasterControls│ResetTime( )。

事件触发器应如图 5-30 所示。

图　5-30

保存场景和项目并单击 Play 按钮。现在当你单击按钮时，行星轨道运行的时间将变慢，你可以看到美丽的行星！

如果它如你所愿进行切换，那么你已经做了一个非常出色的工作。

一定要全面测试你的应用程序：使用每个标识目标，并检查当摄像头对准它们的时候，是否程序视图显示既定的行星。单击 Slow 按钮，并验证它是否会修改轨道运行速率。可以在 Unity 编辑器或目标设备上进行测试。

5.12　构建与运行

在本节中，我们将快速介绍为 Android、iOS 或 HoloLens 设备构建项目的过程。我们将看到如何使用 AR Toolkit 而不是 Vuforia 来构建它。

5.12.1　导出 SolarSystem 软件包

如果你正在考虑构建多个平台，则可能需要将 SolarSystem 保存为预制体，然后将其导出为 Unity 包，以便在不同的项目中重复使用：

1）在"Hierarchy"面板中，选择 SolarSystem 对象并将其拖放到项目窗口的 Assets/SolarSystem/Prefabs 文件夹中。

2）右键单击 SolarSystem 文件夹并选择 Export Package。

3）取消选中 Include Dependencies。

4）取消选中 PlanetMarkerHandler. cs 脚本，因为它特别具有 Vuforia 依赖性。

5）导出。

现在，如果你创建一个新项目或场景，例如 HoloLens 或 AR Toolkit，则可以将整个 SolarSystem 预制体拖入该场景。

5.12.2　发布到 Android 设备- Vuforia

本章开头已经介绍了 Android 与 Vuforia 的项目。你应该能够做到这一点：Build And Run。图 5-31 是在 Android 手机上运行的已完成项目时的图像截图。

图　5-31

5.12.3　发布到 iOS 设备- Vuforia

对于 iOS 平台来说，使用 Unity 与 Vuforia 需要在 Mac 上进行开发。除此之外，该项目的其他设置与开发几乎完全相同。简而言之，以下就是你需要做的事情：

1）在 Build Settings 中，选择 iOS 作为目标平台。

2）当你使用 Build And Run 时，它将打开 Xcode 来完成构建。

有关详细信息与疑难解答，请参阅第 3 章与第 4 章（适用于 iOS 设备的部分）中详述的 iOS 步骤。

如果你想尝试为 iOS 构建无标识版本的项目，请参阅 5.13.1 节使用 ARKit 构建与运行 iOS 这部分内容。

5.12.4　发布到 HoloLens 设备- Vuforia

使用 VuMark 标识为 HoloLens 构建这个项目，与我们在本章中构建的项目没有太大的不同。HoloLens 的具体设置与我们在前面章节中看到的相同。以下内容是一个总结：

1）设置 HoloLens 摄像头。在"Hierarchy"面板中，选择 GameObject | Camera 创建摄像头，并将其重命名为 HoloLensCamera。

2）将 Clear Flags 设置为纯色，并将背景设置为黑色（0，0，0）。

3）将摄像头绑定到 Vuforia。选择 Vuforia | Configuration，设置 Eyewear Type 为 Optical See-Through，并将 See Through Config 设置为 HoloLens。

4）在"Hierarchy"面板中，选择 AR Camera 对象，然后将 HoloLensCamera 拖放到 Vuforia Behavior 组件的 Central Anchor Point 插槽中。

5）构建设置。选择 Windows Store 作为目标平台，选择 SDK 为 Universal 10，UWP Build Type 为 D3D，然后选中 Unity C#Projects 复选框。

6）在质量设置中，为 Windows Store 平台选择最快的默认级别。

在 Player 设置中，执行以下操作：

1）转到 Publishing Settings。在 Capabilities 中，确保勾选以下所有内容：Internet client（互联网客户端）、Pictures library（图片库）、Music library（音乐库）、Videos library（视频库）、Webcam（网络摄像头）、Microphone（麦克风）、Spatial perception（空间感知）。

2）对于其他设置，勾选 Virtual Reality Supported 并确保 Windows MixedReality 存在于 SDK 列表中。

3）建立一个构建并在 Visual Studio 中打开该项目。然后，将 Solution Configuration 设置为 Release，将 Platform 设置为 x86，然后将目标设置为模拟器或远程设备（如第 3 章中所述）。

这些应该全部完成。

如果你想尝试为 HoloLens 构建无标识版本的项目，请参阅 5.13.2 节使用 MixedRealityToolkit 在 HoloLens 编译与运行项目这部分内容。

5.12.5 构建与运行 ARToolkit

到目前为止，我们已经使用 Vuforia AR SDK 构建了这个项目。就像在前几章中所详述的一样，我们也希望展示其他选择，包括开源的 ARToolkit SDK。

在本节中，我们将使用 ARToolkit 与其自己的类二维码标识系统重建项目。我们假设你已经按照前面所述构建了 SolarSystem 预制体，以便在需要时将其拖入场景中。

5.12.5.1 ARToolkit 标识

ARToolkit 支持各种标识类型，包括称之为 Square Tracking 标识的东西。顾名思义，它们是正方形的、粗边框与中心可辨认的图案。该模式可以是定制设计。或者，它可以是类似二维码的图案。在这个项目中，我们将使用类似二维码的标识作为跟踪标识。请参阅本书的文件下载附带的 PlanetMarkerCardsARTK. pdf 文件（见图 5-32）。

5.12.5.2 构建 ARToolkit 项目

让我们开始使用 ARToolkit 构建项目。我们将假设你有如前所述的 SolarSystem 预制体。如果没有，你必须将其导出到 Unity 包中；选择 Assets | Import Package | Custom Package，现在可以导入 SolarSystem. unitypackage。然后导入 ARToolkit 包：

1）导入 ARToolkit 资源包（例如，ARUnity5. unitypackage）。

SOLAR SYSTEM

MERCURY

Diameter: 4879 km

Distance from Sun: 57.9 million km

Length of day: 4222.6 hours

Length of year: 88.0 days

VENUS

Diameter: 12,104 km

Distance from Sun: 108.2 million km

Length of day: 2802.0 hours

Length of year: 224.7 days

EARTH

Diameter: 12,756 km

Distance from Sun: 149.6 million km

Length of day: 24 hours

Length of year: 365.25 days

图   5-32

2）创建一个 AR 控制器。在"Hierarchy"面板中，创建一个名为 ARController 的空对象。

3）选择 Add Component│ARController 并验证视频选项中设置的是 AR Background 图层。

当我们创建条码标识（在前一节中）时，我们将它们制作为 AR_MATRIX_CODE_3x3 类型。因此，在 ARController 的 Square Tracking 选项中，执行以下操作：

4）将 Pattern Detection Mode 设置为 AR_MATRIX_CODE_DETECTION。

5）将 Matrix Code Type 设置为 AR_MATRIX_CODE_3x3。

目前的 Square Tracking Options 现在看起来如图 5-33 所示。

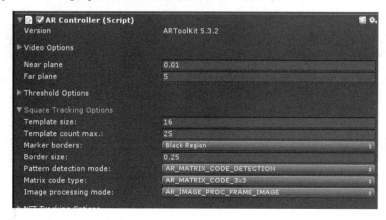

图   5-33

6）按照以下步骤在"Hierarchy"面板中创建一个根对象：

① 在"Hierarchy"面板中，创建一个名为 Root 的空对象。

② 然后选择 Add Component｜AROrigin。

③ 将 Layer 对象设置为 AR Background 2。

④ 将其 Transform Rotation X 轴设置为 90，以使标识平放而不是直立。

7）按照以下步骤创建一个 AR 摄像头：

① 将主摄像头移至 Root 的子项并重置其变换。

② 然后选择 Add Component｜ARCamera。

③ 将 Culling Mask 设置为 AR Background 2。

8）添加 AR Marker。我们会用名称与 ID 标记我们的标识，因此很容易记住。第一个将被标记 solarsystem0，对应于前面显示的条形码 ID 0：

① 在 ARController 上，执行以下操作：选择 Add Component｜AR Marker。

② 将标识标记设置为 solarsystem0，Type 设置为 Square Barcode，并将 Barcode ID 设置为 0。

9）现在添加太阳系跟踪对象：

① 作为 Root 的子项，创建一个名为 SolarSystem0 的空对象。

② 然后选择 Add Component｜AR Tracked Object，并将标识标记设置为 solarsystem0。

③ 将 Assets/SolarSystem/Prefabs/文件夹中的 SolarSystem 预制体作为 SolarSystem0 的子项拖动。

④ 将 SolarSystem Transform 设置如下：Position（0，0，0），Rotation（–90，0，0）与 Scale（0.04，0.04，0.04）。

⑤ 选择 Root 并（再次）设置 Layer AR Background 2。然后确认 OK，更改子项，其中包含 SolarSystem。

正如我们在前一章中看到的，ARToolkit 中的缩放与 Vuforia 有些不同。我们的方形标识是实际单位，大约 1in 或 0.04m。因此，如果我们希望地球大约是标识的宽度，我们可以缩放到 0.04。

图 5-34 的屏幕截图显示了 SolarSystem 对象的当前图层与 Transform 设置。

图 5-34

10）现在我们需要用 GameController 完成场景，MasterControls 完成动画：

① 在 "Hierarchy" 面板中，创建一个名为 GameController 的空对象。

② 选择 Add Component | Master Controls。

不要忘记像我们在本章前面所做的那样设置环境光。

11）选择 Window | Lighting | Lighting Settings，打开照明设置面板。

12）将 Environment Lighting Source 设置为 Color，Ambient Color 设置为黑色。

13）另外，在 Environmental Reflections 组中，将 Intensity Multiplier 设置为 0。

好！保存场景与项目。然后单击 Play 按钮！

5.12.5.3 使用二维码标识（ARToolkit）

现在让我们通过每个类二维码标识，显示各自的行星视图。在该项目的 Vuforia 版本中，我们用脚本完成了这个工作。现在使用 ARToolkit，我们将尝试更强大的方法。

为每个行星执行以下步骤。我们将从 Earth-Moon 开始：

1）在 ARController 上添加一个新的 ARMarker 组件（或复制/粘贴现有的新组件）。

2）将 Marker Tag 更改为行星 + ID，例如 earth3。

3）将 Barcode ID 更改为相同的数字：3。

4）在 Root 下，复制 SolarSystem0 对象（Ctrl + D）并将其重命名为 Earth3。

5）在 AR Tracked Object 上，将 Marker Tag 设置为之前的值：earth3。

6）展开 Earth3 以查看其 SolarSystem 副本，然后将 Earth-Moon 对象拖放到 Planet View 中的 Planet 插槽上。

在图 5-35 的屏幕截图中，你可以在 "Hierarchy" 面板中看到，我们现在有一个拥有自己的 SolarSystem 副本的 Earth3 对象，其 PlaneView 组件使用 Earth-Moon。所以，当这种情况发生时，我们会看到太阳系的地球中心视图。

图 5-35

现在，当你运行应用程序并向摄像头显示条形码标识卡时，我们的视角从太阳系将转移到相应行星的中心。

为了实现这个功能，我们还需要修改 PlanetView.cs 脚本来说明这里使用的轴旋转，如下所示：

```
// move solar system so planet is in the center
position.x = -planet.localPosition.x * solarSystem.localScale.x;
position.z = planet.localPosition.z * solarSystem.localScale.z;
```

我们在前面的项目中还做了其他一些事情，包括引入 Slow 按钮来更改时间范围。我们还添加了背景音乐。你可以继续并将这些添加到项目的 ARToolkit 版本中。

5.13 无标识构建与运行

这个项目的有标识的实现方式是使用标识在目标位置触发太阳系 AR 图形，并使用标识上的类二维码选择行星或以太阳为中心的视图。AR 有另一种无标识方法，这就是微软创造的全息技术。

借助全息或基于锚点的 AR 技术，使用头戴设备可以扫描你的环境并映射其 3D 空间。当你将 AR 图像添加到场景中时，它将锚定在特定的 3D 位置。它使用其传感器来扫描与建模真实空间。

这种类型的 AR 场景不使用标识识别。标识图像与标识不是必需的，通常也不支持这些工具包。因此，我们根本不需要使用 Vuforia。我们将使用 Apple ARKit 在 iOS 平台上实现，以及使用 Microsoft 的 MixedRealityToolkit for Unity 在 HoloLens 平台上实现。

我们使用标识来选择要在场景中心查看哪个行星；在这里用户体验有所不同。对于手持式智能手机或平板电脑设备，我们可以使用触摸屏进行用户输入。对于可穿戴式智能眼镜设备，我们可以使用注视 + 单击或手势输入。对于本章而言，我们将使用基本的交互。

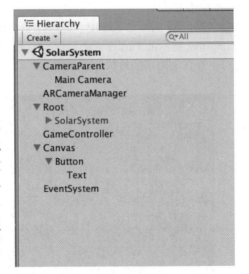

图　5-36

5.13.1 使用 ARKit 构建与运行 iOS

此前，我们在 iOS 平台上使用 Vuforia 构建了通过标识识别的项目。iOS 的 Apple ARKit 不需要标识识别；相反，它使用空间建图技术来定位在空间中放置虚拟对象的位置。因此，我们根本不需要使用 Vuforia。

图 5-36 的屏幕截图显示了在"Hierarchy"面板中我们要构建的场景结构。当我们进行开发工作时，你可以参考以下场景构建。

5.13.1.1 设置通用 ARKit 场景

开始，我们将创建一个新的 Unity 项目，然后导入 ARKit，再导入带有之前导出的预制体的 SolarSystem 软件包。我们将从头开始构建场景，而不是修改其中一个示例（就像我们在前一章中所做的那样）。然后，我们将重新创建一个用户界面。请按照以下步骤操作：

1）创建一个新的 Unity 3D 项目，并命名为 SolarSystem- arkit。

2）选择 Window｜Asset Store，下载并导入 Apple ARKit 软件包。

3）选择 File｜New Scene 创建一个新场景，然后将场景保存为 SolarSystem。

4）让我们删除场景中的环境照明：

① 选择 Window｜Lighting｜Settings 打开光照选项卡。

② 将 Skybox Material 设置为空（使用参数右侧的圆环图标）。

③ 将 Environment Lighting Source 为 Color。

④ 将 Lightmapping Settings Indirect Resolution 设置为 1。

5）现在我们用 AR 组件创建摄像头并创建 ARCameraManager，如下所示：

① 在"Hierarchy"面板中，创建一个名为 CameraParent 的空对象；必要时重置 Transform。

② 拖动 Main Camera，使其成为 CameraParent 的子项，并重置其 Transform。

③ 选中 Main Camera，然后选择 Add Component｜Unity AR Video。

④ 对于 Clear Material 插槽选项，单击圆环图标并选择 YUVMaterial。

⑤ 添加此组件：Unity AR Camera Near Far。

⑥ 在"Hierarchy"面板根目录中，创建一个名为 ARCameraManager 的空对象。

⑦ 添加此组件：Unity AR Camera Manager。

⑧ 将 Main Camera 拖放到 Camera 插槽上。

这就是通用的 ARKit 场景设置。接下来，可以添加我们的项目对象。

5.13.1.2　添加 SolarSystem

SolarSystem 将由根或锚点对象来执行。正是这个锚点将被放置在现实世界中，用它来放置太阳系。当你第一次启动应用程序时，让我们将 SolarSystem 放置在你面前约 3m 处：

1）在"Hierarchy"面板中，创建一个名为 Root 的空对象并重置其 Transform。

2）然后，将其位置 Z 设置为 -3。

3）从 Assets/SolarSystem/Prefabs/ 文件夹中将 SolarSystem 预制体拖动使其成为 Root 的子项。

4）将其变换位置设置为（0，0，0）并缩放至（0.03，0.03，0.03）。

0.03 对我们来说看起来比较合适；如果你愿意，可以调整为其他数值。

5）对于我们的场景，太阳将提供光照，如果存在定向光我们需要从场景中将其删除。

你可以继续构建并运行应用程序，看看它的整体效果。我们将使用 Xcode 来完成构建。有关详细信息与问题解答，请参阅第 3 章与第 4 章（适用于 iOS 设备的部分）中详述的 iOS 步骤。

你应该看到设备前方约 3m 处出现行星模型，但它们没有移动。请你回想一下我们之前实现的 Gametime 变量（请参阅添加主速度 UI 部分），为了使它们的轨道动画运行，我们需要创建一个 GameController 对象。

6）在"Hierarchy"面板中，创建一个名为 GameController 的空对象。

7）在 Assets/SolarSystem/Scripts/ 文件夹中找到 MasterControls 脚本，并将其作为组件拖放到 GameController。

现在再次构建并运行，行星将会有全速动画。

5.13.1.3　将 SolarSystem 放在真实世界中

接下来我们要做的就是让你重新获得太阳系的锚定位置。该计划是当你触摸 iPhone 或 iPad

设备的屏幕时，应用会计算出你在真实 3D 空间坐标中指示的可能位置。我们将在那里移动根位置。我们将使用名为 SolarSystemHitHandler 的脚本完成此操作：

1) 在 Scripts 文件夹中，创建一个名为 SolarSystemHitHandler 的新 C#脚本。

2) 将它作为组件拖放到 SolarSystem 对象中。

3) 然后，打开脚本进行编辑，如下所示。

```csharp
File: SolarSystemHitHandler.cs
using System.Collections;
using System.Collections.Generic;
using UnityEngine;
using UnityEngine.EventSystems;
using UnityEngine.XR.iOS;
public class SolarSystemHitHandler : MonoBehaviour {
  public Transform anchor;
  void Update () {
    List<ARHitTestResult> hitResults;
    ARPoint point;
    if (Input.touchCount > 0 && anchor != null) {
      var touch = Input.GetTouch(0);
      if
(!EventSystem.current.IsPointerOverGameObject(Input.GetTouch(0).fingerId)
&& touch.phase == TouchPhase.Began) {
        Vector3 screenPosition =
Camera.main.ScreenToViewportPoint(touch.position);
        point.x = screenPosition.x;
        point.y = screenPosition.y;
        hitResults =
UnityARSessionNativeInterface.GetARSessionNativeInterface().HitTest( point,
          ARHitTestResultType.ARHitTestResultTypeExistingPlaneUsingExtent);
        if (hitResults.Count == 0) {
          hitResults =
UnityARSessionNativeInterface.GetARSessionNativeInterface().HitTest( point,
          ARHitTestResultType.ARHitTestResultTypeHorizontalPlane);
        }
        if (hitResults.Count == 0) {
          hitResults =
UnityARSessionNativeInterface.GetARSessionNativeInterface().HitTest( point,
          ARHitTestResultType.ARHitTestResultTypeFeaturePoint);
        }
        if (hitResults.Count > 0) {
          anchor.position = UnityARMatrixOps.GetPosition(
hitResults[0].worldTransform);
          anchor.rotation = UnityARMatrixOps.GetRotation(
hitResults[0].worldTransform);
        }
      }
    }
  }
}
```

我们首先声明一个 public Transform anchor，将它分配给 SolarSystem 的根节点的父项。

脚本的主体是 Update（）函数，它监听用户的屏幕触摸事件（Input. GetTouch（））。如果它不是 UI 按钮，请单击（if（!EventSystem. current. IsPointerOverGameObject（Input. GetTouch（0）. fingerId）），然后它尝试确定相应的真实世界锚点。

当 ARKit 扫描你的房间时，它会生成非常多的平面。当我们将屏幕的点映射到世界空间（使用 ScreenToViewportPoint 函数）时，我们应该按照逻辑意义顺序对每种平面进行测试，即

- ARHitTestResultTypeExistingPlaneUsingExtent：一个前景平面，检测到它的边缘，但不要超出边缘。
- ARHitTestResultTypeHorizontalPlane：水平平面，如桌面或地板。
- ARHitTestResultTypeFeaturePoint：任何连续曲面。

有关可能的命中测试结果类型的完整列表，请参阅 https://developer. apple. com/documentation/arkit/arhittestresulttype? language = objc。

如果找到符合的对象，则调用 ARKit Unity 辅助函数 UnityARMatrixOps，执行数学运算将点转换为 3D 真实世界锚点。然后将锚点（根）对象的变换位置移动到那里，将 SolarSystem 置于新的位置。

4）保存脚本，然后回到 Unity，将 Root 对象从"Hierarchy"面板中拖放到其组件的 Anchor 插槽中。

接下来构建并运行。应用程序启动后，使用设备摄像头扫描你的房间，当你想看到它时触摸屏幕选择放置太阳系。

5. 13. 1. 4　动画速度 UI

对于此项目 ARKit 实现的最后一步，我们将继续并添加一个屏幕按钮以减慢行星轨道速度，就像我们之前在添加主速度 UI 部分中所做的一样。我们将在这里列出相同的步骤；详情请参阅前面的部分：

1）在"Hierarchy"面板中，选择 Create｜UI｜Canvas 创建一个画布。

2）选择 Canvas 并将 UI Scale Mode 更改为 Constant Physical Size。

3）选择 Canvas 后，右键单击选择 UI｜Button 创建一个按钮。

4）按 Anchor Presets 图标打开预设对话框。

5）按下键盘上的 Alt 键 + Shift 键，然后单击右下角的图标。

6）在"Hierarchy"面板中，展开 Button 并选择 Text。改变文字为 Slow。

7）在 Button 上，选择 Add Component｜Event｜Event Trigger。

8）选择 Add New Event Type｜PointerDown，然后在 Pointer Down 列表中单击加号图标。

9）将 GameController 从"Hierarchy"面板拖放到 Object 插槽中。然后，在函数列表中选择 MasterControls｜SlowTime（）。

10）再次，对于 PointerUp 事件，选择 Add New Event Type｜PointerUp，然后单击加号图标。

11）将 GameController 拖放到 Object 插槽中，然后在函数列表中选择 MasterControls｜ResetTime（）。

再一次构建并运行。现在有一个 Slow 按钮。当你按下这个按钮时，行星运行将会减速，例

如减速后每个地球日将会变为24s，而在默认快速模式下每个地球年为18s。

欢呼！这太酷了！

5.13.2 使用 MixedRealityToolkit 在 HoloLens 构建与运行

对于可穿戴式 AR 设备（如 HoloLens），没有必要使用标识；早些时候，我们使用 Vuforia 在 HoloLens 上构建与运行应用程序以进行对标识的识别。相反，我们可以使用空间建图来定位，将虚拟对象放置在空间中的位置。为此，我们根本不需要使用 Vuforia。我们使用 Microsoft 的 MixedRealityToolkit for Unity 技术在 HoloLens 平台上实现。

在我们项目的手持设备版本中，我们提供了一个屏幕空间按钮来切换行星运行的时间速度。我们还提供了独立的 AR 标识卡片，让用户将他们的视角集中在特定的星球上。对于 HoloLens 而言，将简化这一点。我们将提供一个单一选项，可以在快速旋转的全太阳系视图与放慢后变焦到地球为中心之间切换。幸运的是，我们可以只使用一个额外的脚本来替代之前编写的大部分代码。

5.13.2.1 创建场景

首先，我们将创建一个新的 Unity 项目，接下来导入工具包，然后将 SolarSystem 软件包与之前导出的预制体一起导入。MixedRealityToolkit 提供了一些便捷的快捷方式作为预制体与提供的脚本：

1）创建一个的新 Unity 3D 项目，命名为 SolarSystem-holo。

2）导入 Unity 包的 MixedRealityToolkit 插件（如果你尚未下载它，可以在 https://github.com/Microsoft/MixedRealityToolkit-Unity 中找到它）。

3）选择 MixedReality｜Configure｜Apply HoloLens Scene Settings 并接受。在这会进行摄像头设置。

4）保存场景并为其命名，例如 solarsystem。

5）选择 MixedReality｜Configure｜Apply HoloLens Project Settings 并接受。在这会进行构建设置。

6）选择 MixedReality｜Configure｜Apply HoloLens Capability Settings 并接受。在这会进行播放器设置。

7）重置摄像头 Transform，使其位置为（0，0，0）。

8）从场景中删除默认的 Directional Light 选项。

9）在 Lighting 窗口选项卡中，删除 Skybox 材质，并将环境颜色设置为黑色。

10）为了避免遗忘，在 Build Settings 中，将 Add Open Scenes 设置为构建场景。

11）保存场景与项目。

> ⓘ 就个人而言，我更喜欢将摄像头的近剪裁平面设置得更近（如 0.3），但对这个项目而言，我更愿意在 Lighting 设置中留出一些环境光线（例如，RGB 0.25、0.25 或 0.25），以便你仍然可以看到每个星球的另一侧。

你可以通过选择 Window｜Holographic and Connect 将 HoloLens 设备连接到 Unity 并单击 Play 按钮来测试场景。

然后将测试版本发布到设备。选择 Build，在 Visual Studio 中打开，设置 Release、x86 与 Remote Machine（或模拟器），并选择 Debug｜Start without Debugging。

5.13.2.2　添加用户选择的大小比例与时间

为了处理输入事件，我们将首先添加一些组件到场景中，包括一个 Unity 事件系统、一个 HoloToolkit Input Manager 与一个光标。请执行以下步骤：

1）转到 GameObject｜UI｜Event System，将其添加到场景"Hierarchy"面板中。

2）从项目 Assets/HoloToolkit/Input/Prefabs 文件夹中，将 InputManager 拖放到"Hierarchy"面板中。

3）从项目 Assets/HoloToolkit/Input/Prefabs/Cursors 文件夹中，将 BasicCursor 拖放到"Hierarchy"面板中。

请注意，你可以选择修改光标的外观与行为。为了使光标正常工作，它需要与场景中的对象产生互动。目前，我们没有在单个行星上增加碰撞体；我们现在可以做到这一点。相反，我们将为整个太阳系添加一个大的球形碰撞体，以便进入地球视野。回到太阳系视图，添加一个碰撞体到太阳系里面（如果后来你决定加强这个项目，并允许单击单个行星，那么应该给每个行星添加碰撞体）。

4）从"Hierarchy"面板中选择 SolarSystem，然后选择 Add Component｜Physics｜Sphere Collider。

5）将碰撞体的半径调整到 60 左右，以覆盖太阳系的范围，包括冥王星。

6）从"Hierarchy"面板中选择 Sun，然后选择 Add Component｜Physics｜Sphere Collider。

请注意，如果你单击 Sphere Collider 组件中的 Edit Collider 图标，则可以在 Scene 窗口中看到（并修改）边界线并用绿线显示。我们需要它是球形的，以太阳为中心。由于行星在轨道运行，行星围绕在太阳周围。带有 Sphere Collider 的 Scene 窗口显示如图 5-37 的屏幕截图所示。

接下来，让我们编写一个脚本来处理选择事件。对于初学者来说，它只会向控制台输出一条消息：

7）在"Hierarchy"面板中，选择 SolarSystem 并创建一个新的 C#脚本，将其命名为 ViewToggler。

8）打开脚本进行编辑，如下所示：

```
File: ViewToggler.cs
using UnityEngine;
using HoloToolkit.Unity.InputModule;

public class ViewToggler : MonoBehaviour, IInputClickHandler {

    public void OnInputClicked(InputClickedEventData eventData) {
        Debug.Log("CLICKED");
    }
}
```

现在，当你运行并查看太阳系时，光标应该改变其形状，表明它已准备好输入。当你使用

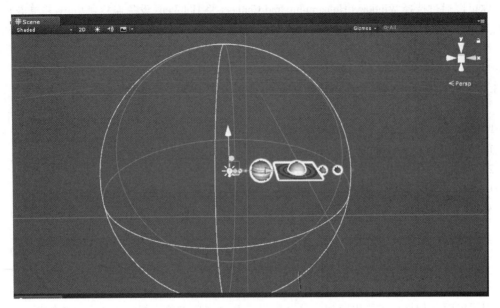

图　5-37

Select 手势时，CLICKED 字样会在控制台中打印出来（如果你使用 Unity Holographic 编辑器仿真，则会出现日志消息；否则，你可以在设备上测试它并看到光标变化，但不一定会看到日志消息）。

我们准备好实现该功能。如前所述，当用户选择场景时，它将在以太阳为中心的初始视图比例之间切换，并将 Gametime Per Day 设置为 0.05。然后，你可以切换到以地球为中心，设置为 10 倍比例，并减慢到 24 GameTime（1s 等于地球 1h）。

该代码将引用我们之前编写的另一个组件脚本 PlanetView，它修改了太阳系的位置偏移以便于想看到的行星会位于中心位置：

9）在 "Hierarchy" 面板中选中 GameController，然后选择 Add Component | PlanetView。

10）将 SolarSystem 对象从 "Hierarchy" 面板拖放到组件的 Solar System 插槽中。

将 Planet 插槽保留为空，因为只有当处于地球缩放视图时，它才会被执行。代码如下：

```
File: ViewToggler.cs
public class ViewToggler : MonoBehaviour, IInputClickHandler {
    public Transform earth;
    public float earthScaleFactor = 10f;

    private bool earthView = false; // T=zoom into earth, F=full solar
system
    private MasterControls controls;
    private PlanetView view;
    private Vector3 startScale;

    private void Start() {
```

```
    GameObject controller = GameObject.Find("GameController");
    controls = controller.GetComponent<MasterControls>();
    view = controller.GetComponent<PlanetView>();
    startScale = view.solarSystem.localScale;
}

public void OnInputClicked(InputClickedEventData eventData) {
    Debug.Log("CLICKED");
    if (earthView == true) {
        // switch to solar system view
        controls.ResetTime();
        view.planet = null;
        earthView = false;
        view.solarSystem.localScale = startScale;
    } else {
        // switch to earth view
        controls.SlowTime();
        view.planet = earth;
        earthView = true;
        view.solarSystem.localScale = startScale * earthScaleFactor;
    }
}
}
```

读取代码，你可以看到我们为地球对象变换（transform）定义了公共变量，并为该视图定义了尺寸比例因子。我们还声明了四个私有变量来保存视图的当前状态，包括布尔变量 earthView，当我们在地球视图上时这个变量为 True，当我们在 SolarSystem 视图上时为 False。

在 Start( ) 方法中，我们获得对场景中 GameController 的引用，并获取它的 MasterControls 与 PlanetView 组件，以便我们可以引用它们的当前值。注意 startScale 被假定为默认的 SolarSystem 变换比例。

当检测到单击时，调用 OnInputClicked（这是 HoloToolkit 输入系统的一部分）。在这里我们修改时间（controls. Reset( )/SlowTime( )）、太阳系中心（空/地球）与缩放比例（startScale 与 10x）。

11）现在我们只需将 Earth- Moon 对象从"Hierarchy"面板拖放到 ViewToggler 组件的参考插槽中即可。

12）保存你的工作并试一试！

> **TIP** 此时，你可能希望通过让用户在真实世界中定位并调整太阳系的大小来进一步改善你的项目。我们鼓励你进一步探索。HoloToolkit 使这非常简单。查看 https://developer. microsoft. com/en- us/windows/mixed- reality/holograms_211 上的 Holograms 211 教程。

5. 14　本章小结

在本章中，我们建立了一个科学教育项目，就像学生时代那样；然而，我们没有使用电线与聚苯乙烯泡沫塑料球，而是用 AR 技术展示了太阳系。

在这里，我们使用了编码标识制作的特殊卡片让虚拟物体与真实世界进行交互，每个星球视图都有一个卡片。这个想法可以扩展到书中的页面或产品标签上，而不是卡片。

我们的第一步是制作地球，使用地球表面等矩形纹理来构建映射到球体的材质。然后，我们为地球的夜晚添加了第二个纹理。同样，我们构建了所有九个行星，以及月球与太阳。根据 NASA 的数据，每个球体都被精确地缩放与旋转，但是在某些情况下，我们压缩了空间与时间的数值来更为实际地展示距离与轨道。另外太阳是我们的光源。

我们还学会了使用 C#编写 Unity 程序，编写简短脚本来旋转与环绕行星，移动中心视角，并根据用户输入按钮改变时间尺度。在此过程中，我们还探索了构建项目文件，构建对象"Hierar-chy"面板以及为全局参数设置主控制器的方法。

我们还花了一些时间与篇幅来为移植项目到不同设备与平台（总共七个）提供指导。我们使用 Vuforia 工具包为 Android、iOS 与 HoloLens 构建项目。我们对该项目进行了重构，以便为 Android 与 iOS 使用开源的 ARToolkit。然后，我们考虑了如何针对无标识增强现实平台重新开发项目，包括 Apple ARKit 与 Microsoft HoloLens 的 MixedRealityToolkit。

在下一章中，我们将再次考虑一个教育应用程序，而不是模拟虚拟对象，它将更像是教程或指导说明，我们将编写一个应用程序，帮助你更换汽车上的轮胎！在此过程中，我们将深入研究 Unity 的 UI（用户界面）组件，屏幕空间与输入事件，并学习如何对用户体验进行排序。

第 6 章

更换漏气轮胎

AR 技术的一个重要应用领域就是专业培训与工业培训，包括设备维护与操作手册。多年来，传统纸质文件已经被数字媒体代替。首先是 DVD，然后是基于网络的在线文档，然后可能会是移动应用程序。未来将是使用 AR 来实现更多交互式与沉浸式的媒体。

在本章中，我们将一步步地指导你构建一个应用程序，用来指导使用者更换汽车瘪了的轮胎。一些标签与注释将叠加在真实世界的对象上。你只需单击 Next 按钮来浏览整个过程。

对于这个项目，我们将从 wikiHow 现有的基于网络的教程开始，将其转换为常规移动应用程序，然后使用 AR 功能对其进行增强。这模拟了类似的真实世界中的业务情况。

我们还将以此为契机介绍 Unity 开发人员所喜欢的重要编程模式。这些模式（包括抽象类、继承、事件观察者与序列化数据）将使代码更加清晰、更加灵活，并且从长远来看更易于维护。如果你是编程新手，请继续学习研究。如果你是一位经验丰富的开发人员，你可能会明白我们正在将这些案例提升一个档次。

这个项目分为两章。在本章中，我们将构建一个传统的非 AR 版本的应用程序。下一章将把该项目转换为 AR。在本章中，你将了解以下内容：

- 软件设计模式。
- 屏幕空间 UI（用户界面）、布局与滚动。
- 从 CSV 文件导入数据。
- 重构你的应用程序以使用 Unity 事件与类继承。
- 使用图像、视频片段与视频播放器。

我们的实现针对 Android 移动设备进行开发，但不仅限于使用这些设备。如果你更喜欢在（PC 或 Mac）上开发，这也是可以的。

6.1　项目计划

在我们开始实施该项目之前，首先确定它有助于什么，我们要做什么，确定我们将使用的资源并制定计划。

6.1.1　项目目标

该应用程序的目标是提供关于如何更换轮胎的循序渐进教程，当有人最需要它时可以现场使用，更换一只瘪了的轮胎！

我们将从 wikiHow 文章"如何更换轮胎"开始，而不是从头开始创建我们自己的内容，我们将从 http://www.wikihow.com/Change-a-Tire（经 Creative Commons 许可）开始。我们正在使用它来说明如何使用 AR 技术指导手册。图 6-1 的屏幕截图显示了 wikiHow 文章页面。

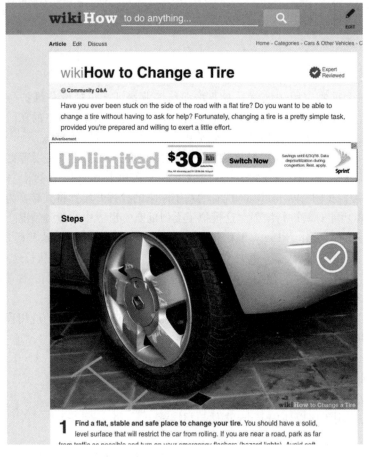

图　6-1

说实话，我们能发现这篇带注释图片与视频的 wikiHow 文章是纯粹靠运气与偶然。当我们首先确定本章的主题时，我们会自己写下所有的我们想要做的步骤。然后我们又发现了 wikiHow 文章。更好的是，图像与视频已被标记出来，这非常符合我们项目的目标——展示真实世界图像的价值。将这个概念移到 AR 项目中，有助于说明这是内容呈现的下一个步骤。

内容将从 Google 电子表格导入到项目中。这也是一个现实的场景，其中一个人或团队可能正在开发与维护应用程序代码，而另一些人可能负责撰写与编辑内容。

6.1.2　用户体验

用户会看到什么？用户将如何互动？用户的目标是什么？应用程序如何帮助实现这些目标？在设计应用程序时，考虑用户体验至关重要，而不仅仅是技术实现方面的挑战。

6.1.2.1　移动版本

该项目的第一个迭代将是一个简单的移动应用程序。打开应用程序以查看标题屏幕。将会有 Next 与 Previous 按钮来逐步指示。预期每个步骤将会包含显示标题、正文文本与图像或视频。图 6-2 的屏幕截图显示了完成的移动版本。

6.1.2.2　AR 移动版本

AR 移动版本的应用程序将把增强现实技术应用进来。它的步骤是一样的，但你可以在 AR 环境中看到它们，并且可以将摄像头指向瘪了的轮胎，而应用程序会通过为你标注真实世界图像而进行相应的指导。

图　6-2

在图像捕捉模式下（当用户告诉应用程序要标注什么轮胎时），用户将在屏幕上看到一个图形。如前所示，要求将摄像头对准轮胎，以便它完完全全地填满圆形。然后单击 Capture 按钮捕捉用户定义的 AR 标识。

图 6-3 是关于应用程序如何使用的概念照片。

然后，该视图将通过与当前步骤相关的图形注解进行相应注释。例如，第 3 步将显示如何用砖块阻挡好轮胎，第 6 步将说明如何拧松轮胎的螺母。

图　6-3

6.1.2.3　无标识 AR

借助全息或基于锚点的 AR 技术，这些设备能够扫描你的环境并映射周围的 3D 空间。当你将 AR 图像添加到场景中时，它将锚定在特定的 3D 位置。它使用传感器来扫描与建模 3D 空间。

这种类型的 AR 场景不使用标识来识别跟踪。标识图像不是必需的，通常也不支持这些工具包。因此，完全不需要使用 Vuforia 开发工具包。我们可以使用 Apple ARKit 来实现开发 iOS 版本、使用 Google ARCore 来实现开发 Android 版本以及使用 Microsoft 的 MixedRealityToolkit for Unity 来实现开发 HoloLens 版本的内容。因此也不需要屏幕空间 UI。所有内容与导航元素都将位于 AR 世界空间中。

6.1.3　AR 标识

这个项目中 AR 标识将是在运行时捕获的用户定义的图像。借助 Vuforia，用户定义的标识意味着你可以使用设备的摄像头在运行 AR 时定义 AR 标识，然后应用程序将定位并识别该图像以显示关联的虚拟对象。这在这个项目中是有意义的，这种项目不可能提供预定义的标识数据库，因为每辆汽车的轮胎都不是完全一样的，在不同的条件下，位于独特的环境中。

用户定义标识的图像质量要求与自然特征标识的图像质量要求相似。你希望它们在细节上丰富，有鲜明的对比度，而且没有重复的图案。我们不需要担心它的易用性，因为我们的用户可以在运行时捕获标识。我们将提供一个用户界面，让用户捕捉标识，但如果标识不符合最低细节与图案质量标准，则会显示通知。

如果你的 AR 工具包不支持用户定义的标识，或者由于其他原因不切实际，你可以使用打印出来的纸质标识，就像我们在第 5 章中使用的那样。我们的意思是，除了使用 Vuforia 的动态图像捕捉功能，你还可以打印出预定图像或标记，将其粘贴到轮胎的轮毂盖上，然后开发应用程序以识别这个标识。

6.1.4　图像资源与数据

仔细阅读 wikiHow 文章，并考虑组成每个教学步骤的各种元素。我们发现每条说明可能包含以下数据：

- 步骤编号（整数，必需）。
- 标题（字符串，必需）。
- 文本（字符串，必需）。
- 图像（PNG 或 JPG，可选）。
- 视频（MP4，可选）。
- AR 图形（Unity 预制体，可选）。

我们已经准备了一份 Google 工作表，它包含每个指导步骤的行与每个数据字段的列，如图 6-4 所示。

	Step	Title	Text	Image	Video	Graphic
2		0 How to Change a Tire	Have you ever been stuck on the side of the road with a flat tire? Do you want to be able to change a tire without having to ask for help? Fortunately, changing a tire is a pretty simple task, provided you're prepared and willing to exert a little effort.			
3		1 Find a flat, stable and safe place to change your tire.	You should have a solid, level surface that will restrict the car from rolling. If you are near a road, park as far from traffic as possible and turn on your emergency flashers (hazard lights). Avoid soft ground and hills.	step1		
4		2 Apply the parking brake and put car into "Park" position.	If you have a standard transmission, put your vehicle in first or reverse.		step2-video	
5		3 Block other tires	Place a heavy object (e.g., rock, concrete, spare wheel, etc.) in front of the front and back tires.		step3-video	

图　6-4

步骤编号从 0 开始，然后编号从 1～14，完全模仿包含 14 个步骤的 wikiHow 文章。标题与文本直接从网页中借用。然后我们有三个可选列：

- 如果该步骤包含图像（PNG 或 JPG），我们在其中放置文件的名称。

- 如果该步骤包含视频（MP4），我们在其中放置文件的名称。
- 如果该步骤包含 Unity 预制体，我们在其中放置预制体的名称。

我们将使用到的图像与视频文件位于项目的资源目录中，并在构建时嵌入到资源文件中。或者，我们可以直接在 wikiHow 网站上提供资源的 URL，并让我们的应用程序在运行时从那里加载它。我们决定不在这个项目中使用 URL 这种形式，我们尽量让这个项目变得简单一些，并避免在我们发布之后，wikiHow 网站的内容发生变更而破坏我们项目的内容。这个项目是一个简单的尝试，你可以按照自己的意图做出相关的选择。

> **TIP** 这个应用程序可以完全独立于内容而被创建，使用可下载的内容让它能成为一个更通用的移动 AR 指导手册。Unity 提供了使用 AssetBundles 在运行时动态地将资源添加到应用程序的功能。几乎可以包含任何内容，例如模型、纹理、声音或动画。即使是说明、CSV 数据文件与图形预制体，也可以通过随时访问互联网从而进行更新或替换你应用程序里的资源。请参阅 https://docs.unity3d.com/Manual/AssetBundlesIntro.html。

在 Google 表格中，你可以按如下方式导出数据：

1）选择 File | Download As | Comma Separated Files。

2）将它重命名为 instructionsCSV.csv，以与本章后面给出的说明保持一致。

我们还在本书附带的文件包中包含了 CSV 文件、图像与视频的副本。

我们将在下一章中逐步完成 AR 视图中使用的图形注释，正如我们所知道的那样。这些图形将作为预制体驻留在项目资源中。

6.2　软件设计模式

软件设计模式并非是死板的不可改变的编程规则，而是针对软件设计中常见问题的通用可重复使用的解决方案。多年来，人们已经确定了这些模式并给出了它们的名字。细节通常取决于上下文以及面向的对象。拥有设计模式有助于避免在每个项目中重复工作，参考以前的问题解决方案，是更为节约时间和成本的。它为我们提供了一系列词汇来讨论如何实施我们的项目。

> **ⓘ** 要了解更多关于软件设计模式的信息，我们推荐以下书籍：
>
> Head First Design Patterns：A Brain Friendly Guide，Freeman et al.——一种流行的、实用的、不太正式的学习设计模式的方法（2004）
>
> Patterns of Enterprise Application Architecture，Martin Fowler——来自面向对象设计先驱的经典书籍（2002）
>
> Design Patterns：Elements of Reusable Object-Oriented，Gamma et al.——"the gang of four"设计师关于设计模式的原著（1994）

在我们开始项目之前，先谈谈一些我们将要使用的软件设计模式。这些包括以下内容：

- 模型—视图—控制器（Model- view- controller）。
- 对象封装（Object encapsulation）。
- 类继承（Class inheritance）。
- 事件观察者模式（Event observer pattern）。

在这个项目中，我们使用了 Model- View- Controller（MVC）架构。模型是你的数据，视图是屏幕布局，控制器管理来自用户的事件，确保屏幕上显示正确的数据更新的内容。请参阅图 6-5 的说明。

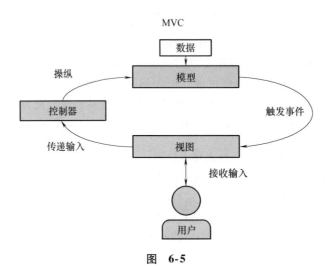

图 6-5

该视图独立于内容数据。将其视为布局模板。视图交给一些数据（模型）以显示在屏幕上。在这个应用程序中，说明如何更换轮胎的指导步骤是数据。然后，控制器将它们连接在一起，跟踪用户当前正在查看的步骤，响应用户输入并在步骤之间进行导航。

我们将创建一个 Instruction Model 类，将从外部数据库文件加载的指令数据解析成为我们可以使用的 C#对象。它将使用 C#类实现一个简单的面向对象编程（OOP）接口。数据将来自外部电子表格 CSV 文件。将会有一个公共函数 GetInstructionStep( )，它返回特定数据记录的数据，我们将其命名为 InstructionStep。

OOP 的一个特点是对象尽可能保持私有数据，限制系统其他部分通过其公共函数接口进行访问。这被称为封装，如图 6-6 所示。

我们还将创建一个 Instructions Controller 来管理 UI 与应用程序的当前状态。它确保用户界面显示正确的信息。它将提供函数 NextStep( )（由 Next 按钮调用）与 PreviousStep( )（由 Previous 按钮调用）。

控制器还将处理一个 OnInstructionsUpdate 事件，该事件将事件转发到标题、正文文本、图像与视频 UI 元素，这些元素正在侦听并通过向屏幕添加数据进行响应。使用此事件驱动模式将提供一种干净的方式，以确保在用户单击 Next 或 Previous 按钮时更新 UI。这就是我们在 Unity 项目中经常使用的 eventobserver 设计模式，如图 6-7 所示。

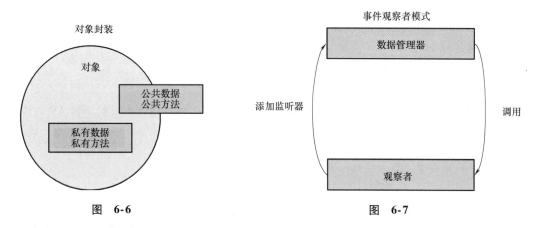

图　6-6

图　6-7

正如你可能意识到的那样，在面向对象的编程中，我们讨论了很多类与对象的概念。类（Class）定义了一种对象（Object）的属性与功能。对象是特定的实例。Dog 类，都有四条腿与吠叫。Dog 的一个实例可能被命名为 Spot。Dog 是 Mammal 的一种（例如，源自 Mammal 类）。如果哺乳动物护理他们的孩子，Dog 继承 Mammal 护理其孩子的属性。

在 Unity 中，你的脚本通常继承 Unity 提供的基类 MonoBehaviour。这些脚本获得 Unity 提供的所有 MonoBehaviour 优点，包括你可以定义的 Start( ) 与 Update( ) 方法，并且可以从引擎中调用。在我们的项目中，我们还将创建一个基类 InstructionElement，然后开发从它继承的新类。图 6-8 说明了 InstructionElement 的类继承及其子类。

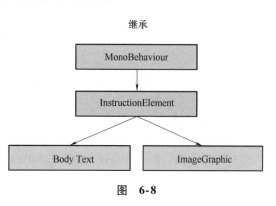

图　6-8

我们将在本章后面讨论这些设计模式，因为我们会在代码中使用它们。但是首先我们来构建一个用户界面。好了，让我们开始吧！

6.3　创建工程

这个项目的第一个版本是一个移动应用程序，可以让你逐步完成更换轮胎。与前几章不同的是，这个项目的第一个版本不会使用 AR 技术。所以 Unity 项目设置非常简单。

1）打开 Unity 并创建一个新的 3D 项目，并将其命名为 "How to Change a Tire"。

2）保存空白场景并将其命名为 Main。

为你的目标平台设置项目。为了接下来的讨论，我们将假定目标版本是 Android 平台。

1）选择 File│Build Settings，进行构建设置。

2）将平台切换到 Android。

3）添加当前场景并单击 Add Open Scenes。

4）选择 Player settings，然后设置你的 Identification Package 名称（com. Company. Product）与最低 API 级别（Android 5. 1）。

如果你正在开发 iOS 或 Windows UWP，请相应地设置平台。

> ⓘ 在这个项目中我们没有使用 AR 技术进行开发，所以你不用遵循本书前面的 AR 或者虚拟现实的设置，下一章我们会使用 AR 技术开发项目。

现在在项目资源中创建一些我们即将使用的空文件夹很有用。

1）在项目窗口中，选择根目录 Assets/文件夹。

2）在 Assets 文件夹中，创建一个新文件夹，命名为 HowToChangeATire。

3）在 Assets/HowToChangeATire 文件夹中，创建四个新文件夹：Resources、Scenes、Scripts、Textures，如图 6-9 所示。

4）将主场景文件移动到新的 Scenes 文件夹。

5）保存你的工作（保存场景，然后保存项目）。

图　6-9

好的，现在我们可以开始构建第一个场景。

6.4　创建 UI（视图）

用户界面（UI）将由屏幕顶部的导航栏与对应的内容面板组成。我们分别将导航面板与内容面板设置为全屏幕 Instruction Canvas 的子项。

在开发我们的屏幕空间 UI 视图时，处理场景的 2D 视图将会很有用。这将允许你在创建 UI 时看到视图。

1）将场景视图从 3D 更改为 2D。

2）同时显示"Scene"窗口与"Game"窗口。

图 6-10 显示了单击 2D 选择按钮后的场景窗口。

6.4.1　创建说明画布

首先，我们首先创建一个新的画布。

1）在"Hierarchy"面板中，选择 Create│UI│Canvas，创建一个画布，并将其命名为 Main Canvas。

2）在"Hierarchy"面板中双击 Canvas，使其适合当前视图。

我们要确保正在编辑的画布与屏幕大小相匹配。

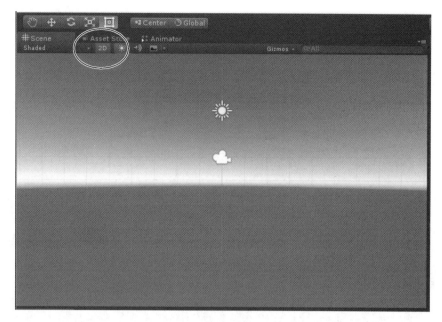

图　6-10

3）在 Game 窗口中，将分辨率更改为其中一个预设分辨率（非自由宽高比），例如 480 ×
800，这是一种移动肖像形状。

当前的 Scene 视图与 Game 视图是空的，对于设备的屏幕画布如图 6-11 所示。

你现在可以放大画布，我们可以开始规划 UI。

当应用程序运行时，我们希望画布保留在屏幕空间中，并且它应该正确显示它的屏幕大小。
使用我们 Game 窗口中的分辨率，在 Main Canvas 中使用以下设置：

1）在"Inspector"面板中，将 Render Mode 设置为 Screen Space-Overlay。

2）将 UI Scale Mode 设置为 Scale With Screen Size。

3）将 Reference Resolution 设置为 480 × 800。

图 6-12 显示了 Main Canvas 的"Inspector"面板。

请注意，创建画布还会自动创建一个 Event System，这对于任何 UI 元素（如按钮）来说都是
必需的，以接收与响应用户输入事件。

6.4.2　创建导航面板

在 Main Canvas 下创建一个导航面板，高度为 50 个单位，并位于屏幕的顶部。它将包含一个
步骤编号与 Next/Previous 导航按钮。

1）在"Hierarchy"面板中，选择 Main Canvas，右键单击选择 UI | Panel 创建一个面板，并
将其命名为 Nav Panel。

2）将其 Height 设置为 50。

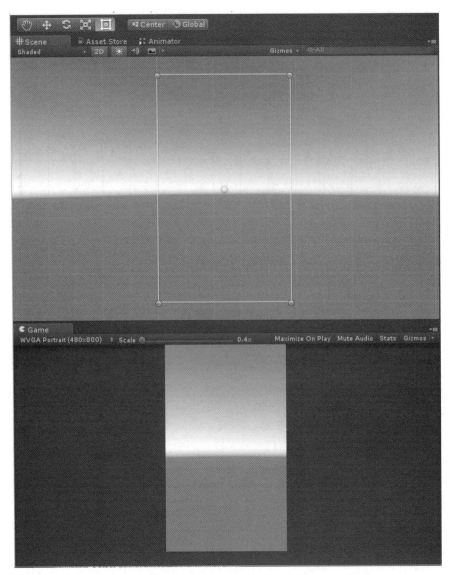

图 6-11

3）将 Anchor Presets 设置为 Top/Stretch。

4）在 Rect Transform 中，将面板的高度设置为50。

5）然后，再次在 Anchor Presets 中，使用 Alt 键并单击 Top/Stretch 以将面板定位在画布顶部的锚点上。

现在在"Inspector"面板中 Nav Panel 的 Anchor Presets 设置显示如图 6-13 所示。

要设置应用程序栏的样式，请移除 Nav Panel 的 Source Image，并将颜色设置为鲜明且不透明的色调，如蓝绿色，如下所示：

图　6-12

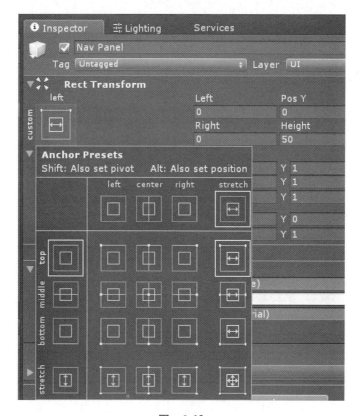

图　6-13

1）将其 Source Image 设置为 none。

2）将其 Color 设置为 RGBA（74，182，208，255）或#4AB6D0FF。

面板上分别在左侧与右侧显示 Previous 与 Next 按钮，按钮的中间有一个标题。以下是设置的步骤：

1）在"Hierarchy"面板中，选择 Nav Panel，右键单击并选择 UI｜Text。

2）将其命名为 Step Text。

3）将其 Paragraph Alignmen 设置为 Middle/Center。

4）将其 Color 设置为白色（#FFFFFFFF）。

5）将 Font Size 设置为 25。

6）确保 Anchor Presets 设置为 Middle/Center，如果它尚未定位在那里，请按下 Alt 键 + 单击使其跳转到 Middle/Center。

7）将其 Text 字符串设置为 Step #。

Nav Panel 的子 Step Text 设置如图 6-14 所示。

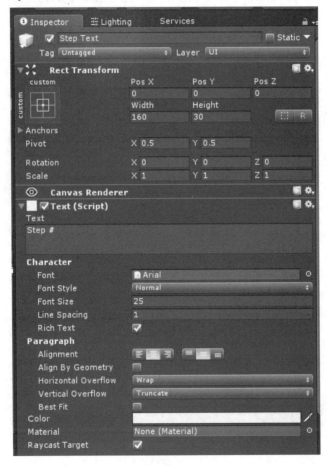

图　6-14

现在我们来制作按钮。Previous 按钮将位于左侧并显示一个向左的箭头：

1）选择 Nav Panel 后，右键单击并选择 UI｜Button 创建一个按钮。

2）将它命名为 Previous Button。

3）将 Rect Transform Width 更改为 50。

4）将 Anchor Presets 设置为 Middle/Left，然后按住 Alt 键 + 单击以将其移动到那里。

5）将其 Source Image 设置为 None，Color 设置为 Alpha 通道为 0。

6）在按钮的（子）文本中，将 Text 设置为"＜"（小于符号），Font Size 为 25，Style 为 Bold，Color 为白色（#FFFFFFFF）。

Next 按钮将位于右侧并显示一个向右的箭头：

1）复制按钮，将其重命名为 Next Button，将 Anchor Presets 设置为另一侧，并将 Text 更改为"＞"（大于符号）。

2）将 Font Size 设置为 25。

场景中的 Nav Panel 及其对象在"Hierarchy"面板中的当前状态如图 6-15 所示。

图　6-15

此时，我们建议你保存你的工作（保存场景并保存项目）。

6.4.3　创建内容面板

作为 Main Canvas 的子项，创建一个名为 Content 的新面板，其中包含纯白色的背景，我们将为其提供一个垂直的布局，其中任何子 UI 元素都从面板顶部以堆栈形式排列并向下展开。

1）在"Hierarchy"面板中，选择 Main Canvas 并右键单击以创建 UI｜Panel，将其命名为 Content。

2）将 Anchor Presets 设置为 Top/Stretch，然后按住 Shift 键 + 单击将其枢轴点也设置在顶部，最后按 Alt 键 + 单击将其放置在那里。

3）将其 Height 设置为 750。

4）将其 Pos Y 设置为 -50，以便为导航栏留出空间。

5）将面板样式设置为透明。

6）将其 Source Image 设置为 None（使用圆环图标或按 Delete 键）。

7）将其 Color 设置为白色，Alpha 通道设置为 255，这样它就是不透明的白色（# FFFFFFFF）。

其"Inspector"面板设置如图 6-16 所示。

图 6-16

现在我们将添加一个 Vertical Layout Group，并且我们要确保它强制展开的是宽度而不是高度。并且在顶部为我们的标题栏腾出空间（50 像素）。

8）选择 Add Component | Layout | Vertical Layout Group。

9）将 Child Alignment 设置为 Upper Center。

10）选择 Control Child Size 中的 Width 与 Height。

11）在 Child Force Expand 中取消选中 Width 与 Height。

12）展开 Padding，然后将 Left 与 Right 设置为 10，将 Top 设置为 20，将 Bottom 设置为 10，将 Spacing 设置为 20。

"Inspector"面板中的 Vertical Layout Group 设置如图 6-17 所示。

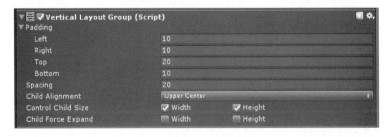

图 6-17

6.4.4　添加标题文本

现在为该说明的标题创建一个文本元素：

1）选择 Content Panel 后，选择 UI｜Text 添加一个文本。

2）重命名为 Title Text。

3）将 Font Style 设置为 Bold，Font Size 设置为 25。

4）将其 Text 字符串设置为 Title text。

6.4.5　添加正文文本

现在为我们的正文创建另一个文本元素：

1）选择内容面板后，选择 UI｜Text 创建一个文本。

2）将它重命名为 Body Text。

3）将 Font Size 设置为 25。

4）将其 Text 字符串设置为 Instruction text paragraphs。

5）保存你的工作（保存场景并保存项目）。

所以现在我们有一个全屏的说明画布，其中包含一个导航面板与一个说明面板。说明面板具有标题与正文文本的子面板。接下来，我们将图片与视频添加到其他可选的子面板中。你的布局与完整的"Hierarchy"面板现在应该如图 6-18 所示。

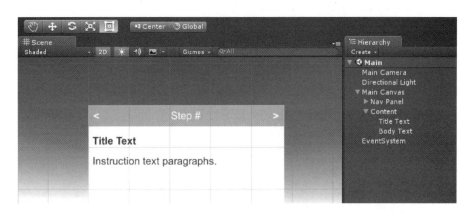

图　6-18

6.5　创建说明控制器

我们现在要为我们的项目创建一个控制器对象与脚本。这第一次实施将相对简单。本章后面将会进一步完善。

在 Unity 中，执行以下操作：

1）在 Project 窗口中，在 Assets/HowToChangeATire/Scripts/脚本文件夹中创建一个 C#脚本，并将其命名为 InstructionsController。

2）在"Hierarchy"面板中，选择 Create Empty 对象。

3）将它重命名为 Game Controller。

4）将 InstructionsController 脚本拖放到"Inspector"面板中，将其作为组件添加。

保存场景，然后打开脚本进行编辑。与大多数 Unity 脚本一样，这个类将来自 MonoBehaviour。我们编写了一些基于用户输入来更新用户界面所需的功能。打开 InstructionsController. cs 进行编辑并编写以下内容：

```
File: InstructionsController.cs
using System.Collections;
using System.Collections.Generic;
using UnityEngine;
using UnityEngine.UI;

public class InstructionsController : MonoBehaviour {
    public Text stepText;

    private int currentStep;

    void Start () {
        currentStep = 0;
        CurrentInstructionUpdate();
    }

    public void NextStep() {
        currentStep++;
        CurrentInstructionUpdate();
    }

    public void PreviousStep() {
        currentStep--;
        CurrentInstructionUpdate();
    }

    private void CurrentInstructionUpdate() {
        stepText.text = "Step: " + currentStep;
    }
}
```

请注意，在文件的顶部，我们添加了 using UnityEngine. UI，所以 Unity UI 组件将被识别到，包括 Text 引用。

该脚本将使用当前步号更新标题文本。它知道哪个文本元素要改变，因为我们声明了一个 public Text stepText。稍后，我们将在"Inspector"面板中介绍它。

在这个脚本中，我们跟踪 currentStep，它是一个在 Start（）中初始化为 0 的整数，在 NextStep（）中增加 1，并在 PreviousStep（）中减 1。每当步号改变时，我们调用 CurrentInstructionUpdate（）来更新屏幕上的文本。

保存脚本文件。

6.5.1　用 UI 连接控制器

回到 Unity，我们需要告诉组件关于我们的 Step Text UI 元素。

1）选择"Hierarchy"面板中的 Game Controller。

2）在 Main Canvas/Nav Panel/Step Text 路径中找到 Step Text 对象，并将其拖放到 Instructions Controller 的 Step Text 插槽中。

如果现在在 Unity 中单击 Play 按钮，则导航栏文本应该读取步骤 0（而不是步骤#）。

现在让我们将按钮连接到控制器：

1）在"Hierarchy"面板中，选择 Next Button（Instruction Canvas/Nav Panel/Next Button）。

2）在"Inspector"面板中，单击 On Click()中的"＋"以添加新的单击事件响应。

3）将 Game Controller 拖放到空的对象插槽上。

4）在其函数选择列表中，找到并选择 NextStep()函数，如图 6-19 所示。

图　6-19

5）对于 Previous Button，按照类似步骤，添加一个单击事件响应，拖动 Game Controller，并选择 PreviousStep()。

保存你的工作，然后单击 Play 按钮。现在当你单击 Next 与 Previous 按钮时（在 Game 窗口而不是 Scene 窗口！），步骤的文本被更新为计数器的值！这很简单。标题与正文文本尚未更新，我们将在下面的工作中进行。

另请注意，如果你继续单击 Previous 按钮，则步数可能为负值。下面我们也会解决这个问题。

6.6　创建说明数据模型

现在我们有一个 UI 与一个控制器，我们已经准备好完成我们的 MVC 体系结构并定义数据模型。将首先定义一个 InstructionStep 类，它代表说明步骤之一的数据内容。然后再定义一个 InstructionModel 类，它具有应用程序中使用的步骤列表。

6.6.1　InstructionStep 类

我们将开始创建一个新的 C#脚本并把它命名为 InstructionStep，该脚本基本上是电子表格中一行数据的数据结构或容器（以 CSV 格式），包括标题、正文文本、图像与视频字段。

1）在项目 Assets/HowToChangeATire/Scripts 文件夹中，右键单击并创建一个新的 C# 脚本并将其命名为 InstructionStep。

2）打开它进行编辑。

当 Unity 创建一个新脚本时，使用默认模板来创建 MonoBehaviour 派生的典型对象类。我们希望这只是一个简单的对象类，不希望它成为 MonoBehaviour 的类（不需要 Start/Update 函数）。

```
File: InstructionStep.cs
using System.Collections;
using System.Collections.Generic;
using UnityEngine;

public class InstructionStep {
    public string Name;
    public string Title;
    public string BodyText;
}
```

现在我们将为这个类定义一个构造函数。构造函数是一个与类本身具有相同名称的公共方法，它初始化这个类的一个新实例的属性值。此构造函数将接收一个字符串内容的列表作为其参数，并将该值分配给相应的属性。将以下代码添加到你的类中：

```
private const int NameColumn = 0;
 private const int TitleColumn = 1;
private const int BodyColumn = 2;

public InstructionStep(List<string> values) {
    foreach (string item in values) {
        if (values.IndexOf(item) == NameColumn) {
            Name = item;
        }
        if (values.IndexOf(item) == TitleColumn) {
            Title = item;
        }
        if (values.IndexOf(item) == BodyColumn) {
            BodyText = item;
        }
    }
}
```

构造函数将接收一个字符串内容的列表，其中第一个元素是步号（index 0），第二个是标题（index 1），第三个是正文文本（index 2）。这也是我们的 CSV 数据与电子表格中设置的列的方式。数组中可能还有其他元素，但现在我们将忽略它们。

就是这样。保存文件。稍后我们将添加图像与视频文件名称的字段。

6. 6. 2　InstructionModel 类

InstructionModel 包含一个说明列表。我们之前定义了 InstructionStep 类，现在我们用说明列表定义 InstructionModel 类。随着用户逐步开始按照说明执行，应用程序将从模型中一次获取一条说明。刚开始我们只用固定值作为一些实例数据的输入。慢慢地，我们将加载来自外部 CSV 文件的数据。

现在创建脚本：

1）在项目 Assets/ChangeTire/Scripts 文件夹中，右键单击并创建一个新的 C#脚本。

2）将其命名为 InstructionModel。

3）打开它进行编辑。

与 InstructionStep 类似，InstructionModel 不会从 MonoBehaviour 继承。目前，它唯一的属性是步骤列表：

```
using System.Collections;
using System.Collections.Generic;
using UnityEngine;

public class InstructionModel {
    [SerializeField]
    private List<InstructionStep> steps = new List<InstructionStep>();
    public void LoadData() {
        steps.Add(new InstructionStep(new List<string> { "0", "Hello
World!", "Intro body text." }));
        steps.Add(new InstructionStep(new List<string> { "1", "This is the
first step", "Body text of first step" }));
        steps.Add(new InstructionStep(new List<string> { "2", "This is the
second step", "Body text of second step" }));
    }
}
```

我们还编写了一个公共的 LoadData( ) 函数来构建一系列步骤。最终，我们会从外部文件加载这些数据，但在刚开始时我们只是直接用固定的字符串列表调用我们的 InstructionStep 构造函数。我们定义了三个步骤，编号为 0 到 2。

遵循我们面向对象的方式，步骤列表是私有的，我们提供了一个 getter 方法 GetInstructionStep( )，以从列表中获取特定的 InstructionStep。它会检查被请求的索引来确保其有效。

```
public InstructionStep GetInstructionStep(int index) {
    if (index < 0 || index >= steps.Count)
        return null;
    return steps[index];
}

public int GetCount() {
    return steps.Count;
}
```

我们还添加了一个函数 GetCount 来获取当前列表中的步数。

保存你的文件。

> **ⓘ** 如果你想在"Inspector"面板中公开步骤列表以进行调试,不必将其从私有变更为公共。改用 [SerializeField]。将变量声明为公共的方法意味着你希望其他的代码可以修改其值,需要谨慎地使用它,[SerializeField] 告诉 Unity 在 Editor Inspector 面板中公开它,但不违反面向对象的原则。

6.6.3 将模型与控制器和 UI 相连

让我们在列表中填充实际数据之前再说一下。我们只需要对 InstructionsController 脚本进行一些更改。也就是说,控制器将负责告诉模型加载其数据,获取当前的说明步骤,并将其显示在屏幕上。

在类的顶部,我们将为 titleText 与 bodyText UI 对象添加变量。这些将使用"Inspector"面板进行填充。我们还有一个 currentInstructionModel 变量。

```
File: InstructionsController.cs
public class InstructionsController : MonoBehaviour {
    public Text stepText;
    public Text titleText;
    public Text bodyText;

    private int currentStep;
    private InstructionModel currentInstructionModel = new
InstructionModel();
```

MonoBehaviour 允许我们定义一个 Awake() 函数,它在我们的应用程序的初始化开始时运行,并且它将在任何类的 Start() 函数前被调用。在 Awake() 函数中,添加回调来告诉模型加载其数据:

```
void Awake() {
    currentInstructionModel.LoadData();
}
```

然后 CurrentInstructionUpdate() 可以用当前的步骤数据完成它的工作:

```
private void CurrentInstructionUpdate() {
    InstructionStep step =
currentInstructionModel.GetInstructionStep(currentStep);
    stepText.text = "Step " + currentStep;
    titleText.text = step.Title;
    bodyText.text = step.BodyText;
}
```

最后,我们应该检查 currentStep 值的边界条件,因为我们知道它不能低于 0,或者大于或等于步骤列表的大小:

```
public void NextStep() {
    if (currentStep < currentInstructionModel.GetCount() - 1) {
        currentStep++;
        CurrentInstructionUpdate();
    }
}

public void PreviousStep() {
    if (currentStep > 0) {
        currentStep--;
        CurrentInstructionUpdate();
    }
}
```

保存文件。

回到 Unity，不要忘记使用 UI 元素填充 Instruction Controller 的 Title Text 与 Body Text 插槽。结果 Instructions Controller 组件如图 6-20 所示。

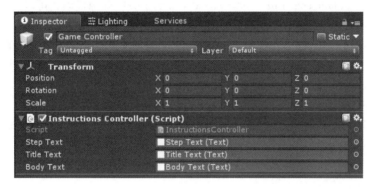

图　6-20

现在，当你单击 Unity 中的 Play 按钮时，你可以在 0 ~ 2 的范围内前进与后退模拟指令，如图 6-21 所示。

图　6-21

217

6.7　加载 CSV 文件数据

接下来要做的是告诉 InstructionModel 从外部 CSV 文件中读取其数据。

我们将使用电子表格撰写内容，然后将其导出为逗号分隔值（Comma-Separated Values, CSV）文件，并在运行时将这些数据读入应用程序。如果你使用的是本书附带的文件，则文件名为 instructionsCSV.csv。

将 CSV 文件作为资源导入到你的项目中。由于我们要在运行时从脚本中加载它，因此需要将它放入 Assets 特定的 Resources 文件夹中。

将 CSV 文件从文件系统拖放到 Unity 中的项目 Assets/HowToChangeATire/Resources 文件夹中（或选择主菜单 Assets｜Import New Asset）。

在 InstructionModel 脚本中，我们将读取文件，每次只读一行，然后使用逗号分隔符将每行解析为一个字符串数组。然后我们可以用这些值填充我们的步骤列表。

我们在 https://github.com/frozax/fgCSVReader 找到了一些开源代码，可以进行 CSV 解析。它考虑了一些更复杂的情况，例如值字符串，它们本身可能包含逗号。只需将 fgCSVReader.cs 文件（https://raw.githubusercontent.com/frozax/fgCSVReader/master/fgCSVReader.cs）的副本保存到脚本文件夹中即可。（本书的下载文件中也包含一个副本，以防 GitHub 网站上的版本消失）。

1）导入 instructionsCSV.csv 文件。

2）导入 fgCSVReader.cs 脚本。

打开 InstructionModel.cs 文件进行编辑，并添加 fgCSVReader 所需的 helper 函数，名为 csvReader，如下所示：

```
private void csvReader(int line_index, List<string> line) {
    if (line_index == 0)
        return;
    steps.Add(new InstructionStep(line));
}
```

正如 fgCSVReader 文档中所指定的那样，这里提供了一个私有委托函数，为每一行调用、接收行索引与字符串列表。它实例化一个新的 InstructionStep 并将其添加到列表中。我们跳过第一行，因为它包含每列的标题标签，而不是实际的数据。

现在将我们的模拟 LoadData() 函数替换为使用 fgCSVReader 的函数，并从外部 CSV 文件加载数据，如下所示：

```
    public void LoadData() {
        steps.Clear();
        TextAsset text_asset =
(TextAsset)Resources.Load("instructionsCSV");
        fgCSVReader.LoadFromString(text_asset.text, new
fgCSVReader.ReadLineDelegate(csvReader));
    }
```

Unity Resources.Load() 函数将在 Assets 中 Resources 的子文件夹中找到名为 instructionsCSV

的文件，并将整个文件加载到变量 text_asset 中。然后它将使用 fgCSVReader. LoadFromString 解析它，并将它传递给文本，并使用我们的 csvReader 函数作为它所需的 ReadLineDelegate。

· 内置的 steps. Clear( ) 调用将在加载数据之前清空步骤列表，以防当前不为空或创建重复项。

保存你的工作，并在 Unity 单击 Play 按钮。现在我们应该拥有一个非常真实的应用程序！它应该看起来如图 6-22 所示。

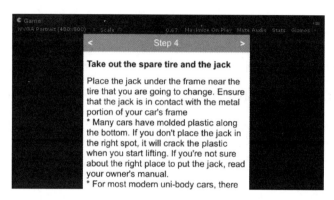

图　6-22

6.8　抽象 UI 元素

我们仍然需要添加图片与视频内容。我们可以继续并将它们添加到我们当前的软件设计中，但是我们已经开始看到一种新的模式出现在我们设置的方式上，并且重构我们的代码，将一些常见元素抽象出来可能是有意义的。

> ℹ️ 软件开发中的重构意味着对代码的某些部分进行重新调整，使其更清洁、更易维护，并且更易于扩展，而无须修改行为或功能。

在这种情况下，我们将通过抽象出 UI 元素来重构控制器更新屏幕的方式。如果你注意，会看到每次我们向视图或模型添加新的 UI 元素，我们都需要修改并将其添加到控制器。当有数据的时候，如果控制器可以传递新数据和 UI 元素，监听此类事件，并在屏幕上自行更新，则整体会更清晰。

因此，我们将使用 UnityEvent 创建自己的小事件系统，命名为 InstructionEvent。

6.8.1　将 InstructionEvent 添加到控制器

为了响应事件与监听，重构代码的第一步是定义一个名为 InstructionEvent 的 UnityEvent。打开 InstructionsController. cs 并添加以下内容：

```
File: InstructionsController.cs
using UnityEngine.Events;

public class InstructionEvent : UnityEvent<InstructionStep> { }

public class InstructionsController : MonoBehaviour {
    public InstructionEvent OnInstructionUpdate = new InstructionEvent();
```

...

正如你所看到的，我们还声明了一个公共类 InstructionEvent 并把它命名为 OnInstructionUp-date，这是所有的 UI 都将会使用到的，所以我们可以确保它能够正确地更新。

6.8.2 重构 InstructionsController

由于我们要采用事件监听模型，控制器不再需要直接知道每次用户遍历说明数据时要更新哪些 UI 元素。因此需要删除 stepText、titleText 与 bodyText 的声明。

然后，我们可以使用以下更简单的代码来替换 CurrentInstructionUpdate( )，该代码通过调用 OnInstructionUpdate. Invoke( ) 来调用我们的事件：

```
    private void CurrentInstructionUpdate() {
        InstructionStep step =
currentInstructionModel.GetInstructionStep(currentStep);
        OnInstructionUpdate.Invoke(step);
    }
```

现在，只要控制器想要更新屏幕，它就会调用我们的 OnInstructionUpdate 事件。

6.8.3 定义 InstructionElement

为了帮助我们将代码组织到一个干净的面向对象的结构中，我们将定义从 InstructionElement 类继承的 UI 元素。这是基础类。因此，我们应该把这个类标记为抽象的。这意味着不能直接创建 InstructionElement 的新实例，只能创建其中的一个子类。

我们还需要 InstructionElement 的每个子类都必须提供自己的 InstructionUpdate 函数的实现，该函数获取说明步骤数据以更新其特定的 UI 元素。因此，在我们的抽象类中，我们还为 InstructionUpdate 声明了一个抽象函数：

1）在 Unity 中的 Assets/HowToChangeATire/Scripts/ 文件夹中创建一个名为 UIElements 的子文件夹。

2）创建一个名为 InstructionElement 的新脚本。

打开它进行编辑，如下所示：

```
File: InstructionElement.cs
using System.Collections;
using System.Collections.Generic;
using UnityEngine;

public abstract class InstructionElement : MonoBehaviour {
    protected abstract void InstructionUpdate(InstructionStep step);
}
```

这将确保从 InstructionElement 继承的所有类都具有一个名为 instructionUpdate 的函数。这一点很重要，因为在 Awake() 函数中，我们将需要一个 InstructionsController 的实例。

现在在 Awake() 函数中，我们将 InstructionUpdate 函数注册为 InstructionsController 的 OnInsturctionUpdate 监听器。我们可以把它写成一行代码，如下所示：

```
    void Awake() {
FindObjectOfType<InstructionsController>().OnInstructionUpdate.AddListener
(InstructionUpdate);
    }
```

这将确保我们所有的子类在指令步骤更新时得到一个事件回调。

> ℹ️ 我们使用 FindObjectOfType 函数来找到控制器的实例。这是一个相对不那么有效率的函数，可以用公共字段或单例模式替换。这是新开发人员很容易实现的。

现在我们可以开始创建其他 UI 元素了：

1）在 Scripts/UIElements/文件夹中，创建三个新 C#脚本：

- StepText。
- TitleText。
- BodyText。

首先从 StepText 开始，而不是从 MonoBehaviour 继承，然而它将从 InstructionElement 继承。打开它进行编辑。首先加载 Unity UI 定义：

```
using UnityEngine.UI;
```

我们将声明这个类，IntructionElement 的一个子类，然后删除空的 Start() 与 Update() 函数：

```
public class StepText : InstructionElement {
  }
```

2）在编辑器中，你会看到类名称上的红色波浪线，同时看到一个 Intellisense 黄色提示图标。

3）单击提示图标并选择实施抽象类。

现在我们可以实现该功能，并使用 UnityEngine. UI 声明；在顶部，所以我们可以引用文本组件。既然知道将要使用文本，我们可以继续并声明 Text 组件是必需的。现在我们可以轻松获取 Text 组件并将其文本值设置为 step. Title。代码如下所示：

```
File: StepText.cs
using UnityEngine;
using UnityEngine.UI;

[RequireComponent(typeof(Text))]
public class StepText : InstructionElement {
    protected override void InstructionUpdate(InstructionStep step) {
        GetComponent<Text>().text = "Step: " + step.Name;
    }
}
```

标题与正文相似，引用 step. Title 与 step. BodyText，如下所示：

```
File: TitleText.cs
using UnityEngine;
using UnityEngine.UI;

[RequireComponent(typeof(Text))]
public class TitleText : InstructionElement {
    protected override void InstructionUpdate(InstructionStep step) {
        GetComponent<Text>().text = step.Title;
    }
}

File: BodyText.cs
using UnityEngine;
using UnityEngine.UI;

[RequireComponent(typeof(Text))]
public class BodyText : InstructionElement {
    protected override void InstructionUpdate(InstructionStep step) {
        GetComponent<Text>().text = step.BodyText;
    }
}
```

一定要在编辑器中保存你的文件。

6.8.4 在 Unity 中链接 UI 元素

现在返回 Unity，我们可以将我们刚创建的 UI 元素组件分配给我们的"Hierarchy"面板中的元素。

1）在"Hierarchy"面板中，选择 Main Canvas/Content/Title Text。

2）将 TitleText 脚本拖放到其"Inspector"面板上。

3）在"Hierarchy"面板中，选择 Main Canvas/Content/Body Text。

4）将 InstructionText 脚本拖放到其"Inspector"面板上。

5）在"Hierarchy"面板中，选择 Main Canvas/Nav Panel/Step Text。

6）将 StepText 脚本拖放到其"Inspector"面板上。

保存场景与项目。在 Unity 中单击 Play 按钮。当你单击 Next 与 Previous 按钮时，它应该像以前一样运行。只是现在我们知道我们的代码是非常易用，且可扩展的。

现在，我们的代码不仅更清洁、更模块化，而且添加新的内容元素也更容易。我们继续添加图片与视频。

6.9 添加图片内容

鉴于我们开发 InstructionElement 事件的经验，向说明添加图片需要更新 UI 与数据模型，但不是控制器。

222

6.9.1　将图片添加到说明 Content 面板

首先，让我们将图片添加到 Content 面板。实际上，我们是添加了一个 Unity UI 原始图片，因为名为 Image 的元素是为 sprites 保留的。

1) 在"Hierarchy"面板中，找到 Content 面板（在 Main Canvas 下），右键单击并选择 UI｜Raw Image。

2) 重命名 Image Graphic。

3) 选择 Add Component｜Layout Element。

4) 选择首选宽度：395。

5) 选择首选高度：250。

6) 将其放置在标题文本与正文文本之间的"Hierarchy"面板中。

图 6-23 显示了当前的"Hierarchy"面板，以及画布的场景视图。

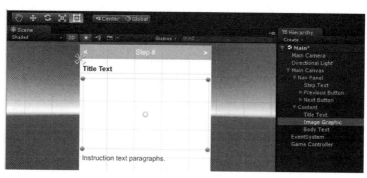

图　6-23

6.9.2　将图片数据添加到 InstructionStep 模型

从我们的 CSV 数据中，图片将以名称作为引用标识。该应用程序将查找 Resources 文件夹中的文件。我们也可以改为使用图片网址作为引用（并且在 CSV 数据中提供该图片作为另一列），但为了防止 wikiHow 更改其链接，我们不希望因为这样做会破坏本书的使用。

图片名称是数据库中的第四列（索引 3）。我们可以在文件加载时获取它。

打开 InstructionStep.cs，添加以下内容：

```
public string ImageName;
private const int ImageColumn = 3;
```

然后将其添加到 InstructionStep 构造函数中：

```
if (values.IndexOf(item) == ImageColumn) {
    ImageName = item;
}
```

现在我们创建一个 UI 元素组件。在 Scripts/UIElements 文件夹中，创建一个名为 ImageGraphic 的 C#脚本并编写以下内容：

```
File: ImageGraphic.cs
using UnityEngine;
using UnityEngine.UI;

[RequireComponent(typeof(RawImage))]
public class ImageGraphic : InstructionElement {
    protected override void InstructionUpdate(InstructionStep step) {
        if (!string.IsNullOrEmpty(step.ImageName)) {
            GetComponent<LayoutElement>().enabled = true;
            GetComponent<RawImage>().texture =
Resources.Load(step.ImageName) as Texture;
        } else {
            GetComponent<RawImage>().texture = null;
            GetComponent<LayoutElement>().enabled = false;
        }
        Canvas.ForceUpdateCanvases();
    }
}
```

该脚本与我们为标题、正文与步骤文本所写的脚本非常相似。区别在于在 InstructionUpdate 函数内为图片执行的操作。如果当前步骤包含图片，我们将其作为纹理加载。如果没有，我们清除可能已经存在于 UI 中的任何图片纹理。我们还启用或禁用了 LayoutElement 组件，以根据需要显示或隐藏它。

接下来，我们在画布上调用 ForceUpdateCanvas，以确保 Unity 在当前帧中立即执行更改。

保存文件并将 ImageGraphic 脚本添加到"Hierarchy"面板中的 Image Graphic UI 对象。

在"Hierarchy"面板中，在 Instruction Canvas/Instruction Panel/Content Panel/Image Graphic 路径中选择 Image Graphic，然后将 ImageGraphic 脚本拖放到"Inspector"面板中。

好的，现在我们可以将图片文件导入。

6.9.3　将图片文件导入项目

我们希望图片文件位于你的项目资源中。如果你还没有将它们导入，请现在就这样操作。目前，只有我们的数据参考图片的步骤 1 与步骤 14（step1. jpg 与 step14. jpg）。（其他步骤参考下面将要添加的视频。）图 6-24 的屏幕截图显示了项目 Resources 文件夹以及该项目导入的图片与视频。

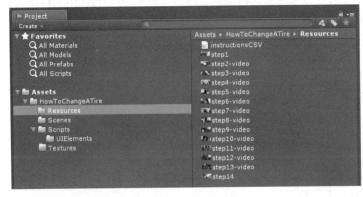

图　6-24

单击"Play"按钮后,当你按照说明操作时,包括图片在内的内容将显示在该屏幕上。图 6-25 的屏幕截图显示了步骤 1,其中显示了一张图片。

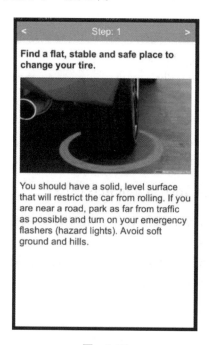

图 6-25

6.10 添加视频内容

添加视频内容与添加图片非常相似。我们可以使用 Unity 的 MovieTextures 而不是图片的纹理,只需额外一步即可添加 Unity VideoPlayer。

6.10.1 将视频添加到说明 Content 面板

首先,我们将另一个 Raw Image 添加到我们将用作 MovieTexture 的 Content 面板(Main Canvas 的子项)中。

1)在"Hierarchy"面板中,右键单击 Content 面板选择 UI│Raw Image。

2)重命名 Video Graphic。

3)选择 Add Component│Layout Element,然后选择 Preferred Height:360。

4)在"Hierarchy"面板中,将其放置在 Title Text 与 Body Text 之间。

我们建立了布局高度为 360 的项目。

6.10.2 添加视频播放器与渲染纹理

要在 Unity 中渲染视频,我们可以将 MovieTexture 与 VideoPlayer 组件结合使用。

1）在 Assets/HowToChangeATire/Textures/文件夹中，创建一个 Render Texture。

2）将其命名为 Video Render Texture，我们可以保留其默认设置。

现在对于视频播放器：

1）在 "Hierarchy" 面板中，选择 Video | Video Player 创建播放器。

2）选中 Loop 并取消选中 Play On Awake。

3）选择 Aspect Ratio：Fit Vertically。

然后链接到纹理：

1）将 VideoRenderTexture 拖放到 Target Texture 插槽上。

2）在 "Hierarchy" 面板中，选择 Video Graphic UI 对象。

3）将 VideoRenderTexture 拖放到其 Raw ImageTexture 插槽上。

6.10.3　将视频数据添加到 InstructionStep 模型

视频将通过在 CSV 数据中的名称进行引用。该应用程序将查找 Resources 文件夹中的文件。与图片一样，我们可以改用视频 URL。

视频名称是数据库中的第五列（索引 4）。我们可以在文件加载时找到它。

打开 InstructionStep.cs，添加以下内容：

```
    public string VideoName;
And,
    private const int VideoColumn = 4;
And then add to the InstructionStep constructor function,
            if (values.IndexOf(item) == VideoColumn) {
                VideoName = item;
            }
```

现在我们创建一个 UI 元素组件。在你的 Scripts/UIElements/文件夹中，创建一个名为 Video-Graphic 的 C#脚本并按如下方式编写它：

```
File: VideoGraphic.cs
using UnityEngine;
using UnityEngine.UI;
using UnityEngine.Video;

[RequireComponent(typeof(RawImage))]
public class VideoGraphic : InstructionElement {
    public VideoPlayer videoPlayer;

    protected override void InstructionUpdate(InstructionStep step) {
        if (!string.IsNullOrEmpty(step.VideoName)) {
            GetComponent<LayoutElement>().enabled = true;
            videoPlayer.clip = Resources.Load(step.VideoName) as VideoClip;

            GetComponent<RawImage>().SetNativeSize();
            videoPlayer.Play();
```

```
        } else {
            videoPlayer.Stop();
            GetComponent<LayoutElement>().enabled = false;

        }
    }
}
```

这次我们指定使用 UnityEngine. Video 组件。此外还需为视频播放器声明了一个公共变量。

在 InstructionUpdate 中，如果当前步骤包含视频，我们将其作为 VideoClip 加载并开始播放。如果没有，我们会停止目前可能正在播放的任何视频，并禁用 LayoutElement 组件以隐藏布局。SetNativeSize 用来调整图片大小使其像素完美。

保存文件，并在"Hierarchy"面板中将 VideoGraphic 脚本添加到 Video Graphic UI 对象中。

1）在"Hierarchy"面板中，在 Main Canvas/Content/Video Graphic 文件夹中选择 Video Graphic，并将 VideoGraphic 脚本拖放到"Inspector"面板中。

2）将 Video Player 从"Hierarchy"面板拖放到 Video Graphic 的 Video Player 插槽中。

单击 Play 按钮后，当你按照说明进行操作时，包含视频的步骤将在该屏幕上播放。

现在我们拥有一个使用 Unity 构建的带有文本、图片与视频的说明手册应用程序。

6.11　添加滚动视图

一些说明可能有相对较长的正文文本，现在随着图片或视频的添加，并非所有的内容都会同时展示在屏幕上。当你在横着使用屏幕时，它的问题更加明显。我们需要在内容溢出时能够滚动内容。

在 Unity UI 中，滚动展示是使用特殊的滚动面板实现的：

1）在 Main Canvas 中，选择 UI | Scroll View 并将其命名为 Content Scroll View。

2）将其 Anchor Presets 设置为 Stretch/Stretch，然后按住 Alt 键 +单击以重置其位置。

3）将 Top 设置为 50，为导航栏留出空间。

4）取消选中 Horizontal（保持 Vertical）滚动。

5）将其源图片设置为 None，将颜色设置为不透明白色（#FFFFFFFF）。

其他选项可以保留为默认值。但请注意，Scroll Rect 具有对其子项 Viewport 的引用。

当你在"Hierarchy"面板中展开内容滚动视图时，你可以看到它有一个 Content 插槽，其中包含子内容。我们不是重新创建我们的内容面板，而是将其移入视图并重新连接到滚动视图。

1）在 Viewport 中删除 Content。

2）将 Main Canvas 上的 Content 拖放到 Viewport 中。

3）将其 Anchor Presets 置为 Top/Stretch，然后按住 Alt 键 +单击以将其重置。

4）在 Control Scroll View 上，将 Content 对象拖放到其 Content 插槽中。

现在我们可以在 Content 面板上使用 Content Size Fitter：

1）选择 Content 面板，选择 Add Component | Content Size Fitter。

2）将 Horizontal Fit 设置为 Unconstrained。

3）将 Vertical Fit 设置为 Preferred Size。

最终的场景"Hierarchy"面板如图 6-26 所示。

单击 Play 按钮后，当你进入一个包含大量内容的步骤页面时，垂直拖动滚动条可以让你浏览所有内容，如图 6-27 所示。

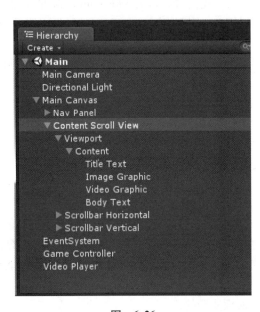

图　6-26

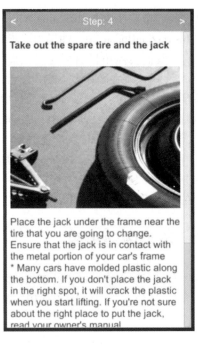

图　6-27

在本章中，我们已经在 Unity 编辑器中测试了我们的应用程序。希望你也定期进行构建并运行，将其部署到你的移动设备上，并在移动设备上进行测试。

6.12　本章小结

在本章中，我们创建了一个真实的应用程序，为更换瘪了的轮胎提供了一步步的指导。虽然我们还没有为它增加 AR 功能，但我们覆盖了很多地方，包括在 Unity 中引入了一些强大的功能、强大的软件设计模式以及从数据库导入外部数据等实用程序。当然拥有所有内容对于开发 AR 应用程序来说也是非常重要。

首先，我们将项目需求定义为采用现有的基于网络的说明手册，并将其转换为移动应用程序，目的是添加 AR 功能（在下一章中）。我们还介绍了许多专业开发人员通常使用的软件设计模式，不仅在 Unity 应用程序中，而且其他章节中也有机会使用它们。这些包括模型-视图-控制器（MVC）、事件监听器与对象继承。

　　为了实现项目需求，我们开始使用 Unity 的 UI 系统构建用户界面（视图），并构建一个由画布、面板与 UI 元素组成的功能层次结构。我们还研究了 Unity 的这些元素的布局工具。

　　然后我们编写了管理说明内容的数据模型类，包括从外部 CSV 文件加载数据。然后，还编写了一个游戏控制器，管理应用程序的状态并确保数据显示在屏幕上。随着项目的进展，我们在其中添加了很多内容，包括正文文字、图片与视频。

　　这个过程中，我们重构了使用 Unity 事件与抽象对象类的代码。同时展示了如何改进架构并有助于使用更多内容类型来扩展系统。

　　在下一章中，我们将通过添加 AR 内容，将该项目从 2D 扩展到 3D。它将充分利用我们在本章完成的所有基础工作，因此我们可以在构建应用程序时专注于 AR 技术相关的功能。

第 7 章

AR 使用说明书

在前一章中虽然花了一些时间，但我们构建了一个有用的应用程序，它提供的详细步骤可以指导人们如何更换瘪了的轮胎。我们如何才能让它变得更好？当然使用 AR 技术！

在这个项目中，我们认为 AR 是另一种媒体，你可以添加这种媒体去增强学习材料，并使其更有效、更具有身临其境感、更具吸引力。在某些 AR 应用程序中，AR 技术是应用程序的核心功能与存在的理由，但在这里并非如此。我们从之前构建过的文字、图片与视频内容开始着手。现在我们将会添加 AR 技术。

在本章中，你将了解到：

- 设计将 AR 技术添加到现有 2D 移动应用的用户体验。
- 使用用户定义的 AR 标识。
- 处理不良跟踪事件。
- 将世界空间 UI 添加到 AR 场景。
- 使用空间锚点（使用 ARKit）。
- Hololens 的用户界面。

之前的措施是仅使用 Unity 开发移动应用程序，现在我们将添加 Vuforia 工具包与移动 AR 技术相结合。然后，我们将向你展示如何使其与 Apple 的 ARKit 协同工作。最后，我们将使用 MixedRealityToolkit 与 HoloLens 平台结合一起工作。

> 请参阅本书的 GitHub 存储库，了解每个平台的项目（https://github. com/ARUnity-Book/），包括适用于 Android 平台的 Google ARCore。

对于这个项目，你需要一个我们准备好的 Unity 包，名为 ChangeATire-ARGraphics. unity。从 GitHub 网站下载此文件。

如果你打算为 HoloLens 或 ARKit 实施此项目，则可以跳到本章末尾的该主题。

如果你使用 Vuforia 并开发无标识版本，请按照第 6 章制作项目副本。或者如果使用例如 Git 一样的版本控制，那么标记当前提交状态或者将项目的当前提交状态创建分支。HoloLens、AR-

Kit 与 ARCore 实现将采用与本章开头一样的方法。

7.1　用 Vuforia 创建 AR 项目

最初的场景"Hierarchy"面板应该如图 7-1 所示。

我们有一个 Main Canvas，其中包含一个 Nav Panel 与 Content 面板（包含 Scroll View Viewport 在内）。Nav Panel 上有说明数据的下一步与上一步的按钮。Content 面板包含标题、正文、图片与视频内容的元素。Game Controller 有一个用于管理应用程序状态的 InstructionsController 组件。在 Assets/HowToChangeATire/Scripts/文件夹中，有我们创建的 InstructionModel 与 InstructionStep 类。图 7-2 的屏幕截图显示了包含项目 Scripts 文件的 Project 窗口。

在 UIElements/文件夹中，每种内容类型都有各自的脚本，如图 7-3 所示。

我们首先用 Vuforia 工具箱为 AR 项目设置 Unity。现在你可能已经很熟悉了，所以我们会尽快完成这些步骤。如果你需要更多详细信息，请参阅第 2 章与第 3 章中的相关内容：

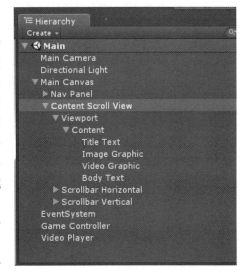

图　7-1

图　7-2

1）选择 Assets│Import Package│Custom Package，导入 vuforia-unity-xxxx。

2）选择 Assets│Import Package│Custom Package，导入 VuforiaSamples-xxxx。

3）浏览到 Vuforia Dev Portal（https://developer.vuforia.com/targetmanager/licenseManager/licenseListing）并选择或创建许可证密钥。将许可证密钥复制到剪贴板。

4）返回 Unity，选择主菜单 Vuforia│Configuration，并将其粘贴到 App License Key 中。

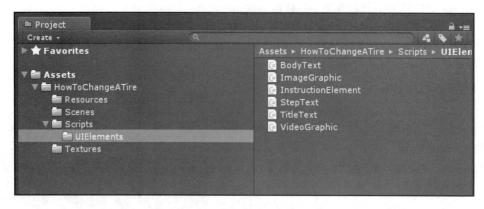

图　7-3

现在我们将根据 AR 的需要修改场景。你可以选择 File｜Save Scene As，AR 版本与非 AR 版本分开保存。我们将打开场景 Main- AR（在你的 HowToChangeATire/Scenes/文件夹中）。现在最好选择 File｜Build Settings，然后创建一个场景，使其成为下一次为你的移动设备构建的唯一场景。

然后：

1）从"Hierarchy"面板中删除 Main Camera 对象。

2）在项目 Assets/Vuforia/Prefabs 文件夹中找到 ARCamera 预制体，选择并将其拖入"Hierarchy"面板列表中。

3）使用 Add Component 将 Camera Settings 组件添加到 ARCamera。

4）保存场景并保存项目。

虽然我们更换了摄像头，但该应用仍然可以像使用默认摄像头一样工作。单击 Play 按钮并确认。

还有一件事要确定已经设置好。如果你禁用内容面板，则应该看到摄像头视频内容代替内容面板上显示的。

5）在"Hierarchy"面板中，禁用 Main Canvas 的 Content Scroll View 对象（通过取消选中"Inspector"面板左上角的复选框）。

单击 Play 按钮。你应该在用户界面中看到视频输出，如图 7-4 所示房间中的墙壁。

好。现在重新启用 Content Scroll View，我们将开始接下来的开发。

图　7-4

7.2　在 AR 模式之间切换

我们要做的第一件事就是为用户提供一种简单的方法，通过在屏幕底部添加一个 AR 模式按钮，在常规 2D 视图与 3D AR 视图之间切换应用程序的视图模式。我们决定底部栏高度也为 50 像素，以与顶部的导航栏高度保持一致。

通过缩短 Content Scroll View 为底部留出空间：

1）在"Hierarchy"面板中，选择 Main Canvas 下的 Content Scroll View。

2）在其 Rect Transform 中，将 Bottom 设置为 50。

3）现在向 Main Canvas 添加一个新按钮；选择它，然后选择 UI｜Button，并将其重命名为 AR Button。

4）将 Height 设置为 50。

5）将 Anchor Presets 设置为 Bottom/Stretch，然后按住 Alt 键 + 单击以将其移动。

6）将 Source Image 设置为 None，其 Color 与 Nav Panel 相同：74，182，208，255（#4AB6D0FF）。

图 7-5 的屏幕截图显示了为 AR Button 设置 Anchor Presets。

接下来，使用以下值编辑其子文本：

1）Text：AR Mode。

2）Font Size：25。

3）Color：White（#FFFFFFFF）。

新按钮应该看起来如图 7-6 所示在屏幕的底部。

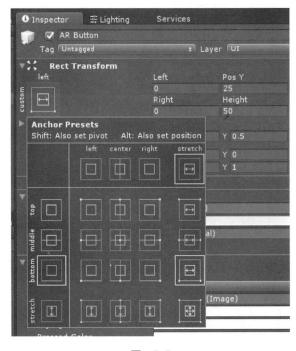

图　7-5

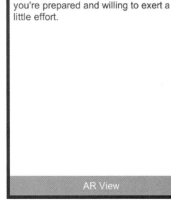

图　7-6

正如我们刚才所做的，以验证 AR 摄像头视频输入，当按下 AR View 按钮时，我们想要隐藏 2D 内容。编辑 InstructionsController. cs 脚本以提供一个 ToggleAr( ) 函数。

首先，要声明我们正在使用 Vuforia：

```
using vuforia;
```

然后为 Content 面板定义一个公共变量，我们将其命名为 standardContent。添加一个私有变量来跟踪当前模式：

```
public GameObject standardContent;
private bool arMode;
```

我们添加代码来切换 AR 模式；我们只是隐藏或显示 2D 面板：

```
public void ToggleAr() {
    arMode = !arMode;
    if (arMode) {
        TurnOnArMode();
    } else {
        TurnOffArMode();
    }
}

void TurnOnArMode() {
    standardContent.SetActive(false);
}

void TurnOffArMode() {
    standardContent.SetActive(true);
}
```

保存你的更改。然后在 Unity 中继续操作如下步骤：

1）选择 Game Controller，然后将 Content Scroll View 对象拖放到 Standard Content 插槽上。

2）选择 AR Button 并添加 OnClick 事件。

3）单击 OnClick 列表中的"＋"按钮。

4）将 Game Controller 拖放到 Object 插槽，然后选择函数 InstructionsController. ToggleAr( )。

当你单击 Play 按钮时，你可以在屏幕上切换 2D 内容与视频输入。

7.3 使用用户定义标识

与预定义的图像标识或编码标识不同，用户定义的标识是在运行时捕获的图像，应用将识别出这个图像并使用它来呈现虚拟 AR 的内容。

在我们准备开始使用 3D 时，先将场景视图从 2D 更改为 3D。

在 Scene 窗口中，取消选中其图标工具栏中的 2D，因为我们现在要开始使用 3D 工作，如图 7-7 所示。

7.3.1 添加用户定义的标识构建器

现在让我们将 UserDefinedTargetBuilder 添加到我们的项目中：

图　7-7

1）将 UserDefinedTargetBuilder 预制体从 Vuforia/Prefabs/文件夹拖放到"Hierarchy"面板中。

2）选中 Start Scanning Automatically。

目前，我们告诉标识构建器自动开始扫描。在我们的开发中，这一点非常有用。

但是，我们真的希望仅在 AR 模式下执行扫描。我们可以将它添加到 InstructionsController 脚本中，如下所示：

```
File: InstructionsController.cs
    public UserDefinedTargetBuildingBehaviour UserDefinedTargetBuilder;
    ...

    void TurnOnArMode() {
        UserDefinedTargetBuilder.StartScanning();
        StandardContent.SetActive(false);
    }

    void TurnOffArMode() {
        UserDefinedTargetBuilder.StopScanning();
        StandardContent.SetActive(true);
    }
```

然后在 Unity 中：

将 UserDefinedTargetBuilder 拖放到 Game Controller 的 User Defined Target Builder 插槽中。

图 7-8 的屏幕截图现在显示了 Instructions Controller 组件的设置。

图　7-8

7.3.2　添加图像标识

现在让我们添加一个 ImageTarget 预制体：

1）从 Project Assets/Vuforia/Prefabs 文件夹中，将 ImageTarget 预制体拖入"Hierarchy"面板中。

2）将其重命名为 User Defined Target。

3）将其 Type 设置为 User Defined。

4）将 Target Name 设置为相关的内容，我们将使用 Tire。

5）选中 Enable Extended Tracking。

你现在可以在"Inspector"面板中看到该设置，如图 7-9 所示。

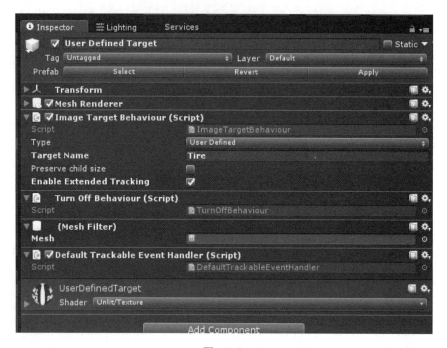

图 7-9

让我们添加一个简单的图形（一个立方体）作为临时占位符，当我们的标识被识别时它会出现。

1）在"Hierarchy"面板中，双击 User Defined Target，将其置于我们的 Scene 视图的中间。

2）右键单击 User Defined Target 并选择 3D Object | Cube。

3）将其缩小到 Scale（0.1，0.1，0.1）之类的尺寸，然后将其移动到位置 Y = 0.1，如图 7-10 所示。

4）保存场景。

场景视图现在显示相对于用户定义标识定位的立方体，如图 7-10 所示。

7.3.3　添加捕捉按钮

应用程序需要为用户提供一种方式，将这个真实世界的某个图像用作我的图像标识，然后 Vuforia 可以识别并激活 AR 内容。为此，我们将添加一个提示与一个捕捉按钮。各种提示 UI 元素将被包含在 AR 提示面板中。我们首先创建：

1）在"Hierarchy"面板中选择 Main Canvas。

图　7-10

2）选择 UI│Panel 创建一个面板。

3）将其命名为 AR Prompt。

它根本没有背景，因为我们需要显示视频源。因此可以完全删除它的 Image 组件。

在 Image 组件的齿轮图标中，选择 Remove Component。

同时，我们现在正在创作的作品将在 VR 模式下被用户看到，因此你可以临时手动禁用 Content Scroll View 面板。

现在添加捕捉按钮：

1）选择 AR Prompt 后，选择 UI│Button 创建一个按钮并将其命名为 Capture Target Button。

2）将其 Height 设置为 100。

3）将 Anchor Presets 设置为 Bottom/Stretch，然后按住 Alt 键＋单击以将其放置。

4）将其 Pos Y 的位置调整为 100，为 AR View 按钮留出空间。

5）将 Source Image 设置为 None。我们选择了深绿色的颜色：#004C5EFF。

它的 Rect Transform 看起来如图 7-11 所示。

对于其子文本对象：

1）将 Text 设置为 Capture Target。

2）将 Size 设置为 25。

3）将 Color 设置为 White。

好的，现在你应该完成了这些设置。

7.3.4　将捕捉按钮连接 UDT 捕捉事件

要启用用户定义标识（User Defined Target，UDT）事件，我们需要将 Vuforia 的 UDT Event Handler 组件添加到 UserDefinedTargetBuilder：

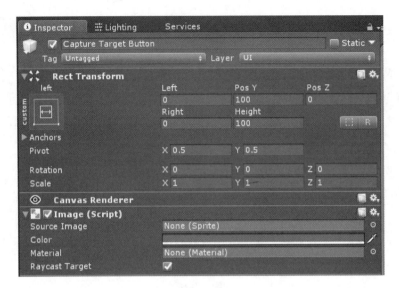

图 7-11

1）在"Hierarchy"面板中选择 UserDefinedTargetBuilder，再选择 Add Component UDT Event Handler。

2）将 UserDefinedTarget 从"Hierarchy"面板拖放到 Image Target Template 插槽上。

现在我们可以告诉按钮 OnClick 事件应该调用 BuildNewTarget() 函数：

1）在 Capture Target Button 的"Inspector"面板中，单击 OnClick() 上的"+"按钮。

2）将 UserDefinedTargetBuilder 拖放到 Object 插槽中。

3）将函数设置为 BuildNewTarget()。

图 7-12 的屏幕截图显示了 UDT Event Handler 程序的 Capture Button OnClick 设置。

图 7-12

保存你的工作。现在，当你单击 Play 按钮时，将你的摄像头指向标识并单击 Capture 按钮。每当摄像头看到并识别出摄像头视图时，就会渲染 AR 内容。目前会渲染一个立方体。

在图 7-13 的屏幕截图中，我正在桌子上用玩具卡车测试应用程序（一辆真正的汽车不适合我的办公室）。我们识别卡车轮胎作为标识。

现在让我们尝试使用 AR View：

1）重新启用 Content Scroll View 对象。

你会注意到 Capture Target 按钮仍然可见。

2）在"Hierarchy"面板中向上移动 AR Prompt 面板，使其位于 Nav Panel 下方，如图 7-14 所示。

图　7-13

图　7-14

现在单击 Play 按钮。然后选择 AR View 并选择 Capture Target。瞧！

在下一次运行程序时，你可能需要再次停用 Content Scroll View。

更有经验的开发人员可以打开 UDTEventHandler 脚本（单击组件上的齿轮并选择 Edit Script），仔细阅读脚本，通读脚本，并充分理解脚本中的内容。

7.4　向 AR 提示添加可视助手

我们的计划是让用户捕捉轮胎瘪了的图像，然后将增强图像注册到捕捉的图像标识上。我们没有如此先进的人工智能（AI）图像识别技术（抱歉，这可能超出了本书的范围），所以我们要依靠我们的用户来选择一个接近正确位置的要捕捉的图像，大小尺寸和我们要渲染的图像差不多一致。因此，我们需要提供一些可视助手来指导用户。

7.4.1　添加光标

首先，我们将在屏幕中间添加一个小光标，以指示汽车轮胎的中心位置：

1）在"Hierarchy"面板中，选中 AR Prompt 并选择 UI│Image 创建一个图片，将其命名为

Center Cursor。

2）将其 Source Image 设置为 Knob。

3）将其 Scale 更改为 0.2，0.2，0.2。

如果单击 Play 按钮，我认为你会看到这样设置是很有帮助的。

7.4.2 添加注册标识

光标有助于指导捕捉的位置。我们也需要一些东西来指导大小。设置一个圆圈会帮助我们。

我们可以用一些常见的图形创建一个 Unity 包。该软件包包括箭头图形与其他预制体，将在稍后的项目中使用。如果你还没有，请从本书的发行商网站下载 ChangeATire- ARGraphics. unity 文件。

1）从主菜单中选择 Assets｜Import Package｜Custom Package，找到 ChangeATire- ARGraphics 软件包，并导入它。

该软件包包含一个我们现在可以使用的 circle. png 光点。

2）在 AR Prompt 上，选择 UI｜Image 创建一个图片，并将其命名为 AR Prompt Idle。

3）将其 Source Image 设置为 Circle。

4）将其 Width 与 Height 设置为 400，400。

我们可以将所有其他设置作为默认设置，我们希望它只是集中在屏幕上。

我们会为用户提供一些屏幕上的说明。将它放在圆圈下面。

1）在 AR Prompt 上，选择 UI｜Text 创建一个文本，并将其命名为 AR Prompt Text。

2）Text 编辑为 Align outline to tire, then press Capture Target。

3）将 Anchor Presets 设置为 Middle/Stretch。

4）将 Font Style 设置为 Bold。

5）将 Align 设置为 Center，Middle。

6）将 Horizontal Overflow 设置为 Overflow。

7）将 Pos Y 设置为 - 220。

保存你的工作。然后单击 Play 按钮。图 7-15 的屏幕截图显示了我们的 AR 模式屏幕的外观，中间有一个小圆点光标，一个用于引导图像配准的圆形图像，以及文本提示（可能太小而无法在本书页面上阅读）。

此时，在"Hierarchy"面板中的 AR Canvas 如图 7-16 所示。

7.4.3 跟踪期间删除 AR 提示

在屏幕上的 UI 或光标可以帮助用户捕捉标识，这真的很棒。当标识一旦被捕捉，我们想要隐藏提示的图像，并仅显示注释的图像。如果摄像头失去跟踪，我们可以恢复 UI，以便用户在选择重新捕捉标识时再次进行辅助。

为此，我们需要一个禁用 Canvas 元素的脚本。但不幸的是，目前 Vuforia 组件仅用于禁用对象渲染器，并且不支持画布。所以，我们将自己编写一个禁用脚本，并且我们将使它具有足够的通用性来处理任何 GameObjects。通过在脚本中使用附加到 UserDefinedTarget 对象的 Vuforia Trackable Events 来完成此操作。

图　7-15

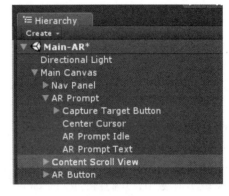

图　7-16

首先，在 Scripts 文件夹中，创建一个名为 TrackableObjectVisiblity 的 C#脚本，并将其打开进行编辑。完整的脚本如下：

```
File: TrackableObjectVisiblity.cs
using System;
using System.Collections;
using System.Collections.Generic;
using UnityEngine;
using UnityEngine.Events;
using Vuforia;

[RequireComponent(typeof(TrackableBehaviour))]
public class TrackableObjectVisibility : MonoBehaviour,
ITrackableEventHandler {

    public UnityEvent OnTargetFound;
    public UnityEvent OnTargetLost;

    private TrackableBehaviour trackableBehaviour;

    void Start() {
        trackableBehaviour = GetComponent<TrackableBehaviour>();
        trackableBehaviour.RegisterTrackableEventHandler(this);
    }
```

```
    public void OnTrackableStateChanged(TrackableBehaviour.Status
previousStatus, TrackableBehaviour.Status newStatus) {

        if (newStatus == TrackableBehaviour.Status.DETECTED || newStatus ==
TrackableBehaviour.Status.TRACKED || newStatus ==
TrackableBehaviour.Status.EXTENDED_TRACKED) {
            OnTargetFound.Invoke();
        } else {
            OnTargetLost.Invoke();
        }
    }

}
```

在脚本一开始，首先声明我们将使用来自 UnityEngine. Events 与 Vuforia 的定义。

该脚本引用 UserDefinedTarget 的 TrackableBehaviour 组件，因此我们在最开始声明。

然后我们声明这个类来实现 ITrackableEventHandler 接口。如果使用 Intellisense（灯泡图标），编辑器将插入 OnTrackableStateChanged 函数的原型。

我们添加两个公共的 UnityEvent 变量，即 OnTargetFound 与 OnTargetLost，这两个变量将让我们在 Editor 中声明在可跟踪事件发生时要调用什么对象函数。

在 Start() 函数中，我们初始化 trackableBehavior 并将该类注册为事件处理者。

然后在 OnTrackableStateChanged 中，我们将调用 OnTargetFound 或 OnTargetLost。Vuforia 提供了许多不同的跟踪状态。我们不需要这样的详细程度，因为我们是一个二元决策，跟踪或不跟踪，并且认为，DETECTED、TRACKED 与 EXTENDED_TRACKED 都是跟踪。

> ⓘ 有关 Vuforia TrackableBehavior 类与跟踪状态的更多信息，请参阅 https://library. vuforia. com/content/vuforia- library/en/reference/unity/classVuforia_1_1TrackableBehaviour. html 上的文档。

保存脚本，返回到 Unity，并将脚本附加到 User Define Target，如下所示：

1）在"Hierarchy"面板中选择 UserDefinedTarget。

2）将 TrackableObjectVisibility 脚本作为组件拖动。

现在我们可以添加事件处理程序。对于 On Target Found()：

1）单击"+"按钮添加到列表。

2）将 AR Prompt 面板拖放到 Object 插槽。

3）对于函数，请选择 GameObject. SetActive。

4）不选中复选框。

同样，对于 On Target Lost()：

1）单击"+"按钮添加到列表。

2）将 AR Prompt 面板拖放到 Object 插槽。

3）对于函数，请选择 GameObject. SetActive。

4）这次选中复选框。

Trackable Object Visibility 面板如图 7-17 所示。

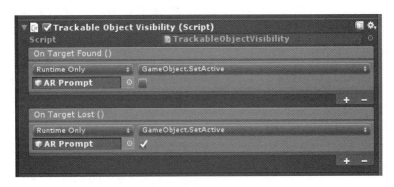

图 7-17

现在当你单击 Play 按钮时，你会看到圆圈光标与捕捉按钮。然后，当你捕捉并跟踪并且立方体对象出现时，UI 将隐藏。如果你移动摄像头速度过快或失去跟踪效果时，立方体将消失，捕捉 UI 将重新出现。就是这个效果！

稍后我们将使用此脚本，将真实环境版本的说明画布集成到 AR 体验中。但现在，我们要再添加一个功能。

7.4.4 保证良好跟踪效果

我们在本书中多次提到，图像标识无论是自然特征纹理还是用户捕捉的图像，都应符合特定标准才能成为有效的可识别标识。其特点包括细节丰富、对比度好，不包含重复图案。作为开发者，如果我们向用户提供标识，我们就要确保满足这些要求。在运行时捕捉用户定义标识时，这可能会存在一些问题。

幸运的是，Vuforia 提供了一项功能，可以检测视频流里可能成为标识的潜在候选者。我们可以监测这些事件以向用户提供反馈。

对于这个项目，当应用程序正在扫描并准备好让用户捕捉标识时，我们会显示一个白色圆圈光标以及捕捉按钮。我们要做的是在视频流质量较低的情况下显示红色圆圈光标。现在我们来添加一下：

1）在“Hierarchy”面板中，右键单击 Duplicate 复制 AR Prompt Idle 对象。

2）重命名为 AR Prompt Error。

3）将其 Color 设置为红色（#FF0000FF）。

添加一些帮助文字：

1）选择 UI｜Text 创建一个子文本。

2）设置 Anchor Presets 为 Stretch/Stretch，并按住 Alt 键 +单击以居中。

3）设置 Paragraph Alignment 为 Middle，Center。

4）设置其 Text 为 Target needs more detail。

现在我们需要将其与 Vuforia 事件连接起来。

Vuforia 用户定义标识的行为将使用 Unity 事件来显示当前设备摄像头图像何时是可被接受的标识图像。当准备捕捉潜在的标识图像时，我们可以使用这些事件（UserDefinedTargetEvent 接口）作为我们对用户的反馈。

我们可以提供 UserDefinedTargetBuilder 作为通过附加 Quality Dialog 组件来引用 AR Prompt Error 的一种方式。这个组件可以用来提示用户"这个图像的细节不够，请尝试其他的图像"，我们将使用图形的方式反馈给用户，而不是文本。

1）在 AR Prompt Error 对象上选择 Add Component | Quality Dialog。

现在，如果捕捉的图像出现错误，UserDefinedTarget 将自动启用此对象。

要解除红圈光标提示，我们必须自己去更改捕捉对象。

2）在 UserDefinedTarget 上，单击" + "按钮为 On Target Found（ ）添加另一个事件处理程序。

3）将 UserDefineTargetBuilder 拖放到 Object 插槽。

4）对于该函数，选择 UDTEventHandler | CloseQualityDialog（ ）。

Trackable Object Visibility 组件对话框事件设置现在看起来如图 7-18 所示。

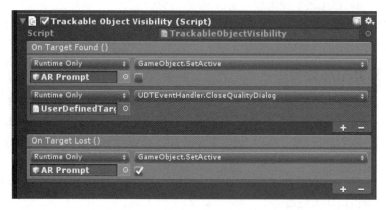

图　7-18

保存你的项目工作。

现在当你单击 Play 按钮时，如果你试图捕捉一个极简单的标识（比如空白的墙），你会看到红圈光标而不是白圈。当捕捉到可以被作为标识的图片时，单击 Capture 按钮时，AR 内容将会出现。

做到这一步非常好。

因此回顾一下，到目前为止在项目中：

- 我们在 2D UI 中添加了一个 AR 模式按钮，将用户切换到 AR 视图。
- 当 AR 模式启用时，我们隐藏 Main Canvas 的 Content Scroll View 并开始扫描 AR 标识。
- 滚动视图后面是 AR Prompt 面板，其中包含一个 Capture Target 按钮、一个位于屏幕中间的小光标以及一个白色圆圈图标，用于指导用户在其周围捕捉适合汽车轮胎的视图。

- 当标识被捕捉时，AR Prompt 面板被禁用并显示 AR 图像。如果用户尝试捕捉不良标识，我们使用 Vuforia Quality Dialog 事件将提示光圈变成红色。

现在可以使用这种 AR 模式向用户呈现图形化内容。

7.5　整合增强的内容

我们在 AR 使用说明书中要增强的内容是假设汽车轮胎在屏幕上的位置和尺寸是正确的（幸运的是，我们提供了提示图形来指导用户）。我们可以对世界空间场景中的标注图形的大小与位置做出一些假设。

图形内容是 Unity Prefab 对象，在项目的 Assets Resources 文件夹中。它们会在运行时被加载与实例化。当用户在应用程序中选择每步说明时，我们会显示属于该步骤的标题、文本、图像或视频。在 AR 模式下 CSV 数据包括预制体对象的名称。

当有人设计这样的使用说明书时，他们将很明确自己的教学步骤，并写出标题与正文，他们会准备图片或视频图像。现在，在 AR 模式中，还需要准备 3D 图像。我们为你创建了 3D 注释图像与动画，并将它保存为预制体。这些包含在 ChangeATire- ARGraphics. unitypackage 中，你可能早就将其导入到项目中（它还包括我们用于 AR Prompt 的环形光标）。如果你还没有完成这一步操作，请现在导入这个包。

该软件包中还包括箭头图形、CarJack 模型与其他有用的资源。在这个 Resources 文件夹中的预制体是为每个步骤准备的。项目的 Assets 文件夹显示在图 7-19 的屏幕截图中。

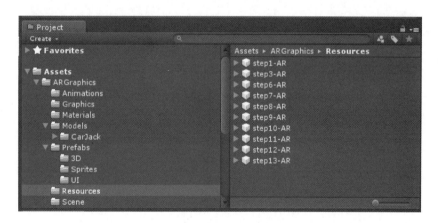

图　7-19

7.5.1　阅读 AR 图像指示

在第 6 章中，我们实现了一个 InstructionModel 类，该类保存了如何更换轮胎的数据列表。该数据将从我们的 CSV 数据文件中被读取出来。InstructionModel 调用 InstructionStep 从文件的每一行提取数据。

我们期望 AR 预制体的名称成为数据库中的第五列。这样可以在文件加载时快速找到它。到 InstructionStep. cs，添加一个新变量：

```
public string ARPrefabName;
private const int ARColumn = 5;
```

然后将其添加到 InstructionStep 构造函数中：

```
if (values.IndexOf(item) == ARColumn) {
    ARPrefabName = item;
}
```

接下来，添加其 UI 元素。

7.5.2　创建 AR 的 UI 元素

在上一章中，我们还实现了一个 InstructionElement 抽象类，它把内容类型进行更详细的分类，包括：标题、正文、图像与视频。现在我们将为 AR 内容制作一个类似的分类。

从技术上讲，图形内容不是 UI，因为它将显示在 3D 世界空间中，而不是像其他 UI 内容显示在 2D 屏幕上。但它非常适合我们的架构设计，因为我们可以像其他内容一样从 CSV 中加载它，并且可以在用户更改步骤时像其他内容一样将其更新。

在你的 Scripts/UIElements/文件夹中，创建一个名为 ARGraphic 的 C#脚本并按如下方式编写它：

```
File: ARGraphic.cs
using UnityEngine;

public class ARGraphic : InstructionElement {
    private GameObject currentGraphic;

    protected override void InstructionUpdate(InstructionStep step) {
        Debug.Log("ARGraphic:" + step.ARPrefabName);

        // clear current graphic
        if (currentGraphic != null) {
            Destroy(currentGraphic);
            currentGraphic = null;
        }

        // load step's graphic
        if (!string.IsNullOrEmpty(step.ARPrefabName)) {
            currentGraphic = Instantiate(Resources.Load(step.ARPrefabName,
typeof(GameObject))) as GameObject;
        }
    }
}
```

保存你的文件。

7.5.3　显示增强图像

集成 AR 图像的最后一步是在增强视图中显示它，而不是显示立方体对象：

1）在 "Hierarchy" 面板中，选择 UserDefinedTarget 创建一个空对象。

2）重命名为 Augmented Instructions。

3）如有必要，重置其 Transform。

现在只需将 ARGraphic 脚本添加为一个组件：

1）将 ARGraphic 拖放到 Augmented Instructions 中作为组件。

2）现在不再需要立方体模型，因此我们可以删除用户定义标识下的立方体对象。

就是这样！当你单击 Play 按钮，再单击 Nextr 按钮以完成一些步骤，单击 AR 视图并捕捉你的轮胎，然后在增强现实世界中显示相关的 AR 图像（如果数据中有一个）。说明的第六步示例如图 7-20 所示。

图　7-20

7.6　制作增强图像

我们在 ChangeATire- ARGraphics. unitypackage 中为你提供了预制体的标注图像。接下来将快速介绍它们是如何创建的。

总体思路是模仿 wikiHow 网站（http://www.wikihow.com/Change-a-Tire）上 How To Change A Tire 中视频使用的注释，这样让我们在 AR 世界里也能看到。

方法是在我们的 Unity 项目中创建一个用于组成图像的新场景：

1）从主菜单中选择 File | New Scene。

2）然后选择 File | Save Scene As 另存场景，将其命名为 Composition。

3）在 "Hierarchy" 面板中，选择 Create Empty 并将其命名为 Compose。

4）确保其 Transform 已重置。

我们将创建一个带有圆圈图形的画布，就像我们在实际场景中使用的画布一样。但是这个将在世界空间中，这时我们必须缩放到在世界空间坐标系中大小合适。

1）选择 Compose 后，选择 UI | Canvas 创建一个画布。

2）将其 Render Mode 设置为 World Space。

3）正如我们在第 6 章中所做的那样，将宽度与高度设置为 480, 800。

4）将 Rotation 设置为 90, 0, 0，因此它在自上而下的视图中是平的，就像在 AR 中一样。

5）将 Scale 设置为 0. 00135, 0. 00135, 0. 00135。

这个尺度看似神奇的数字是在世界空间中设置 480×800 的画布。但我们不希望它有 480m 的宽度！

在画布上，我们可以显示圆圈：

1）选择 Canvas 后，选择 UI｜Image 创建一个图像。

2）对于 Source Image，使用环状图标选择圆圈。

3）在 Rect Transform 中，将 Width 与 Height 设置为 400，400，就像我们在主场景中所做的一样。

现在，场景中有一个世界空间坐标组成的区域可用于显示 AR 图像，如图 7-21 所示，step6-AR 的预制体也添加到了 Compose。

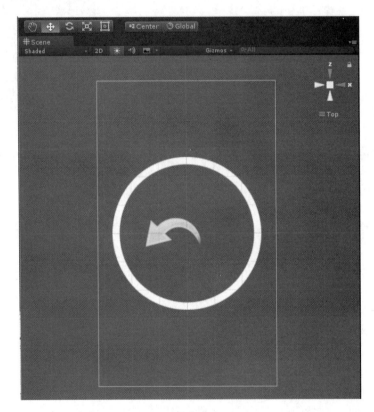

图　7-21

为了更加准确地渲染和注册图像，你可以添加一个类似于你期望提示用户用于标识捕捉的背景图像。或者，使用 Vuforia 内置的用户定义标识默认图像，如下所示：

1）选择 Compose 后，选择 3D｜Quad 创建一个四边形，并将其命名为 UDT。

2）将 Rotation 设置为 90，0，0 以与其他世界空间对象对齐。

3）在 Assets/Vuforia/Materials/文件夹中找到 Vuforia UserDefinedTarget 材料，并将其拖放到 UDT。

与 UDT 图像组合时，你的 Scene 视图现在看起来如图 7-22 所示。

现在有了一个组合布局区域，我们可以处理这些图像。

图　7-22

要查看现有的图像，先将其中一个预制体拖放到"Hierarchy"面板中。

这个图像上有一个动画。当你单击 Play 按钮时，你也可以预览动画图像。

如果你修改了预制体并希望保存更改，请在其"Inspector"面板中单击 Apply 按钮。

图 7-23 的屏幕截图可以指示你在哪里找到 Apply 按钮。

图　7-23

一些图像使用 Unity 的内置 3D 原始对象。例如，step1-AR 由三个立方体组成，透视图如图 7-24 所示。

我们会注意到标注的数量需要一个风格化的箭头图形，我们发现了 Pixabay 图像共享站点（https://pixabay.com/）上的一些可用的素材。

例如，第 6 步中的动画显示逆时针旋转绿色箭头，显示了松开轮胎上的螺母的方向。以下是从头到尾对现有 step6-AR 图像与动画的说明，你不需要改变任何东西。

在 Assets/ARGraphics/Graphics/文件夹中，找到并使用名为 curved_arrow 的箭头图形。这将作为 Sprite 纹理导入 Unity，如图 7-25 所示。

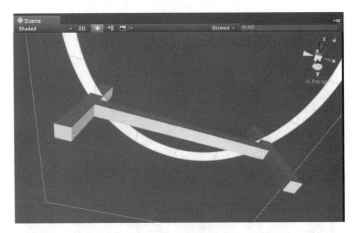

图 7-24

图 7-25

step6- AR 有一个 CurvedArrow，其中包含弯曲的提示箭头图形与一个 CurvedArrow2D 动画控制器。你可以自行检查，如图 7-26 所示。

图　7-26

我们在第 4 章中详细介绍了在 Unity 中如何使用动画编辑器制作动画片段。它由具有单个动画片段的 Animator 图形驱动。Animator 与 Animation 窗口显示在图 7-27 的屏幕截图中。

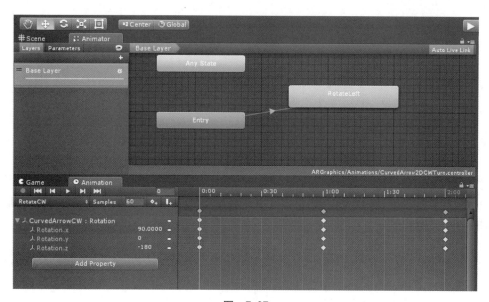

图　7-27

完成后，我们将每个图形都作为预制体保存到 ARGraphics/Resources/文件夹中。然后我们选择主菜单 Assets│Export，将整个 ARGraphics 文件夹作为 Unity 包导出。

在继续接下来的项目开发之前，请保存此场景，然后重新加载 Main-AR 场景。

7.7　在 AR 中包含说明面板

我们似乎已经完成了如何更换一个新轮胎的应用程序。但在用户测试中，我们发现用户不喜欢在 AR 模式与非 AR 模式之间来回切换查看文本说明。在 AR 模式中，我们决定在世界空间中展示 2D 说明面板。我们将其命名为 AR Canvas，并按如下所示缩放并放置在场景中：

1）在"Hierarchy"面板根目录中，选择 Create│UI│Canvas 创建一个画布，并将其命名为 AR Canvas。

2）将其 Render Mode 设置为 World Space。

3）将 Width 与 Height 设置为 100，100。

4）将 Rotation 设置为 9，0，0，因此它在自上而下的视图中是平的，就像在 AR 中一样。

5）将像素布局空间缩放到世界空间；我们喜欢 0.004，0.004，0.004（或尝试其他值，如 0.001）。

6）将它放远一点，设置 Pos X，Pos Y，Pos Z 为 0.0，0.0，0.1。

7）设置 Dynamic Pixels Per Unit 为 2，这样使文本变得清晰些。

现在，我们想要显示与我们已经在 Main Canvas 中创建的内容面板基本相同的内容面板。最简单的方法是复制它并将副本移动到 AR Canvas 中。

1）在"Hierarchy"面板中，在 Main Canvas/Content Scroll View/Viewport 文件夹中选择 Content 对象。

2）右键单击 Duplicate 复制它。

3）将该副本作为子项拖放到 AR Canvas 中。

4）重命名为 AR Content。

我们只是将它从屏幕空间画布移动到了世界空间画布。我们需要重置它的 Rect Transform：

- 设置 Scale 为 0.2，0.2，0.2（或尝试其他值，如 1.0）。
- 设置 Rotation 为 0，0，0。
- 设置 Anchor Presets 为 Bottom/Stretch，然后按住 Alt 键 +单击来定位它。
- 设置参数 Left 为 −218.5，Pos Y 为 56，Pos Z 为 0。

这些数字比较适合我正在开发的工作。你可以根据实际需要调整这些参数。

现在，当你在拍摄目标后单击 Play 按钮并进入 AR Mode 时，AR 内容将显示为已注册的轮胎，并且说明面板也将显示在场景中，如图 7-28 的屏幕截图所示。它甚至包括我们需要的图像或视频！

当你切换回 2D 视图时，将显示屏幕空间说明。当再次切换到 AR Mode 时，说明面板在世界空间仍然显示。当你进入下一个或上一个步骤时，2D 与世界空间面板内容会同时更新。

在这一点上，你可能会觉得我们的 UI 设计得很有意思，我们将每个内容类型的 InstructionU-

图　7-28

pdate 设置为注册事件。我们不必做任何额外的编码来确认被复制的 UI 更新了文本与媒体数据。它会自动发生，因为更新的事件会发送给正在接收的所有类。

恭喜！我们的项目开发完成了。

7.8　使用 ARKit 进行空间锚定

在 iOS 平台上，在支持的设备上我们可以选择使用 Apple ARKit 进行空间定位。在本节中，我们将使用 ARKit 在 iOS 上实施该项目。我们不会使用 Vuforia，而是修改在第 6 章中已完成的项目版本，并使用 Unity 将其开发为仅限 AR 的应用程序 ARKit 插件。

该版本的实现与 Vuforia 非常类似，但我们不需要使用（用户定义或其他方式的）图像标识。我们可以跳过处理捕捉与跟踪用户定义标识的先前步骤，并用一个简单的按钮替换它们以让用户设置 AR 图像位置。

我们列出了如下所有构建项目的步骤，即使与本章前面所示的相同。这一次，为了方便起见，我们只会简单地列出步骤，不会有太多的注释与屏幕截图。如有必要，请查看前面的相应主题。

与前面一样，我们将有两种模式：常规 2D 屏幕视图与 AR 视图模式。将会有一个 AR 模式按钮在视图之间切换。非 AR 视图是我们在前一章中构建的视图。AR 模式将隐藏 2D 内容，只会显示设备的视频流并为其添加 3D 图像。

在 AR 模式下，将会有另一种模式：锚点模式，通过单击设置位置按钮来激活。在设置位置时，我们会显示 AR 提示——一个圆圈——以便帮助用户在实际生活中将 AR 图像与汽车轮胎一起显示。按钮与模式见表 7-1。

表　7-1

	2D 模式	AR 模式	锚 点 模 式
AR 模式按钮（ARButton 对象）	打开 AR 模式	关闭 AR 模式	关闭 AR 模式
设置位置按钮（AnchorButton 对象）	不可用	打开锚点模式	不可用
单击屏幕提示——圆圈（ARPrompt 对象）	不可用	不可用	设置位置并关闭锚点模式

为了让你充分了解我们将要构建的内容，图 7-29 的屏幕截图显示了我们完成后的屏幕 UI 视图（图中所有元素都可见；但在运行时，相应的功能会显示特定元素）。

图 7-30 的屏幕截图显示了我们完成后的场景 "Hierarchy" 面板。

图　7-29

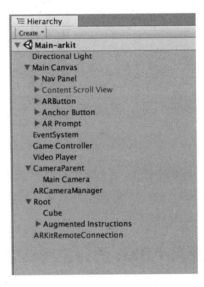

图　7-30

让我们开始吧！

7.8.1　创建 ARKit 工程

我们决定给这个版本的项目一个不同的名称 How to Change a Tire-ARKit。在 Unity 中打开项目并通过 Asset Store 导入 ARKit 插件：

1）打开旧的 Main 场景，选择 File | Save Scene As，并将其命名为 Main-ARKit。

2）选择 File | Build Settings，并在要构建的场景中将 Main 替换为 Main-ARKit。

3）将平台切换到 iOS。我们将设置工具包的其他配置。

4）选择 Window | Asset Store，下载并导入 Apple ARKit 包。

5）接受使其 Override Project Settings 的选项。

让我们删除场景中的环境光：

1）打开 Lighting 选项卡，选择 Window｜Lighting｜Settings。

2）将 Skybox Material 设置为 none（使用参数右侧的圆环图标）。

3）将 Environment Lighting Source 设置为 Color。

4）将 Lightmapping Settings Indirect Resolution 设置为 1。

现在我们用 AR 组件创建摄像头并创建 ARCameraManager，如下所示：

1）在"Hierarchy"面板根目录中，创建一个空对象并命名为 CameraParent，并根据需要重置其 Transform。

2）拖动 Main Camera，使其成为 CameraParent 的子项，并重置其 Transform。

3）选择 Main Camera 后，选择 Add Component Unity AR Video。

4）对于 Clear Material 插槽，单击圆环图标并选择 YUVMaterial。

5）选择 Add Component Unity AR Camera Near Far。

6）在"Hierarchy"面板根目录中，将 Create Empty 命名为 ARCameraManager。

7）选择 Add Component Unity AR Camera Manager。

8）将 Main Camera 拖放到 Camera 插槽中。

这就是通用的 ARKit 场景设置。

7.8.2　准备场景

我们的 AR 图像的父类是 Root 的游戏对象，在 AR 提示检测到屏幕触摸时进行触发。我们现在可以添加 Root。刚开始时我们将以临时立方体作为实际内容，然后再添加真实图像：

1）暂时禁用"Hierarchy"面板中 Main Canvas 的 Content Scroll View 面板。

2）在"Hierarchy"面板中，创建空对象，命名为 Root，重置其 Transform，并设置其 Position Z = 2。

3）选择 3D｜Cube 创建一个立方体，并将其 Transform Scale 设置为 0.1，0.1，0.1。

在这一点上，可以导入我们提供的 ChangeATire- ARGraphics 软件包以及本章相关的文件。

4）选择 Assets｜Import Package｜Custom Package，导入软件包。

接下来，我们可以继续构建我们的项目。

7.8.2.1　修改 InstructionsController

InstructionsController 将处理应用程序的 AR 锚点模式。现在我们将编辑 InstructionsController 脚本（场景中的 Game Controller 组件）。打开脚本进行编辑并将其更改如下：

File: InstructionsController.cs

在代码的顶部，添加以下公共与私有变量：

```
public GameObject standardContent;
 private bool arMode;

 public GameObject anchorButton;
 public GameObject arPrompt;
 private bool anchorMode;
```

添加以下方法切换 AR 模式：

```
public void ToggleAr() {
    arMode = !arMode;
    if (arMode) {
        TurnOnArMode();
    } else {
        TurnOffArMode();
    }
}

void TurnOnArMode() {
    standardContent.SetActive(false);

    TurnOffAnchorMode();
}

void TurnOffArMode() {
    standardContent.SetActive(true);

    anchorButton.SetActive(false);
    arPrompt.SetActive(false);
}
```

最后，添加以下方法切换设置位置锚点模式：

```
public void ToggleAnchor() {
    anchorMode = !anchorMode;
    if (anchorMode) {
        TurnOnAnchorMode();
    } else {
        TurnOffAnchorMode();
    }
}

void TurnOnAnchorMode() {
    anchorButton.SetActive(false);
    arPrompt.SetActive(true);
}

void TurnOffAnchorMode() {
    anchorButton.SetActive(true);
    arPrompt.SetActive(false);
}
```

该脚本声明了用来切换模式的屏幕按钮的公共方法 ToggleAr( )，与在屏幕上显示/隐藏 UI 元素的公共方法 ToggleAnchor( )。

保存你的更改。

7.8.2.2　添加 AR 模式按钮

本章前面有一节叫作"在 AR 模式之间切换"。我们将在这里执行相同的事情。我们将在屏

幕底部留出空间,并添加一个按钮,以读取 AR 模式,如下所示:

1)在"Hierarchy"面板中,在 Main Canvas 中选择 Content Scroll View。

2)在其 Rect Transform 中,将 Bottom 设置为 50。

3)选择 Main Canvas 后,选择 UI｜Button 创建一个按钮,并将其重命名为 AR Button。

4)将 Height 设置为 50。

5)将 Anchor Presets 设置为 Bottom/Stretch,然后同时按住 Alt 键 + 单击以将其移动。

6)将 Source Image 设置为 none,Color 设置为与导航面板相同:74,182,208,255(#4AB6D0FF)。

7)编辑其子文本对象,Text 为 AR Mode,Font Size 为 25,Color 为白色(#FFFFFFFF)。

很好。现在我们可以连接按钮并对其进行测试。

1)选择 Game Controller 并将 Content Scroll View 对象拖放到 Standard Content 插槽中。

2)将 Anchor 按钮拖放到 Anchor Button 插槽中。

3)将 AR Prompt 拖放到 AR Prompt 插槽中。

4)选择 AR Button,然后添加 OnClick 事件。

5)单击 OnClick 列表中的"+"按钮。

6)将 Game Controller 拖放到 Object 插槽中,然后选择函数 InstructionsController. ToggleAr( )。

当你单击 Play 按钮时,你可以尝试使用 AR Mode 按钮,在 2D 模式与 AR 模式之间来回切换。

7.8.2.3　添加锚定按钮

接下来,添加让用户设置图形位置的按钮:

1)在"Hierarchy"面板根目录下,选择 UI｜Button 创建一个按钮,并将其命名为 Anchor Button。

2)将其 Height 设置为 100。

3)将 Anchor Presets 设置为 Bottom/Stretch,然后按 Alt 键 + 单击以将其移动。

4)将其 Pos Y 的位置调整为 100,为 AR Mode 按钮留出空间。

5)将 Source Image 设置为 none;我们选择了一个深绿色的颜色:#004C5EFF。

6)编辑其子文本对象,Text 为 Set graphic position,Font Size 为 25,Color 为白色。

现在连接 Anchor Button:

1)选择 Anchor Button 并添加 OnClick 事件。

2)单击 OnClick 列表中的"+"按钮。

3)将 Game Controller 拖放到 Object 插槽中,然后选择函数 InstructionsController. ToggleAnchor( )。

如果你现在单击 Play 按钮,你可以进入 Anchor 模式,但暂时不能离开,因为还有更多事情要做。我们需要响应用户通过屏幕触摸来更改 AR Root 对象的位置。

7.8.2.4　添加 AR 提示

我们可以按如下方式添加 AR 提示:

1)在"Hierarchy"面板中选择 Main Canvas,选择 UI｜Panel 创建一个面板,并将其命名为 AR Prompt。

2）在图像组件的齿轮图标中，选择 Remove Component。

3）在 AR Prompt 上，选择 UI│Image 创建一个图像，并将其命名为 AR Prompt Idle。

4）将其 Source Image 设置为 Circle。

5）将其 Width 与 Height 设置为 400，400。

6）在 AR Prompt 上，选择 UI│Text 创建一个文本，并将其命名为 AR Prompt Text。

7）将其 Text 字符串设置为 Align outline to tire, then press screen。

8）设置 Anchor Presets 为 Middle/Stretch，Font Style 为 Bold，Align 为 Center，Middle，Horizontal Overflow 为 Overflow。

我们提示用户触摸屏幕。我们需要一个脚本来处理这个问题。

1）创建一个名为 ARHitHandler 的新 C#脚本。

2）将其作为组件添加到 AR Prompt。

然后打开文件进行编辑，如下所示：

```
File: ARHitHandler.cs
using System.Collections;
 using System.Collections.Generic;
 using UnityEngine;
 using UnityEngine.EventSystems;
 using UnityEngine.XR.iOS;

 public class ARHitHandler : MonoBehaviour {
     public Transform anchor;
     public InstructionsController controller;

     void Update () {
         List<ARHitTestResult> hitResults;
         ARPoint point;
         float scale;


         if (Input.touchCount > 0 && anchor != null) {

             var touch = Input.GetTouch(0);
             if (touch.phase == TouchPhase.Began) {
                 Vector2 center = new Vector2(Screen.width/2,
Screen.height/2);
                 Vector3 screenPosition =
Camera.main.ScreenToViewportPoint(center);
                 point.x = screenPosition.x;
                 point.y = screenPosition.y;
                 Vector2 edge = new Vector2(Screen.width, Screen.height/2);
                 Vector3 screenEdge =
Camera.main.ScreenToViewportPoint(edge);
                 scale = screenPosition.x - screenEdge.x;

                 hitResults =
UnityARSessionNativeInterface.GetARSessionNativeInterface().HitTest( point,
```

```
ARHitTestResultType.ARHitTestResultTypeExistingPlaneUsingExtent);
                if (hitResults.Count == 0) {
                    hitResults =
UnityARSessionNativeInterface.GetARSessionNativeInterface().HitTest( point,
ARHitTestResultType.ARHitTestResultTypeHorizontalPlane);
                }
                if (hitResults.Count == 0) {
                    hitResults =
UnityARSessionNativeInterface.GetARSessionNativeInterface().HitTest( point,
ARHitTestResultType.ARHitTestResultTypeFeaturePoint);
                }

                if (hitResults.Count > 0) {
                    anchor.position = UnityARMatrixOps.GetPosition(
hitResults[0].worldTransform);
                    anchor.rotation = UnityARMatrixOps.GetRotation(
hitResults[0].worldTransform);
                    anchor.scale = new Vector3(scale, scale, scale);
                }
            }
        }
    }
}
```

　　该脚本与我们在第 5 章中编写的 SolarSystemHitHandler. cs 非常相似。有关 UnityARSession-NativeInterface 使用代码的说明，请参阅该章。

　　主要区别在于我们不使用确切的屏幕触点来确定放置根锚点的位置。相反，当用户触摸屏幕上的任何位置时，使用屏幕中心（宽度/2，高度/2）作为锚点，这也是圆环的中心。

　　我们还使用屏幕上的圆圈尺寸（近似于屏幕的右侧边缘）来确定 3D 图像的比例，使用中心的世界坐标与边缘的世界坐标之间的距离。

　　我们已经向 InstructionsController 添加了一个公共变量，所以在重新定位根锚点后，我们将关闭 Anchor 模式。

　　🛈 对于在 ARkit 中的锚定技术，使用屏幕空间提示将 AR 图像注册到真实世界轮胎可能不是最佳的方法。你可能需要考虑并尝试其他解决方案，例如：

　　● 不需要使用圆环提示，只需显示在空间平面上的一个小光标，即可在单击之前识别位置（包括 3D 深度），并假定图形的尺寸是真实世界的尺寸。

　　● 使用世界空间画布或 3D 图像作为圆环提示。在这种情况下，你可以修改 AR-HitHandler，当每一帧变化时更新提示图像。这将允许用户实时预览相对于真实世界的图形范围。

　　● 允许用户对于锚点进行更多的交互，比如说缩放与旋转。这是一个更为复杂的 UI，但它提供了最大的灵活性。有关实现的想法，请参阅第 8 章。

7. 8. 2. 5　添加 AR 图像内容

最后一步是在场景中启用增强说明的图形。这些与我们以前为 Vuforia 所做的相同，如果假设这是一个新项目，我们应该在这里进行更改。有关更详细的解释，请阅读本章中的整合增强的内容部分。

打开 InstructionStep. cs，添加一个新的变量：

```
public string ARPrefabName;
private const int ARColumn = 5;
```

然后将其添加到 InstructionStep 构造函数中：

```
if (values.IndexOf(item) == ARColumn) {
    ARPrefabName = item;
}
```

创建一个 ARGraphic. cs 脚本来处理 UIElement 事件。在 Scripts/UIElements 文件夹中，创建一个名为 ARGraphic 的 C#脚本，并按如下方式编写它：

```
File: ARGraphic.cs
using UnityEngine;

public class ARGraphic : InstructionElement {
    private GameObject currentGraphic;

    protected override void InstructionUpdate(InstructionStep step) {
        Debug.Log("ARGraphic:" + step.ARPrefabName);

        // clear current graphic
        if (currentGraphic != null) {
            Destroy(currentGraphic);
            currentGraphic = null;
        }

        // load step's graphic
        if (!string.IsNullOrEmpty(step.ARPrefabName)) {
            Object data = Resources.Load(step.ARPrefabName,
typeof(GameObject));
            currentGraphic = Instantiate(data, transform ) as GameObject;
        }
    }
}
```

我们需要确保实例化的预制体是这个（增强说明）对象的子对象。

保存你的文件。

集成 AR 图像的最后一步是在增强视图中显示它：

1）在“Hierarchy”面板中，创建一个空对象作为 Root 的子项，并将其命名为 Augmented Instructions。

2）重置其 Transform。

3）将 ARGraphic 脚本添加为组件。

我们需要对 Transform 进行一些调整：

1）Scale：0.1，0.1，0.1。

2）Rotation：-90，0，0。

保存场景。

现在运行时，请尝试以下操作：

- 导航到包含 3D 图像的说明步骤。
- 单击 AR Mode 按钮，切换到 AR Mode。
- 单击 Set Position 使设备有机会扫描你的房间。
- 将摄像头指向你要将图形锚定到的对象（瘪了的轮胎）。
- AR 图像将显示在瘪了的轮胎上。
- 你可以在 2D 内容与 3D AR 内容之间来回切换。
- 当你导航到其他说明步骤时，那些 AR 图像将被定位在现实世界中的相同锚点处。

这就是我们实现出来的！

> ⓘ 使用 Google ARCore 为 Android 构建
>
> 请参阅本书的 GitHub 存储库以获取有关使用适用于 Android 的 Google ARCore 的实现说明与代码：https://github.com/ARUnityBook/。原理与 ARKit 非常相似，但 Unity SDK 与组件是不同的。

在下一节中，我们将调整该项目，以便与微软 HoloLens 等可穿戴 AR 设备一起工作。

7.8.3　全息指导手册

在本节中，我们将在 Microsoft HoloLens 上实施该项目。我们不会使用 Vuforia 工具包，而是修改第 6 章中完成的项目版本，并使用 Microsoft MixedRealityToolkit SDK 将其开发为仅限 AR 的应用程序。

这个版本的项目与使用 Vuforia 与 ARKit 的移动 AR 实现有何不同？在移动 AR 版本中，应用程序像普通的屏幕空间 2D 移动应用程序一样启动。通过 AR Mode 按钮，你可以切换到 AR 视图，从而可以看到增强真实世界视频流的 3D 图像。HoloLens 版本将完全采用 3D 技术，没有模式切换，并且不需要标识图像识别。相反，我们将根据说明创建全息图，包括 3D 增强图像、文字、图片与视频。

在本章中，我们将尽可能多地使用拖放组件来简化步骤。在下一章中，我们将更详细地介绍 HoloLens 的 Microsoft MixedReality SDK。

让我们开始吧。

7.8.3.1　创建 HoloLens 工程

我们决定给这个版本的项目命名为 How to Change a Tire-Holo。在 Unity 中打开项目，并使用 HoloToolkit 为 HoloLens 开发进行设置：

1）打开旧的 Main 场景，选择 File | Save Scene As，并将其命名为 Main-Holo。

2）选择 File | Build Settings，并在要构建的场景中用 Main-Holo 替换 Main。

3）将平台切换到 Windows Store。我们将设置工具包的其他配置。

4）导入 MixedRealityToolkit 包（如果你还没有下载它，可以在 https://github.com/Microsoft/MixedRealityToolkit-Unity 中找到它）。

> i 请注意，以下 Unity 编辑器菜单项名称可能在你的工具包版本中发生了变化。

5）选择主菜单 Mixed Reality | Configure | Apply HoloLens Scene Settings，并允许其中的所有设置。这会为你设置 Camera Settings。

6）保存场景。

7）选择主菜单 Mixed Reality | Configure | Apply HoloLens Project Settings，并接受所有设置。这会为你设置 Build Settings，并重新启动 Unity。

8）选择主菜单 Mixed Reality | Configure | Apply HoloLens Capability Settings，并接受所有设置。这会为你设置 Player Settings。

9）保存场景并保存项目。

另外，导入 ARGraphics 软件包。我们用图形创建了一个 Unity 包，我们可以使用它。该软件包包括用于增强说明内容的箭头图形与其他预制体。如果你还没有这个软件包，请从本书的发行网站下载 ChangeATire-ARGraphics.unity 文件。

从主菜单中选择 Assets | Import Package | Custom Package，找到 ChangeATire-ARGraphics 软件包，并导入它。

该项目现在准备将内容移植到 AR 版本中。

7.8.3.2　世界空间内容画布

第一步是将 Main Canvas 内容从屏幕空间更改为世界空间。在这个过程中，让我们建立一个对象"Hierarchy"面板，这将便于将它们放置在空间中。

我们将在"Hierarchy"面板的顶部定义一个 Origin 类，其中包含子类 Hologram，这个子类包含我们所有教学内容，应该放在一起。然后，当用户放置内容时，他们会移动 Hologram 的位置：

1）在"Hierarchy"面板中，选择 Create Empty 对象，并将其命名为 Origin。

2）重置其 Transform（通过齿轮图标选择 Reset）。

3）选择 Origin 后，创建 Create Empty 子对象，并将其命名为 Hologram。

4）也重置其 Transform。

5）将初始 Hologram Position 设置为 0，0，2，使其位于距离用户 2m 远的正前方。

现在我们可以在 Main Canvas 上工作了。在"Hierarchy"面板中选择它：

1）将其 Render Mode 更改为 World Space。

2）将其 Rect Transform Position 设置为 0，0，0。

3）将其 Width 与 Height 设置为 480，800。

4）将其 Scale 设置为 0.0004，0.0004，0.0004。正如我们以前所见，世界空间中的 Unity UI 对象的尺寸需要很小的数字，因为它与以 m 为单位的像素大小相关。

5）将其 Dynamic Pixels Per Unit 设置为 2，以使其变得更清晰。

现在移动 Hologram 中的 Main Canvas。

1）在"Hierarchy"面板中，拖动 Main Canvas 使其成为 Hologram 的子项。

2）将其 Rect Transform Position 设置为 0，0，0。

保存场景，并在 HoloLens 中调试程序。你应该看到这个应用的初始界面。

> **TIP** 你可以使用全息仿真（Holographic Emulation）窗口将 Unity 配置为在 Remote 至 Device 模式下使用实体 HoloLens 设备，并在设备中使用 Holographic Remoting 应用程序。有关文档，请参见第 3 章或 Windows Mixed Reality 网站。或者通过 Visual Studio 在 HoloLens 上构建与运行应用程序，同样在第 3 章中进行了介绍。

7.8.3.3　启用下一个与上一个按钮

为了与我们画布上的 Next 与 Previous 按钮进行交互，我们需要使用 HoloLens 的标准的选择手势作为单击处理，这与 Unity UI 按钮上的鼠标单击或智能手机屏幕单击非常相似。我们可以通过将预制输入管理器添加到场景中，然后将输入模块组件添加到现有 UI EventSystem 中来完成此操作：

1）从 Project Assets/HoloToolkit/Input/Prefabs 文件夹中，将 InputManager 拖放到"Hierarchy"面板中。

2）从 Project Assets/HoloToolkit/Input/Prefabs/Cursor 文件夹中，将 CursorWithFeedback 拖放到"Hierarchy"面板中。

3）在"Hierarchy"面板中，选择 EventSystem，再选择 Add Component HoloLens Input Module。

4）禁用 Standalone Input Module，因为暂时不需要它，我们不希望它干扰 HoloLens。

保存场景并在 HoloLens 中调试程序。现在应该在你的视野中看到一个光标。

而且，你可能可以选择 Next 与 Previous 按钮来逐步完成说明。

你可能会发现，使用头部动作与目光去寻找与选择小东西，并不像使用鼠标或触摸屏那么精确。因此我们需要让按钮变得更大。

1）在"Hierarchy"面板中，在 Main Canvas/Nav Panel 文件夹中选择 Previous Button。

2）将其 Scale 更改为 3.5，3.5，3.5，以使其更大。

3）将 Pos Y 设置为 90，位于内容面板上方。

4）将 Source Image 设置为 UISprite。

5）将 Color 设置为#4AB6D0FF。

6）还可以将其突出显示的内容设置为其他颜色，例如黄色（#F1FF00FF），以便在用户选择该按钮时为用户提供额外的视觉反馈。

Next Button 按照相同的步骤设置。现在当单击 Play 按钮时，应该更容易浏览说明步骤，如图 7-31 所示。

7.8.3.4　添加 AR 提示

就像我们早些时候在项目的移动 AR 版本中所做的那样，我们将提供一个 AR 提示，让用户

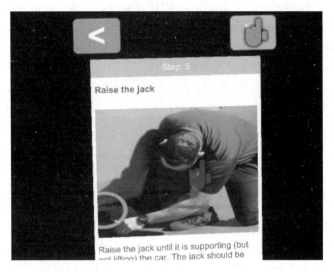

图 7-31

将全息图居中，并允许我们在瘪了的轮胎中注册 3D 说明图像。

让我们把这个提示作为视野中心。将主画布移动一点，然后添加一个圆环图像：

1）将 Main Canvas Position 修改为-0.25，0，0。稍后，你可以进一步调整它，甚至沿 y 轴添加一点旋转。

2）在项目的 Assets/ARGraphics/Prefabs/Sprites 文件夹中，拖动 Circle2D 预制体，使其成为 Hologram（Main Canvas 的同级）的直接子项。

3）将其重命名为 Circle Prompt。

4）将其 Scale 设置为 0.06，0.06，0.06。

你的场景现在看起来应该如图 7-32 所示。

现在我们需要将一个 Box Collider 添加到圆环图像中，因为我们需要选择它来移动与放置全息图。

5）选择 Circle Prompt 后，选择 Add Component Box Collider。

Circle Prompt 的"Inspector"面板显示如图 7-33 所示。

7.8.3.5　放置全息图

用户将能够在真实世界中放置全息图。我们预测用户会使用提示来限制轮胎的范围。然后我们可以显示注册到轮胎的说明图像。

为了要放置全息图，用户将在凝视圆环提示时使用选择手势单击它。然后，移动他们的头凝视一个新的位置，全息图将跟随注视的点移动，直到检测到另一个选择。那将是全息图的新位置。

在真实世界中放置对象时，需要使用 HoloLens 空间建图。该设备始终扫描环境，获取深度读数，并构建所有表面的 3D 网格。为了将全息图放置在空间中用户希望的位置，我们将从用户的视线中投射出一条光线（绘制一条直线），并确定它与空间地图网格的相交位置。这个 3D 坐

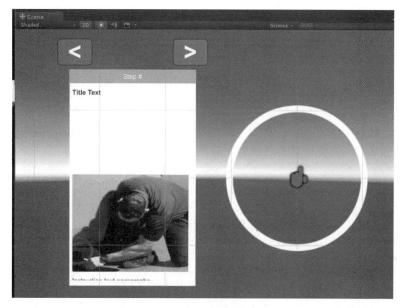

图　7-32

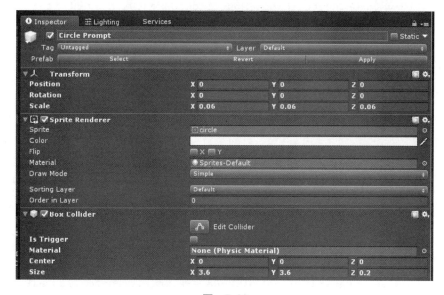

图　7-33

标点将成为我们移动全息图的位置。

　　实现这一点涉及一些数学问题，但 Unity 提供了我们所需的所有功能：

　　1）在项目 Assets/Holotoolkit/SpatialMapping/Prefabs 文件夹中找到 SpatialMapping 预制体，并将其拖放到 "Hierarchy" 面板中。

265

2）在 HowToChangeATire/Scripts 文件夹中，创建一个名为 TapToPlaceInstructions 的新 C#脚本。

3）在"Hierarchy"面板中，选择 Circle Prompt。

4）将新脚本组件拖放到 Circle Prompt 中。

5）双击脚本以打开它进行编辑。

> ⓘ 请注意，HoloToolkit 命名空间在本书出版时正在等待重命名为 MixedRealityToolkit。在阅读本书时，你可能需要使用新的命名空间。

完整的脚本如下所示。在脚本中输入以下代码：

```
File: TapToPlaceInstructions.cs
using UnityEngine;
using HoloToolkit.Unity.InputModule;
using HoloToolkit.Unity.SpatialMapping;

public class TapToPlaceInstructions : MonoBehaviour, IInputClickHandler {
    public SpatialMappingManager spatialMapping;
    public bool placing;

    public void OnInputClicked(InputClickedEventData eventData) {
        placing = !placing;

        spatialMapping.DrawVisualMeshes = placing;
    }

    void Start() {
        spatialMapping.DrawVisualMeshes = placing;
    }

    void Update() {
        if (placing) {
            Vector3 headPosition = Camera.main.transform.position;
            Vector3 gazeDirection = Camera.main.transform.forward;
            int layerMask = 1 << spatialMapping.PhysicsLayer;
            RaycastHit hitInfo;
            if (Physics.Raycast(headPosition, gazeDirection, out hitInfo,
30.0f, layerMask)) {
                this.transform.parent.position = hitInfo.point;
                Quaternion toQuat = Camera.main.transform.localRotation;
                toQuat.x = 0;
                toQuat.z = 0;
                this.transform.parent.rotation = toQuat;
            }
        }
    }
}
```

在脚本的顶部，我们声明将使用 HoloToolkit（MixedRealityToolkit）输入模块与空间建图 API。TapToPlaceInstructions 类将为 IInputClickHandler（输入模块的事件系统）实现一个接口。当用户在注视当前对象（圆环提示）的同时做出选择手势时，将调用 OnInputClicked 方法。

我们为这个类声明了两个变量。spatialMapping 是对场景中的 spatialMapping 对象的引用，因此我们可以打开与关闭空间地图网格可见性。放置是一个布尔值，用于跟踪放置对象的时间。

所以，当用户单击圆环时，OnInputClicked 被调用，并且 placing 被启用，然后我们打开网格。不放置时，网格关闭。我们使用编码快捷方式，并简单地使用 placing 布尔值来设置 DrawVisualMeshes 值本身，而不是编写 if placing then DrawVisualMeshes = true else DrawVisualMeshes = false。

placing 是一个公共变量，它可以在 Unity 编辑器中设置。如果我们选择在开启放置位置（强制用户首先开始放置全息图）启动应用程序，我们也想在 Start() 中绘制网格。

在 placing 每个 Update() 时，我们从注视方向（摄像头前向矢量）的头部位置（摄像头位置）投射一束光线，并查看它是否与空间网格相交。我们将射线限制在 30m 以内。

Physics.Raycast 如何知道我们正在寻找空间网格交集，而不是场景中的其他任何东西？如果你返回到 Unity 并单击 SpatialMapping 对象，则会看到其（默认）物理层设置为 31。Raycast 将仅查找第 31 层上的对象（Raycast 函数需要我们生成的二进制图层掩码，通过使用指令 1 < <31 将值 1 二进制移位到 31 个位置）。

如果我们得到交叉点时，则将全息图的位置设置为该点。（Hologram 是 "Hierarchy" 面板中 Circle Prompt 的父项。）我们还可以旋转全息图，就像广告牌一样，所以它始终面向你。

当用户再次选择时，放置模式被禁用，并且全息图最后放置的地方就是它停留的地方。

1）保存脚本。

2）将 SpatialMapping 对象从 "Hierarchy" 面板拖放到 Tap To Place Instructions 组件的 Spatial Mapping 插槽中。

3）选中 Placing 复选框。

并在 HoloLens 中试用。放置圆环时，将绘制空间建图网格。当你移动目光时，全息图在你的房间中移动，如图 7-34 所示。

当你再次单击时，它完成了，网格被隐藏起来，说明全息图现在处于新的位置。

7.8.3.6　添加 AR 图像内容

最后一步是在场景中启用增强说明图像。这些与我们为移动 AR 所做的步骤相同，但假设这是一个新项目，我们必须在此进行更改。有关更详细的解释，请阅读本章中的整合增强的内容部分。

告诉 InstructionStep 从 CSV 文件中读取 AR 预制体数据。

打开 InstructionStep.cs，添加一个新变量：

```
public string ARPrefabName;
private const int ARColumn = 5;
```

然后将其添加到 InstructionStep 构造函数中：

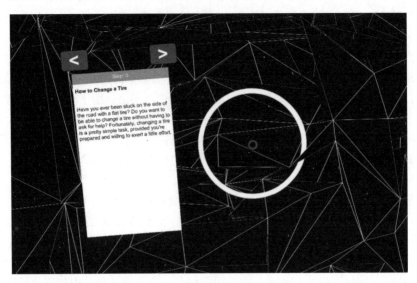

图　7-34

```
if (values.IndexOf(item) == ARColumn) {
    ARPrefabName = item;
}
```

创建一个 ARGraphic. cs 脚本来处理 UIElement 事件。在你的 Scripts/UIElements/文件夹中，创建一个名为 ARGraphic 的 C#脚本并将其编写如下：

```
File: ARGraphic.cs
using UnityEngine;

public class ARGraphic : InstructionElement {
    private GameObject currentGraphic;

    protected override void InstructionUpdate(InstructionStep step) {
        Debug.Log("ARGraphic:" + step.ARPrefabName);

        // clear current graphic
        if (currentGraphic != null) {
            Destroy(currentGraphic);
            currentGraphic = null;
        }

        // load step's graphic
        if (!string.IsNullOrEmpty(step.ARPrefabName)) {
            Object data = Resources.Load(step.ARPrefabName,
typeof(GameObject));
            currentGraphic = Instantiate(data, transform ) as GameObject;
        }
    }
}
```

我们需要确保实例化的预制体是增强说明对象的子对象。

保存你的文件。

集成 AR 图像的最后一步是在增强视图中显示它。

1）在"Hierarchy"面板中，创建一个空对象作为全息图的子项，并将其命名为 Augmented Instructions。

2）重置其 Transform。

3）将 ARGraphic 脚本添加为组件。

由于原始图像是为移动版本的应用程序设计的，因此我们需要对 Transform 进行一些调整。

1）Scale：0.5，0.5，0.5。

2）Rotation：-90，0，0。

3）Position：0.025，0.025，0。

保存场景。

现在，当你运行后，并导航选择到包含 3D 图像的说明步骤时，它将与 2D 说明内容一起显示在瘪了的轮胎上。图 7-35 是我们的应用程序与我的玩具车在办公桌上的混合现实视图描述。

图 7-35

7.9 本章小结

在本章中，我们从第 6 章中开发的 2D 说明手册项目开始，并将其扩展到包括 AR 图形作为新的媒体类型。在准备使用 Vuforia SDK 的项目之后，我们首先实现了一个屏幕按钮来切换 AR 模式。在 AR 模型界面隐藏了 2D 内容面板并允许显示摄像头视频流。

我们建立了项目来捕捉用户定义标识。我们添加了一个带有光标、指导标识注册的圆圈与捕捉按钮的 AR 提示面板。单击按钮后，应用程序将使用当前视图作为 AR 标识，并在其上显示 AR 内容。我们用 Vuforia 的 Trackable Events 来了解何时隐藏 AR 提示面板或者显示红色圆圈作为捕捉的标识质量较差的错误提示。

通过 AR 模式与用户定义标识，我们将 3D 注释集成到说明手册中。我们把对应的说明图像导入到项目中的预制体，当用户浏览到说明手册中的一个步骤时，这个预制体会被实例化。我们还回顾了如何创建、编辑与导出这些预制体。最后，我们还将 2D 说明（文本、图像与视频）的副本复制到 AR 视图中，以便用户无须在 2D 与 AR 模式之间来回切换。

我们还展示了 Apple ARKit 在 iOS 移动设备上实现 AR 模式的另一种方式。我们不是使用图像标识在真实世界中注册 AR 图像，而是使用 ARKit 的空间锚点来确定真实世界的 3D 位置。使用 Google ARCore 可以在 Android 上使用类似的方法（有关详细信息，请参阅我们的 GitHub 存储库主页）。

本章还展示了如何实现 Microsoft HoloLens 可穿戴 AR 设备的项目。在这个版本中，一切都在世界空间坐标中。我们创建了一个包含 2D 说明内容画布、导航按钮与 3D AR 图像的全息图。然后添加了一个输入模块，以便选择手势可以控制 UI 按钮与滚动条。然后，我们又添加了空间建图（Spatial Mapping），以将全息图放置在真实空间中。

在下一章中，我们将更详细地探讨空间建图。在那个项目中，我们将用增强现实的方式用虚拟的相框及照片装饰你的房间。下一章从 HoloLens 项目的实现开始，然后开发移动 AR 的版本。

第8章

基于 AR 的室内装饰

增强现实（或者是虚拟现实）的一个常见示例是在现实世界展示一个 3D 模型，这个模型是今后可能会出现在真实世界里面的物体。对于建筑师来说，这些可能被称为预构建效果图。对于室内设计师来说，这些被称为视觉演示。当你需要虚拟地将用户转移到其他空间时，VR 技术可以将其实现。当用户已经在现实空间中并且你想向他们展示不同的东西来增强环境时，则 AR 技术可以将其实现。

除了设计之外，AR 技术适用于市场营销与销售。例如，IKEA 与 Wayfair 就是家具零售商，它们提供具有 AR 功能的移动 App，让你可以看到你想要的家具放置在家中的某个位置是什么样子。

在本章中，我们将构建一个 AR 应用程序，让你用个性化的照片装饰你的房间。你可以从购物目录中选择一个相框，然后从照片库中挑选照片，并将带相框的照片放置在你房间的墙上。

对于这个项目，与本书中的其他项目相比，我们将混合一些技术。首先从微软 HoloLens 开始实现，因为这是相对更适合我们 App 的可穿戴透视 AR 硬件设备。然后我们将它移植到 iOS 的 ARKit 上。然后，我们使用 Vuforia 将其移植到 Android 与旧版本的 iOS 设备上。

我们将了解 AR 设备如何扫描你的房间并创建空间的地图网格。然后我们将学习如何在增强现实中使用这个网格模型。该项目还向你展示了如何构建 3D 用户界面，包括按钮工具、模式工具与菜单。

在本章中，你将了解更多关于以下的内容：

- 从头构建 3D 用户界面与元素。
- 了解 AR 的空间建图。
- 使用 Microsoft 混合现实工具包 InputManager 与 Unity GestureRecognizer。
- 其他软件设计模式，包括动作命令、继承与输入事件。
- 更多关于使用 ARKit 与 Vuforia 的信息。

> ⓘ 请参阅本书的 GitHub 存储库，了解每个平台已完成的项目 https://github.com/ARUni-tyBook/。在写作本书时，Google ARCore SDK 不支持垂直平面（仅限于水平面），这会限制此项目的可用性。

8.1 项目计划

想象一下来自相框零售商的应用程序，它可以让你从目录中选择一个相框，并将其与你的房间墙壁上的照片一起展示出来。在我们这个概念的演示版中，你将看到三种类型的相框与一组照片。你可以编辑带相框的照片。在整个项目中，我们将使用以下术语：

- Frame：相框。
- Image：照片。
- Picture：带相框的图片（相框与图片对象）。

8.1.1 用户体验

该 App 可以让你在墙壁上创建带相框的照片（Picture）。如果要修改图片，只需单击它，编辑工具栏就会出现各种编辑工具。本项目中将包括的工具如下：

- Move：将照片沿着房间的墙壁重新定位。选择该工具并将图片拖到新的位置。
- Scale：调整图片的大小。选择工具并拖动以放大或缩小图片。
- Image：选择一个图片。单击该工具将打开图片菜单，并显示可滚动的图像列表。单击一个图片将它放在相框中。
- Frame：选择一个相框。单击该工具将打开相框菜单，并显示一系列可选择的相框。单击一个相框将替换图片的相框。
- Done：完成编辑并隐藏工具栏。
- Cancel：取消编辑，将图片属性（位置、大小、图像、相框）恢复到编辑开始前的状态。
- Delete：从场景中删除当前相框的图片。
- Add：在场景中创建一张新图片，可供编辑。

你可以在你的墙上放置任意数量的图片来欣赏。

8.1.2 图像资源

对于该项目，我们将提供一个 Unity 资源包，其中包含你可以使用的资源，例如示例照片与相框。我们还提供一个 SimpleIcons 包，包含预制的按钮。正如本章后面所解释的那样，欢迎你使用我们的资源或创建你自己的资源。

8.1.2.1 照片

我们假定你正在使用已导入 Unity 的图像纹理资源。该项目在运行时从资源文件夹、设备的照片流或通过网络，可以很容易地抓取照片。请注意，你不需要提供给应用程序较大的几百兆像素照片。本章使用的 mountains. jpg 图像分辨率为 1280 × 774（宽高比约为 5∶3）、图片大小为 425KB。

8.1.2.2　相框

为本章项目提供的相框如图 8-1 所示。

图　8-1

这些相框是在 Blender 软件中创建的 3D 模型。它们默认为 1 × 1 平方单位，我们在 Unity 中将它们重新缩放放置在场景中，以适应图像的宽高比。

> ⓘ　Blender 软件是用于建模、制作纹理、制作动画等功能的 3D 设计开源工具。导入到 Unity 的模型，建议是从 Blender 软件将其导出为 FBX 格式文件。有关更多信息，请参阅 https∶//www. blender. org/。

8.1.3　用户界面元素

对于这个项目，我们将创建 AR 应用程序中常用的几种类型的 3D 用户界面元素，定义如下：
- 操作按钮：单击触发一个动作。该实现使用动作命令设计模式。
- 操作工具：单击并按住以编辑对象。该实现使用更新排序设计模式。
- 模态菜单：单击以打开选项选择菜单；单击菜单中的项目将其选中。该实现使用模态设计模式。

每种类型的 UI 元素都用于不同的 UI 事件。我们将提供每个例子。例如，Delete 是一个按钮工具，Resize 是一个操作工具，Choose Image 是一个模态菜单。

正如我们将看到的，每种 UI 元素类型都是用不同的软件设计模式实现的。按钮工具使用动作命令设计模式，在该按钮上单击（并释放）一次即可发出单个动作；诸如在许多图形编辑器中看到的对象句柄之类的操作工具是单击拖动动作，其使用更新排序设计模式来实现。模态菜单，使用模态设计模式实现，你可以单击按钮打开单独的菜单，在该模式菜单中执行一个或多个操作，当用户完成时关闭。

8.1.4　图标按钮

我们在工具栏中将使用一些漂亮的 Chiclet 风格图标按钮预制体，并为它们提供了本章的 Unity 包。我们在 Raphael Silva 创建的图像共享网站 Pixabay 上找到了图标（https://pixabay.com/en/users/raphaelsilva-4702998/）。我们在工具栏中使用的图标按钮如图 8-2 所示。

图 8-2

我们使用 Blender 软件创建了图标的模型。此外，在可以播放的按钮预制体中提供简单的动画，例如，单击按钮时的效果。这些动画直接在 Unity 中创建。

8.2 创建工程与场景

首先，我们将创建一个新的 Unity 项目，导入我们将要使用的资源包，设置我们的项目 Assets 文件夹，并创建一个带有默认带相框照片的基本场景。

让我们开始吧！

8.2.1 创建新的 Unity 项目

让我们开始实现，在 Unity 中设置一个新项目并为 AR 做好准备。这里我们不会把步骤列出来，因为现在你应该对它很熟悉。如果你需要更多详细信息，请参阅第 2 章与第 3 章中的相关主题：

1）打开 Unity 并创建一个 3D 项目；将它命名为 PhotoFrames。

2）现在导入包含该项目资源的 Unity 包。你可以从发布商的网站下载 PhotoFramesAssets. unitypackage 文件（如果你无权访问该文件，我们将向你展示如何根据本章的需要创建你自己的替代资源）。

图像文件夹包含要在应用程序中显示的图像；你可以在这里添加你自己的最爱。PhotoFrames 包含相框模型与预制体（简称为 Frame 1、Frame 2 与 Frame 3）。SimpleIcons 文件夹包含图标按钮，包括纹理、模型、动画与预制体。

3）选择 Project | Assets window 添加在项目中创建所需文件的 App 文件夹，并为我们的应用程序专用文件夹创建名为 App 的文件夹。

4）然后，创建名为 Materials、Prefabs、Scenes 与 Scripts 的子文件夹，如图 8-3 所示。

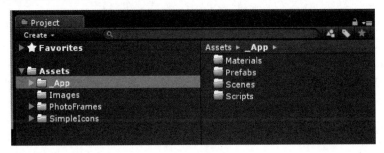

图 8-3

5）保存名为 Main 的场景并保存该项目。

8.2.2 开发 HoloLens 版本

该项目我们用 Microsoft HoloLens 来实现，我们使用 MixedRealityToolkit Unity 插件。在我们构建项目时，我们将有机会更深入地探索这个工具包，并且我们会做更多的解释：

1）在 File｜Build Settings 中，首先通过 Add Open Scene 添加场景。

2）然后选择平台 Windows 应用商店。

3）使用 Assets｜Import Package｜Custom Package，导入 MixedRealityToolkit 包（如果尚未下载，可以在 https://github.com/Microsoft/MixedRealityToolkit-Unity 中找到它）。

> 请注意，以下 Unity 编辑器菜单项名称可能在你的工具包版本中发生了变化。

4）从主菜单中选择 MixedReality｜Configure｜Apply HoloLens Project Settings 并重新加载 Unity。

5）从主菜单中选择 MixedReality｜Configure｜Apply HoloLens Scene Settings 并接受全部选项。

6）从主菜单中选择 MixedReality｜Configure｜Apply HoloLens Capability Settings 并接受全部选项。

7）保存场景并保存项目。

> ℹ️ 与本书中的其他项目不同，我们直接使用 HoloLens 的 MixedRealityToolkit。我们没有使用 HoloLens 的 Vuforia 支持。如果你想在两个平台上尝试该项目，我们建议你维护两个独立的项目副本以避免库冲突。

8）将一些 MixedRealityToolkit 预制体添加到场景"Hierarchy"面板以进行输入管理，我们将立即以以下方式开始使用它们：

① 从 Project Assets/HoloToolkit/Input/Prefabs 文件夹中，将 InputManager 拖放到"Hierarchy"面板中。

② 从 Project Assets/HoloToolkit/Input/Prefabs/Cursors 文件夹中，将 CursorWithFeedback 拖放到"Hierarchy"面板中。

8.2.3 创建默认图片

对于初学者，让我们只在场景中使用一张图片。我们将其命名为 DefaultPicture。DefaultPicture 是"Hierarchy"面板中的一个对象。稍后，我们会将其制作成一个预制体，这样当用户想添加一个图片到场景中时，可实例化该预制体。

1）在"Hierarchy"面板中，单击 Create Empty 并将其命名为 DefaultPicture。

2）创建另一个 Empty 作为 DefaultPicture 的子项，并将其命名为 FramedImage。

3）从 Project Assets/PhotoFrames/Prefabs 文件夹中，将 Frame 1 预制体拖放到 FramedImage 的子项中。

如果你不使用我们的相框预制体，你可以通过创建立方体并为其创建一个适当的着色材料

275

来快速创建相框，可按照以下步骤进行：

① 选择 FramedImage 后，右键单击选择 3D Object｜Cube，并命名为 Frame 1。

② 将帧缩放到（1.2，1.2，0.02），位置设置为（0，0，0.02）。

③ 在项目 Assets/App/Materials 文件夹中，选择 Create｜Material，并将其命名为 Frame 1。

④ 给它添加一个你喜欢的颜色。

⑤ 将 Frame 1 材质拖放到 Frame 1 对象上。

4）添加一个图像。我们会创建一个矩形几何体，然后为其赋予一个材质，这个材质会使用一个 jpg 纹理：

① 在你的项目 Assets/App/Materials 文件夹中，选择 Create｜Material，并将其命名为 Image。

② 从 Assets/Images/ 文件夹中，将山脉纹理拖放到 Albedo 纹理片上（在 Albedo 属性的左侧）。

③ 在"Hierarchy"面板中，选中 FramedImage，右键单击 3D Object｜Quad，然后命名为 Image。

5）将项目资源中的图像材质拖放到矩形中。

现在图像出现在相框中，相框与图像都是方形的。但我们知道这个图像是 1280×774，或者大约 1:0.6 的宽高比。

6）让我们相应地缩放 FramedImage（我们将稍后使用脚本自动执行此操作），方法是将 FramedImage Transform 的 Scale Y 数值设置为 0.6。

如果你现在看看 Game 窗口，它应该是空的。这是因为主摄像头与 DefaultPicture 都在原点，因此摄像头暂时看不到它。

7）让我们将照片从摄像头前移开，然后将其缩小一点（这不是在卢浮宫，1m 宽的照片对于我的房子来说太大了！）：

① 将 DefaultPicture Transform Position 设置为（0，0，1.6）。

② 将其 Scale 设置为（0.3，0.3，0.3）。

8）保存场景。

9）在 Unity 编辑器中单击 Play 按钮查看。

正如第 3 章所解释的那样，你应该在你的 HoloLens 上进行开发。要从 Unity Play 模式使用设备，请执行以下操作：

① 在设备上运行 Holographic Remoting 播放器应用程序（在 bloom 手势系统菜单中找到它）。

② 然后，在 Unity 中，从主菜单中选择 Window｜Holographic Emulation。

③ 选择 Emulation Mode：Remote to Device，然后输入 HoloLens 设备的 Remote Machine IP 地址（显示在屏幕上）。

④ 单击 Connect。

现在你已经完成设置了。当你在编辑器中单击 Play 按钮时，它会在你的设备上运行。

你会看到相框图像在你面前约 1.5m 的位置浮动，如图 8-4 所示。

你也会看到光标跟着你的头部而移动。这是使用我们添加到场景中的 InputManager 控制的 CursorWithFeedback 光标。让我们仔细看看输入管理器与光标。

图　8-4

8.3　关于混合现实工具包输入管理器

HoloToolkit 输入管理器预制体是一个空的（非图形）对象，包括凝视管理器组件、输入管理器组件、（在子对象中）手势输入组件以及其他组件。你可以打开这些脚本来阅读它们，并详细了解它们的作用以及实现方式。

8.3.1　凝视管理器

GazeManager 提供了一个有用的 Unity 界面，用于管理使用者的注视射线——用户的摄像头视角方向——和视线与场景中其他物体的交互。这包括当前的 HitInfo（请参阅 https://docs. unity3d. com/ScriptReference/RaycastHit. html）。GazeManager 是一个单例类，确保场景中只有一个实例。在每个程序执行中，它收集当前注视信息并进行物理光线投射，以查看是否有任何物体位于用户视野的中心区域。它也包括稳定注视方向、提高视觉舒适度的特殊能力，来弥补注视方向由于和头部运动相耦合，而与真实视觉感知相比稳定性的不足。

与 GazeManager 配合使用，HoloToolkit 提供了可以包含在项目中的各种光标预制。附加到光标的 ObjectCursor 组件将使光标游戏对象跟随用户的注视。该组件具有高级功能，例如能够将自身定位在凝视命中对象的距离，广告牌定向以便光标对象始终面向用户，以及根据光标状态切换光标对象的能力。例如，我们在此项目中使用的 CursorWithFeedback 预制包含此组件。

> ℹ️ 将光标定位在用户注视的对象表面上的 AR 舒适性与可用性非常重要。这是为什么呢？假设你总是在距离 1m 的位置上显示光标。当你凝视 3m 外的物体，但光标距离 1m 远时，则你的眼睛无法同时聚焦于两者。其中一个将会失去焦点，并且你会感到视觉辐辏调解冲突问题，这往往会引起头痛（见 https://www. wired. com/2015/08/obscure- neuro- science- problem- thats- plaguing- vr/）。MixedRealityToolkit 通过将光标定位在你正在查看的任何对象的命中点来处理此问题。

8.3.2 输入管理器

HoloToolkit InputManager 是一个负责管理输入源并将相应事件分配给各个输入处理程序的单例。HoloLens 的输入源包括手势与语音命令。

MixedRealityToolkit 提供了许多不同的输入事件处理程序组件，其中一些我们将在此项目中使用。例如，IInputClickHandler 为单击事件提供了一个界面，就像用户做出选择手势时所产生的那样（将食指与拇指捏在一起）。输入处理程序可以在 HoloToolkit/Input/Scripts/InputEvents/文件夹中找到，其中的摘要将在前面显示。

8.3.2.1 混合现实工具包输入事件

表 8-1 中，InputManager 为 HoloLens 设备支持的各种输入源提供通用接口。值得注意的是，这包括手势与语音。实现手势输入源的代码是 GesturesInput 类。

表 8-1

处 理 程 序	描 述	事 件	数 据 结 构
IFocusable	对进入/退出做出反应	OnFocusEnter OnFocusExit	
IHoldHandler	对保持手势做出反应	OnHoldStarted OnHoldCompleted OnHoldCanceled	Hold EventData
IInputClickHandler	对简单的单击输入做出反应	OnInputClicked	InputClicked EventData
IManipulationHandler	对操纵手势做出反应	OnManipulationStarted OnManipulationUpdated OnManipulationCompleted OnManipulationCanceled	Manipulation EventData
INavigationHandler	对导航手势做出反应	OnNavigationStarted OnNavigationUpdated OnNavigationCompleted OnNavigationCanceled	Navigation EventData
ISourceStateHandler	对源状态改变做出反应	OnSourceDetected OnSourceLost	SourceState EventData
ISpeechHandler	对语音识别做出反应	OnSpeechKeyword Recognized	SpeechKeyword Recognized EventData

GesturesInput 类是 Unity 内置 GestureRecognizer 类的封装。GestureRecognizer 是 Unity-

Engine. VR. WSA. Input 库的一部分，它是微软混合现实 Windows Store App 输入 SDK。InputManager 使用 GesturesInput 作为手势输入源。

我们在该项目中构建的 3D UI 系统元素包括说明使用这些输入事件的脚本。

8.4　创建工具栏框架

我们要做的第一件事是创建一个简单的工具栏框架，该框架支持使用各种类型的输入元素（动作按钮、操作工具与模式菜单）来编辑图片。我们的框架将要求创建以下组件：

- PictureController：一个针对父级图片对象操作的组件，主要用来保持图片编辑状态。
- PictureAction：将按钮与其他可单击对象发送到 PictureController 的组件。
- PictureMenu：用户可以从对象列表中选择模态菜单的组件。
- ClickableObject：PictureMenu 用来处理选择事件的实用组件。

现在我们将实现前两个。菜单组件将在稍后进入相框与图像选择菜单时引入。

目前，我们将实施一个简单的机制。当图片被编辑时，PictureController 通过 UI 来管理图片的更新。当你单击场景中的图片时，会出现一个工具栏。工具栏将有一个 Done 按钮，它告诉控制器停止编辑并关闭工具栏。稍后我们将添加更多按钮与功能。

8.4.1　创建工具栏

首先，在 DefaultPicture 下创建一个包含图标按钮的工具栏对象。添加一个按钮：Done 按钮：

1）在"Hierarchy"面板中选择 DefaultPicture，单击 Create Empty 并将其命名为 Toolbar。

2）将其 Position 设置为（0，0.4，-0.1），使其靠近图片顶部并稍微靠前。

3）从 Assets/SimpleIcons/Prefabs/文件夹中将 DoneButton 预制体拖放到"Hierarchy"面板中，作为工具栏的子项。

4）将其 Position X 设置为 0.45，将其放在图片的右上角。

如果你没有使用我们提供的 SimpleIcons 包，你可以添加一个比例为（0.1，0.1，0.04）的立方体，并命名为 DoneButton。

8.4.2　PictureController 组件

PictureController 通过 UI 来管理图片编辑的命令。我们的图片编辑器可以对图片对象执行各种操作。这些操作在 PictureComand 中被枚举出来。我们用它来封装这些命令的实现，并且只通过一个 Execute() API 函数显露出来。

1）在你的 Project Assets/App/Scripts/文件夹中，创建命名为 PictureController 的 C#脚本。

2）打开它进行编辑，你将看到以下内容：

```
File: PictureController.cs
using UnityEngine;

public enum PictureCommand { ADD, EDIT, DONE, CANCEL, MOVE, SCALE, DELETE,
IMAGE, FRAME }
```

```
public class PictureController : MonoBehaviour {
    public GameObject toolbar;
    void Start() {
        BeginEdit();
    }

    public void Execute(PictureCommand command) {
        switch (command) {
            case PictureCommand.EDIT:
                BeginEdit();
                break;

            case PictureCommand.DONE:
                DoneEdit();
                break;
        }
    }

    private void BeginEdit() {
        toolbar.SetActive(true);
    }

    private void DoneEdit() {
        toolbar.SetActive(false);
    }
}
```

在文件的顶部，我们声明在该组件中使用的 public enum PictureCommand，就像是 PictureAction 组件一样来触发指令。BeginEdit 与 DoneEdit 函数通过 Executeswitch 语句调用。我们还从 Start() 中调用 BeginEdit，以便新图片在启动的时候始终在编辑状态。

3）将 PictureController 拖放到"Hierarchy"面板中的 DefaultPicture 对象上。

4）然后将 Toolbar 对象从"Hierarchy"面板拖放到其 Toolbar 插槽中。

8.4.3 PictureAction 组件

PictureAction 组件应在单击时向 PictureController 发送一个动作命令，该组件将被添加到该对象中。在名为 PictureAction 的脚本文件夹中创建一个新的 C#脚本，然后打开它进行编辑。你会看到以下内容：

```
File: PictureAction.cs
using UnityEngine;
using HoloToolkit.Unity.InputModule;

public class PictureAction : MonoBehaviour, IInputClickHandler {
    public PictureCommand command;
    protected PictureController picture;

    void Start() {
        picture = GetComponentInParent<PictureController>();
```

```
    }

    public void OnInputClicked(InputClickedEventData eventData) {
        picture.Execute(command);
    }
}
```

PictureAction 响应 OnInputClicked 事件。使用 HoloLens，这些事件是在识别用户正在执行食指和拇指捏在一起的选择手势时生成的。Start( ) 函数查找父级的 PictureController。然后，当用户单击时，它只是将其命令发送给控制器。

8.4.4 设置动作

当用户单击一张图片时，激活它进行编辑。当用户单击 Done 按钮时，它将停止编辑。让我们把它连接起来：

1）将 PictureAction 组件添加到 DefaultPicture 中的 FramedImage 对象。

2）将其 Command 设置为 EDIT。

3）将 PictureAction 组件添加到工具栏中的 DoneButton 对象。

4）将其 Command 设置为 DONE。

5）添加一个 FramedImage 需要从 InputManager 接收事件的碰撞器，如下所示：

① 选择 FramedImage 后，选择 Add Component，然后选择 Box Collider。

② 将 Center 设置为（0，0，0.05）。

③ 将 Size 设置为（1，1，0.1）。

6）保存你的工作，然后单击 Play 按钮。当你单击 Done 按钮时，工具栏应被停用并消失。当你单击图片时，工具栏会重新出现。工具栏现在看起来像图 8-5 这样。

图 8-5

让我们开始为我们的应用添加一些编辑功能。

8.5 Move 工具进行空间建图

我们将添加到项目中的第一个编辑功能是将图片移动到房间墙壁上的工具。这将利用 Holo-Lens 空间建图功能。我们首先添加它，然后更详细地查看空间建图。

目标是在用户单击 Move 按钮时启用定位功能。再次单击将取消 Move 命令。具体来说，Move 工具会像下列步骤这样工作：

- 按下按钮将激活 Move 操作模式。该按钮将变大以显示它被激活。
- 当你移动你的视线时，按钮就像是图片对象上的元素。图片跟随你的目光转移到一个新的位置。
- 该工具使用空间建图来检测环境中的垂直表面，我们将假定它是一面墙（你不想将图片挂在地板或天花板上！）。
- 再次单击该工具将取消激活 Move 模式，将图标按钮恢复到正常大小，并将图片保留在新的位置上。

这是一种更新排序设计模式。

8.5.1 添加 Move 按钮与脚本

首先，让我们将 MoveButton 预制体添加到工具栏中。

1）从 Assets/SimpleIcons/Prefabs/文件夹中，将 MoveButton 预制体拖放到"Hierarchy"面板中，作为 Toolbar 的子项。

如果你没有使用我们提供的 SimpleIcons 包，你可以添加一个带有比例（0.1，0.1，0.04）的立方体，并将其命名为 MoveButton。

2）现在让我们为该按钮编写 MoveTool. cs 脚本。

3）在 Scripts 文件夹中，创建一个新的 C#脚本，将其命名为 MoveTool，然后打开它进行编辑。

4）开始编写脚本，如下所示：

```
File: MoveTool.cs
using UnityEngine;
using HoloToolkit.Unity.InputModule;

public class MoveTool : MonoBehaviour, IInputClickHandler {
    private bool isEditing;
    private Vector3 originaButtonScale;
    private BoxCollider collider;
    private Vector3 originColliderSize;

    void Start() {
        isEditing = false;
        originaButtonScale = transform.localScale;
        collider = GetComponent<BoxCollider>();
```

```
        originColliderSize = collider.size;
    }

    public void OnInputClicked(InputClickedEventData eventData) {
        if (!isEditing) {
            BeginEdit();
        } else {
            DoneEdit();
        }
    }

    private void BeginEdit() {
        if (!isEditing) {
            isEditing = true;
            transform.localScale = originaButtonScale * 2.5f;
            collider.size = Vector3.one;
        }
    }

    private void DoneEdit() {
        if (isEditing) {
            isEditing = false;
            transform.localScale = originaButtonScale;
            collider.size = originColliderSize;
        }
    }
}
```

我们要做的第一件事是声明我们正在使用 HoloToolkit. Unity. InputModule 库，然后在类声明中指定 IInputClickHandler 接口。接口期望我们定义一个 OnInputClicked 方法。

单击该工具将激活它，将 isEditing 设置为 true。再次单击该工具将关闭 isEditing。我们的私有方法 BeginEdit 与 DoneEdit 来实现切换，当被激活时，它只是放大 MoveButton 对象。

我们在编辑时修改了盒子碰撞体。尽管我们打算在将图片移动到新位置时将按钮对象保留在视线中间，但我们也希望确保第二次单击被 Hololens 的工具识别到。另外的因素也解释了为什么我们希望在编辑时使用较大的碰撞体，包括防止其他工具栏按钮被单击到，以及摄像头注视方向上存在的视差可能使得人眼注视方向无法瞄准按钮对象，并且移动的图像可能会滞后于网格上各式三角面而错过单击事件。由于这些原因，我们暂时将盒子碰撞体尺寸设置为 (1, 1, 1)。

5) 保存脚本。

6) 将脚本拖放到 MoveButton 上。

7) 保存场景。

8) 单击 Play 按钮。

当你注视按钮并完成 HoloLens "选择"（食指拇指捏手势）时，该按钮应放大。再次单击它会恢复正常。

8.5.2 使用空间建图进行定位

要使用该工具实际移动图片并将其粘贴到墙上，我们将需要 MixedRealityToolkit 中的 Spatial-Mapping 预制体。其空间建图管理器组件控制房间模型网格的扫描与显示。HoloLens 在设备中使用深度传感技术来构建当地环境的 3D 几何网格，即所谓的 Room Model。该网格将作为游戏对象（SpatialMapping 对象的子对象）被添加到场景中，并默认驻留在单独的图层 Layer 31 上，并在物理图层中指定。图 8-6 显示 SpatialMapping 的"Inspector"面板。

图 8-6

现在让我们来添加它。

1）从项目 Assets/HoloToolkit/SpatialMapping/Prefabs 文件夹中，将 SpatialMapping 拖放到"Hierarchy"面板中。

2）在"Inspector"面板的空间建图管理器中，取消选中 Draw Visual Meshes 复选框。

如果你愿意，保留 Draw Visual Meshes 选中状态并单击 Play 按钮运行场景。你会看到网格产生的视图。我们将使用脚本控制视觉网格的显示，因此取消选中它，但保留 Auto Start Observer 选中状态，以便设备在应用程序启动时开始捕获网格。现在我们来补充一下。

3）添加以下代码：

```
using HoloToolkit.Unity.SpatialMapping;
```

4）另外，添加下面的代码：

```
private SpatialMappingManager spatialMapping;

void Start() {
    ...
    spatialMapping = SpatialMappingManager.Instance;
}
private void BeginEdit() {
    if (!isEditing) {
        ...
        spatialMapping.DrawVisualMeshes = true;
    }
}
private void DoneEdit() {
    if (isEditing) {
        ...
        spatialMapping.DrawVisualMeshes = false;
    }
}
```

5）单击 Play 按钮并选择 Move 按钮；按钮放大并显示空间网格，如图 8-7 所示（Scene 窗口视图）。

图　8-7

现在我们需要做的就是编写定位图片的 Update( ) 函数。它会从摄像头获取当前的头部位置与注视方向，找到它撞到墙壁的位置，然后在该位置放置图片。通过使用与墙壁交点的法向量，它也会将图片旋转到与墙壁齐平的位置。

为了达到这个目的，我们需要通过一个根图片对象的引用和按钮到图片锚点的相对偏移来初始化该实例。由于图片对象 DefaultPicture 有一个 PictureController 组件，我们知道它是这个"Hierarchy"面板中唯一的组件，所以我们可以通过调用 GetComponentInParent 来找到它。

6）在这个类的顶部，添加以下变量：

```
private PictureController picture;
private Vector3 relativeOffset;
private float upNormalThreshold = 0.9f;
```

7）在 Start( ) 中初始化它们：

```
void Start() {
    ...
    picture = GetComponentInParent<PictureController>();
    relativeOffset = transform.position - picture.transform.position;
    relativeOffset.z = - relativeOffset.z;
}
```

8）然后按如下方式添加 Update( )：

```
    void Update() {
        if (isEditing) {
            Vector3 headPosition = Camera.main.transform.position;
            Vector3 gazeDirection = Camera.main.transform.forward;
            int layerMask = 1 << spatialMapping.PhysicsLayer;
            RaycastHit hitInfo;
            if (Physics.Raycast(headPosition, gazeDirection, out hitInfo,
30.0f, layerMask)) {
                picture.transform.position = hitInfo.point -
relativeOffset; // keep tool in gaze
                Vector3 surfaceNormal = hitInfo.normal;
                if (Mathf.Abs(surfaceNormal.y) <= (1 - upNormalThreshold))
{
                    picture.transform.rotation = Quaternion.LookRotation(-
surfaceNormal, Vector3.up);
                }
            }
        }
    }
```

对 Physics. Raycast 的调用是来确定注视矢量（gaze vector）是否与空间的地图相交，以及在哪里相交（在 spatialMapping. PhysicsLayer 上）。相交点位置通常被用来设置图片的位置偏移。要将 Move 按钮保持在视线中间，我们就要使用相交点的相对偏移距离设置图片位置。然后，使用相交点处的平面法线（hitinfo. normal）设置图片旋转向量。

单击 Play 按钮并尝试运行。你可能会发现墙上的网格有时会在图片移动时让图片看不到。这是因为空间贴图的网格有噪点，并且有些顶点被拉伸了。我们可以通过将 FramedImage Position Z 设置为 -0.1 来解决这个问题。

更好的解决方案是使用 SurfacePlane 预制体。接下来让我们看看其如何工作。

8.5.3　理解表面平面

如前所述，空间建图的网格是三角网格，原因是受深度设备与网格生成技术中的噪点的影响。但由于我们没有使用复杂的几何形状（如家具或其他物体）的需求，因此我们可以安全地使用这个算法将网格应用于物体的平面。HoloToolkit 包含空间处理与解释组件以协助解决这个问题。

它的关键是 SurfaceMeshesToPlanes 组件（可在 Holotoolkit/SpatialMapping/Scripts/SpatialProcessing 文件夹中找到）。将此组件添加到 "Hierarchy" 面板中的 SpatialMapping 对象。该组件需要许多参数，其中包括一个 SurfacePlane 预制体，它用于将它发现的任何表面平面替换为网格几何体。SpatialMapping/Prefabs 文件夹中包含一个预制体 SurfacePlane，你可以将其拖放到组件插槽中。还可以指定你感兴趣的平面类型：墙壁、地板、天花板或桌子。以下是 SurfaceMeshesToPlane 组件与 SurfacePlane 预制体的一些示例设置，用于检测与绘制墙壁。SurfaceMeshesToPlanes 组件如图 8-8 所示。

图　8-8

如图 8-9 所示，我们创建了一种新的墙体材质，名为 Wall，以突出显示检测到的墙面（材质使用半透明的黄色）。它将用于 SurfacePlane 组件。

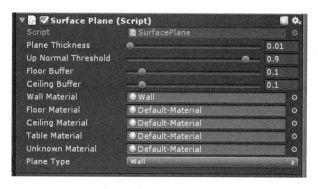

图　8-9

有关使用这些组件的更多信息，请参考以下内容：

• Holograms 230 Tutorial：https://developer. microsoft. com/en-us/windows/mixed-reality/holograms_230

8.6　使用手势识别器缩放工具

我们要实现的下一个工具是缩放工具，可以让你调整图片大小。像 Move 工具一样，它使用更新排序设计模式来实现模态操作工具。但是，我们将使用不同的用户场景以及不同的底层实现。

缩放工具将像这样工作：

- 使用拇指和食指捏合手势按住按钮将激活缩放操作模式。该按钮将变大以显示它被激活。
- 当你保持捏合手势并将你的视线向右移动时，图像对象变得更大。将视线向左移动，图片缩小。
- 释放捏合手势（不单击按钮）会禁用 Move 模式，将按钮图标恢复到正常大小，并将图片保留在新的位置。

因此，该工具提供了一个与 Move 工具不同的示例。使用 Move 工具，你单击一次（然后释放）开始移动，然后再次单击停止。缩放工具则是单击后并保持操作。

另外，我们使用这个例子来展示 HoloLens 输入事件的不同方式。在我们的其他 UI 元素中，我们使用 InputManager 类，特别是 IInputClickHandler 接口来响应 OnInputClicked 事件。对于缩放工具，我们使用较低级别的 Unity 内置的 GestureRecognizer 类。要使用 GestureRecognizer，你需要指定要捕获的手势类型，然后注册发生其中一个事件时要调用的回调函数。

8.6.1 添加缩放按钮与脚本

首先，让我们将 ScaleButton 预制体添加到工具栏中：

1）从 Assets/SimpleIcons/Prefabs/ 文件夹中，将 ScaleButton 预制体作为工具栏的子项拖放到 "Hierarchy" 面板中。

2）将其 Transform Position X 设置为 -0.15。

如果你没有使用我们提供的 SimpleIcons 软件包，你可以添加一个具有比例（0.1，0.1，0.04）的立方体，并将其命名为 ScaleButton。

3）现在我们来为按钮编写 ScaleTool.cs 脚本。在 Scripts 文件夹中，创建一个新的 C#脚本，将其命名为 ScaleTool，然后打开它进行编辑。

首先，我们将获取一个初始捏合的手势，就像我们之前使用的 OnInputClicked 一样，然后开始编辑。我们还将定义完成或取消的事件，以便我们完成编辑。

1）开始编写脚本，如下所示：

```
File: ScaleTool.cs
using UnityEngine;
using UnityEngine.VR.WSA.Input;
public class ScaleTool : MonoBehaviour {
    private PictureController picture;
    private Vector3 originaButtonScale;

    private GestureRecognizer scaleRecognizer;
    private bool isEditing;
    void Start() {
        picture = GetComponentInParent<PictureController>();
        originaButtonScale = transform.localScale;
```

```
        scaleRecognizer = new GestureRecognizer();
scaleRecognizer.SetRecognizableGestures(GestureSettings.ManipulationTransla
te);

        scaleRecognizer.ManipulationStartedEvent += OnStartedEvent;
        scaleRecognizer.ManipulationUpdatedEvent += OnUpdatedEvent;
        scaleRecognizer.ManipulationCompletedEvent += OnCompletedEvent;
        scaleRecognizer.ManipulationCanceledEvent += OnCanceledEvent;
        scaleRecognizer.StartCapturingGestures();
        isEditing = false;
    }
```

2）当用户开始与结束编辑模式时，会调用以下帮助函数：

```
private void BeginEdit() {
    transform.localScale = originaButtonScale * 2.5f;
    isEditing = true;
}

private void DoneEdit() {
    transform.localScale = originaButtonScale;
    isEditing = false;
}
```

3）当这个对象被销毁时，删除事件处理程序（在 Start() 的对面）做个"大扫除"：

```
private void OnDestroy() {
    scaleRecognizer.StopCapturingGestures();
    scaleRecognizer.ManipulationStartedEvent -= OnStartedEvent;
    scaleRecognizer.ManipulationUpdatedEvent -= OnUpdatedEvent;
    scaleRecognizer.ManipulationCompletedEvent -= OnCompletedEvent;
    scaleRecognizer.ManipulationCanceledEvent -= OnCanceledEvent;
}
```

4）定义用于启动、更新、完成与取消的事件处理程序：

```
    private void OnStartedEvent(InteractionSourceKind source, Vector3
position, Ray ray) {
Camera.main.transform.forward);
        if (!isEditing) {
            RaycastHit hitInfo;
            if (Physics.Raycast(Camera.main.transform.position,
Camera.main.transform.forward, out hitInfo)) {
                if (hitInfo.collider.gameObject == gameObject) {
                    BeginEdit();
                }
            }
        }
    }

    private void OnUpdatedEvent(InteractionSourceKind source, Vector3
position, Ray ray) {
```

```
    }

    private void OnCompletedEvent(InteractionSourceKind source, Vector3
position, Ray ray) {
        if (isEditing) {
            DoneEdit();
        }
    }

    private void OnCanceledEvent(InteractionSourceKind source, Vector3
position, Ray ray) {
        if (isEditing) {
            DoneEdit();
        }
    }
}
```

在这个脚本中，我们使用 UnityEngine. VR. WSA. Input 库。像 Move 工具一样，我们为 Picture-Controller 与原始按钮缩放保留一个变量，并在 Start( ) 中初始化这些变量。

我们还有一个在 Start( ) 中初始化的 GestureRecognizer 变量，用于添加我们的处理函数。然后我们的程序会告诉它开始捕捉手势。

当检测到捏合手势时，调用 OnStartedEvent。它检查单击事件是否来自用户，也就是说，我们使用摄像头注视的向量来确定用户是否在检测到事件时查看此对象。如果是这样，我们将调用 BeginEdit( ) 函数。

BeginEdit( ) 函数用来调整缩放按钮对象的大小。我们还编写了相应的 DoneEdit( ) 与 OnDestroy( ) 函数，用来反转并清除初始化。isEditing 标志用于跟踪此组件是否已启动，因为我们不想跟踪其他地方启动的操作事件。

单击 Play 按钮并用捏合手势选择 Scale 按钮，它会放大。释放手势，它会恢复到正常大小。再次捏住该按钮，并在设备视图外移动你的手，这次将再次回到正常大小，这次是因为检测到了 OnCanceledEvent 事件类。

8.6.2　缩放图片

现在我们可以在每次更新后缩放图片。我们将使用简单的技巧将头部运动（注视方向）与对象比例关联起来。我们将使用头部方向角作为相对缩放因子（很像捏合手势用于在触摸屏上缩放），而不是基于凝视点投射光线来确定大小。通过反复试验，我们决定为每个头部运动程度缩放 10% 的对象。

要缩放的我们 "Hierarchy" 面板中的对象不是根 Picture 对象本身，而是 FramedImage 对象。该工具需要知道这一点，并要求 PictureController 提供对该对象的引用。修改 PictureController，如下所示：

```
File: PictureController.cs
    public Transform framedImage;
```

然后填充 FramedImage 插槽。

然后将 FramedImage 对象从"Hierarchy"面板中拖放到 DefaultPicture 的 Picture Controller Framed Image 插槽中。

现在回到 ScaleTool.cs，当我们开始编辑时捕捉开始的注视方向。在每次更新时，计算从该开始注视方向到当前注视方向的角度。我们还捕获了用于计算新比例的起始图片比例。将这些变量添加到类的顶部：

```
File: ScaleTool.cs
    private Vector3 startGazeDirection;
    private Vector3 startScale;
```

在 BeginEdit( ) 中初始化它们：

```
private void BeginEdit() {
    startGazeDirection = Camera.main.transform.forward;
    startScale = picture.framedImage.transform.localScale;

    transform.localScale = originaButtonScale * 2.5f;
    isEditing = true;
}
```

最后，编写 OnUpdatedEvent 以按照角度增量比例修改比例数值。

```
    private void OnUpdatedEvent(InteractionSourceKind source, Vector3
position, Ray ray) {
        if (isEditing) {
            float angle = AngleSigned(startGazeDirection,
Camera.main.transform.forward, Vector3.up);
            float scale = 1.0f + angle * 0.1f;
            if (scale > 0.1f) {
                picture.framedImage.transform.localScale = startScale *
scale;
            }
        }
    }

    // Determine the signed angle between two vectors, with normal 'n' as
the rotation axis
    private float AngleSigned(Vector3 v1, Vector3 v2, Vector3 n) {
        return Mathf.Atan2(
            Vector3.Dot(n, Vector3.Cross(v1, v2)),
            Vector3.Dot(v1, v2)) * Mathf.Rad2Deg;
    }
```

请注意，我们添加了一个辅助功能 AngleSigned，它可以为我们进行角度计算。我们会阻止用户将图片缩放为零或负值。

就是这样！单击 Play 按钮，选择缩放工具，使用缩放手势，移动你的头部以缩放，释放缩放手势。看！图 8-10 显示了我缩放图像的增强现实截图。

我们故意不用图片缩放工具栏，所以它仍然可以调节大小。但是现在你可以考虑移动工具

图 8-10

栏位置，以便它与相框的顶部对齐。我们将把这个练习留给你。

8.7 支持取消操作

如果你移动或缩放或以其他方式更改了图片，而它达不到你预期的效果呢？工具栏上有一个 Done 按钮，我们还应该添加一个 Cancel 按钮。Cancel 会将图片参数重置为在编辑会话开始之前的值。这将交给 PictureController 组件。

目前，我们编辑的图片的属性是 FramedImage Transform。在 Unity 中，你需要将它们保存为位置、旋转与缩放三个单独值。我们将在开始编辑时保存起始变换值，并在取消编辑时恢复它们。

在类的顶部，将以下内容添加到 PictureController 中：

```
File: PictureController.cs
    private Vector3 startPosition;
    private Vector3 startScale;
    private Quaternion startRotation;
```

然后添加这些辅助函数：

```
private void SavePictureProperties() {
    startPosition = transform.localPosition;
    startScale = transform.localScale;
    startRotation = transform.localRotation;
}

private void RestorePictureProperties() {
    transform.localPosition = startPosition;
    transform.localScale = startScale;
    transform.localRotation = startRotation;
}
```

从 BeginEdit 调用 SavePictureProperties：

```
private void BeginEdit() {
    SavePictureProperties();
    toolbar.SetActive(true);
}
```

添加一个新功能 CancelEdit：

```
private void CancelEdit() {
    RestorePictureProperties();
    toolbar.SetActive(false);
}
```

在 Execute 函数中，为 CANCEL 添加一个事件，如下所示：

```
case PictureCommand.CANCEL:
    CancelEdit();
    break;
```

保存 PictureController. cs 脚本。

回到 Unity。添加 CancelButton 并设置其 PictureTool，如下所示：

1）从 Assets/SimpleIcons/Prefabs/文件夹中将 CancelButton 预制体拖放到"Hierarchy"面板中，作为工具栏的子项。

2）将其 Position X 设置为 0.3。

3）将 PictureAction 组件添加到工具栏中的 DoneButton 对象。

4）将其 Command 设置为 CANCEL。

试试看。单击 Play 按钮，修改图片，然后单击工具栏上的 Cancel 按钮。图片应该返回到其修改前的版本。

8.8　抽象选择菜单 UI

我们要添加的下一个功能是可以为图片选择不同的相框与照片图像。为此，我们将使用模态设计模式开发菜单元素。当菜单被激活时，用户会看到一组选择。选择后，将应用选择并关闭菜单。它是模态的，因为菜单一直保持活动状态直到用户做出选择。

我们将首先编写一个实现菜单基本功能的抽象 PictureMenu 类。然后，我们将使用它来选择图片的相框与照片图像。

在我们的框架中，通过使其在 Unity 场景中处于活动状态（使用 SetActive）来启用菜单。当一个对象被激活时，Unity 将调用 OnEnable( ) 函数，我们可以使用它来显示并使用菜单。抽象 PictureMenu 类需要派生类中的以下方法：

- InitMenu：初始化代码；从 Start( ) 中调用。
- BeginEdit：菜单打开时；从 OnEnable( ) 调用。
- ObjectClicked：选择菜单项时；当可单击的对象事件被触发时调用。
- DoneEdit：完成菜单时；应该根据需要从 ObjectClicked 中调用。

菜单项将有一个 ClickableObject 组件。当单击对象时，它将调用一个 OnClickableObjectclicked 事件，传递所选的游戏对象，菜单在其 ObjectClicked 函数中处理该对象。所以首先我们来实现这个：

1）在名为 ClickableObject 的 Scripts 文件夹中创建一个新的 C#脚本，并进行如下编辑：

```
File: ClickableObject.cs
using UnityEngine;
using UnityEngine.Events;
using HoloToolkit.Unity.InputModule;

public class ClickableObjectEvent : UnityEvent<GameObject> { }

public class ClickableObject : MonoBehaviour, IInputClickHandler {
    public ClickableObjectEvent OnClickableObjectClicked = new
ClickableObjectEvent();

    public void OnInputClicked(InputClickedEventData eventData) {
        OnClickableObjectClicked.Invoke(gameObject);
    }
}
```

该脚本将 ClickableObjectEvent 声明为 UnityEvent。使用工具包 InputManager 后，当单击当前对象时，OnInputClicked 将调用菜单将获得的 OnClickableObjectClicked 事件。

请注意，使用 IInputClickHandler（或任何 InputManager 事件）的任何对象必须具有 InputManager 与 GazeManager 的碰撞体，以检测选定的对象。你现在可以看到为什么我们需要确保任何可单击的菜单项都有碰撞体。

现在我们可以编写 PictureMenu 类。

2）在名为 PictureMenu 的 Scripts 文件夹中创建一个新的 C#脚本，并进行如下编辑：

```
File: PictureMenu.cs
using UnityEngine;

public abstract class PictureMenu : MonoBehaviour {
    public ClickableObject[] clickableObjects;

    protected PictureController picture;
    protected GameObject toolbar;

    void Start() {
        SubscribeClickableObjects();
        InitMenu();
    }

    void OnEnable() {
        Debug.Log("PictureMenu: OnEnable");
        picture = GetComponentInParent<PictureController>();
```

```
        picture.toolbar.SetActive(false);
        BeginEdit();
    }

    public abstract void InitMenu();
    public abstract void BeginEdit();
    public abstract void ObjectClicked(GameObject clickedGameObject);

    public void DoneEdit() {
        Debug.Log("PictureMenu: DoneEdit");
        picture.toolbar.SetActive(true);
        gameObject.SetActive(false);
    }

    public void SubscribeClickableObjects() {
        for (int i = 0; i < clickableObjects.Length; i++) {
clickableObjects[i].OnClickableObjectClicked.AddListener(ObjectClicked);
        }
    }

}
```

如上所述，PictureMenu 维护可单击菜单项目列表（ClickableObjects）并将其关联到 Object-Clicked 函数。我们将在实现一个相框选择菜单时再次使用这个类。

8.9　添加相框菜单

我们的相框菜单列表中将显示三个相框。当用户选择一个时，它将替换图片使用的当前相框。它会像这样工作：

- 用户从工具栏中选择 Frame 按钮，该框将打开（显示）Frame 菜单。
- 用户从列表中可单击选择一个相框对象。
- 该菜单通知 PictureController 在图片中设置选定的相框。
- Frame 菜单将关闭（隐藏）。

该菜单将在 PictureController 中调用 SetFrame。该功能将用所选的对象替换 FramedImage 中的当前相框对象。它如何知道 FramedImage 的哪个子对象是相框而不是图像？有很多方法可以实现这一点，例如使用标签或图层。我们将采用一种名为 FrameSpawn 的新对象来处理 FramedImage 的方法：

1）在“Hierarchy”面板中的 FramedImage 下，单击 Create Empty 并将其命名为 FrameSpawn。

2）移动 FramedImage 中的 Frame 1 对象作为 FrameSpawn 的子项。

“Hierarchy”面板中的 FramedImage 现在看起来如图 8-11 所示。

现在让我们来编写当用户选择一个新相框时从菜单调用的 PictureController 代码。

图 8-11

8.9.1 在 PictureController 中的 SetFrame

PictureController 将提供一个方法 SetFrame()，将相框对象作为参数。它会删除 FramedImage 中的现有相框，并重新生成（添加）选定的相框。对 PictureController. cs 脚本进行以下编辑。

在类的顶部，为相框 spawn 命令添加一个变量：

```
File: PictureController.cs
    private Renderer imageRenderer;
```

在 Start() 中进行初始化。我们已经有了对 framedImage 的引用，所以找到它的子项 Image 是安全的：

```
void Start() {
    ...
    Transform image = framedImage.Find("Image");
    imageRenderer = image.gameObject.GetComponent<Renderer>();
```

现在我们编写公共函数 SetFrame，如下所示：

```
public void SetFrame(GameObject frameGameObject) {
    GameObject currentFrame = GetCurrentFrame();
    if (currentFrame != null)
        Destroy(currentFrame);

    GameObject newFrame = Instantiate(frameGameObject, frameSpawn);
    newFrame.transform.localPosition = Vector3.zero;
    newFrame.transform.localEulerAngles = Vector3.zero;
    newFrame.transform.localScale = Vector3.one;
}

private GameObject GetCurrentFrame() {
    Transform currentFrame = frameSpawn.GetChild(0);
    if (currentFrame != null) {
        return currentFrame.gameObject;
    }
    return null;
}
```

我们还添加了一个辅助函数，来获取当前相框作为 FrameSpawn 的第一个（也是唯一）子元素。SetFrame 获取当前相框并删除它。然后它会根据从菜单中选择的相框创建一个新相框并重置其变换。

下一步是建立菜单。

8.9.2 FrameMenu 对象与组件

FrameMenu 是一个空的游戏对象容器,它将选定的对象作为子项。

1)在"Hierarchy"面板中,在 DefaultPicture 下,单击 Create Empty 对象并将其命名为 FrameMenu。

2)设置其 Position 为(0,-0.5,-0.1),使其位于图片的底部稍微靠上的位置。

3)现在我们编写 FrameMenu 脚本组件。在 Scripts 文件夹中,创建一个名为 FrameMenu 的 C# 脚本并进行如下编辑:

```
File: FrameMenu.cs
using UnityEngine;

public class FrameMenu : PictureMenu {

    public override void InitMenu() {
    }
    public override void BeginEdit() {
    }

    public override void ObjectClicked(GameObject clickedGameObject) {
        GameObject frame =
clickedGameObject.transform.GetChild(0).gameObject;
        picture.SetFrame(frame);
        DoneEdit(); // close menu when one pic is picked
    }
}
```

FrameMenu 类是从之前编写的 PictureMenu 类派生而来的。它没有太大的作用。InitMenu 与 BeginEdit 函数暂时没有使用。ObjectClicked 函数获取相框游戏对象并将其传递给控制器 Set-Frame。然后通过调用 DoneEdit 函数来关闭菜单。

8.9.3 相框选项对象

接下来,我们将菜单选择选项添加为 FrameMenu 的子对象,并使它们可单击。

在本章前面,你可能已经将该 PhotoFrames 资源与 Unity 软件包一起安装。如果没有,你可以继续并创建它们,就像你在设置项目与场景部分创建第一个默认图片一样。例如,你可以创建一个立方体,将其缩放到(1.2,1.2,0.02),并将位置设置为(0,0,0.02),然后创建并为其分配一个彩色材质。将它们保存为名为 Frame 1、Frame 2 与 Frame 3 的预制体。

由于菜单选项是可单击的,因此接收输入事件时,它们必须具有碰撞体。

我们将通过使用名为 Frame 1、Frame 2 与 Frame 3 的菜单项对象对实际相框预制体进行继承处理。

按照以下步骤创建菜单游戏对象:

1)在"Hierarchy"面板中选中 FrameMenu,单击 Create Empty 并将其命名为 Frame A。

2）从 Project Assets/PhotoFrames/Prefabs/文件夹中，将 Frame 1 预制体拖动成为 Frame A 的子项。

3）确保 Frame A 仍处于选中状态并将其 Scale 设置为（0.25，0.25，0.25）。

4）将其 Position X 设置为 –0.35。

5）添加 ClickableObject 组件。

对 Frame B（Frame 2）与 Frame C（Frame 3）重复上述步骤。将它们的水平位置 X 值分别设置为 0.0 与 0.35。

现在用我们刚刚创建的相框对象填充 FrameMenu 组件：

1）在"Hierarchy"面板中选择 FrameMenu。

2）将 Clickable Objects 的 Size 设置为 3。

3）将其每个 Frame 对象拖放到 FrameMenu 组件中相应的 Clickable Object Element 插槽中，如图 8-12 所示。

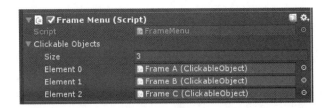

图　8-12

我们现在有了 FrameMenu，用户可以选择可单击的子相框。现在看起来如图 8-13 所示。

图　8-13

让我们试试看。

1）保存你的文件与当前场景。

2）单击 Play 按钮。

你应该看到相框的菜单。选择其中一个相框，它将替换当前的相框。

8.9.4　激活相框菜单

在用户激活相框菜单之前，它应该是不可见的。我们可以将此命令添加到 PictureController 并从工具栏激活它。将 FRAME 命令添加到 PictureController 脚本中，如下所示：

File: PictureController.cs

在 PictureController 类的顶部，为 frameMenu 添加一个公共变量，如下所示：

```
public GameObject frameMenu;
```

在其 Execute( ) 函数的 switch 语句中，添加一个事件：

```
case PictureCommand.FRAME:
    OpenFrameMenu();
    break;
```

然后添加操作功能：

```
private void OpenFrameMenu() {
    frameMenu.SetActive(true);
}
```

保存文件。现在回到 Unity：

1）将 FrameMenu 拖放到图片控制器的 FrameMenu 插槽中。

2）在“Hierarchy”面板中禁用 FrameMenu 对象（取消选中其“Inspector”面板中的左上方框）。

3）我们现在可以在工具栏上添加一个相框按钮。从项目 Assets/SimpleIcons/Prefabs 文件夹中，将“Hierarchy”面板中的 FrameButton 预制体作为工具栏的子项拖动。

4）将其 Position X 值设置为 − 0.45，使其位于左侧。

5）将 PictureAction 脚本组件添加到按钮。

6）将其 Command 设置为 FRAME。

此时，最终的“Hierarchy”面板如图 8-14 所示。

8.9.5　支持在 PictureController 中取消

PictureController 在开始编辑时保存图片的状态。如果你决定取消编辑，图片将恢复为原始图片，因此如果用户在编辑过程中更改了相框，我们也需要恢复该相框。现在让我们进行这些更改：

File: PictureController.cs

将 startFrame 的变量添加到类的顶部：

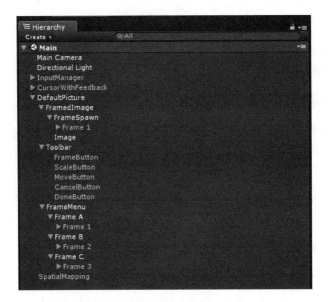

图 8-14

```
private GameObject startFrame;
```

将此添加到 SavePictureProperties：

```
startFrame = Instantiate(GetCurrentFrame());
startFrame.SetActive(false);
```

然后在由 CancelEdit 调用的 RestorePictureProperties 中使用它：

```
startFrame.SetActive(true);
SetFrame(startFrame);
```

请注意，我们已经实例化了一个新的对象，并且在退出编辑时应该清理它，并且不需要再保留它。将以下代码添加到 DoneEdit 与 CancelEdit 中：

```
Destroy(startFrame);
```

现在，当你更改相框但单击 Cancel 按钮时，原始相框会与你编辑的任何其他属性一起被恢复。

8.10 添加图片菜单

我们也希望用户从图片菜单中选择以填充相框。图片菜单与相框菜单非常相似，但我们会将其设置为滚动列表，因此可以有更多的选项，而不是菜单中有限的可见选项。

8.10.1 在 PictureController 中的 SetImage

PictureController 将提供一个方法 SetImage( )，该方法将一个游戏对象作为参数，这个参数包

300

含一个在图片中的纹理。当你想使用纹理的时候，也可以添加 IMAGE 命令来激活工具栏中的菜单，并将保存初始纹理设置为 Cancel 操作，就像我们刚刚为相框菜单所做的那样。

在 PictureController.cs 脚本中添加：

File: PictureController.cs

在类的顶部，为 imageMenu 添加一个公共变量，为图像渲染器添加一个私有变量：

```
public GameObject imageMenu;
private Texture startTexture;
private Renderer imageRenderer;
```

在 Start( ) 函数中，初始化 imageRenderer：

```
Transform image = framedImage.Find("Image");
imageRenderer = image.gameObject.GetComponent<Renderer>();
```

在 Execute( ) 函数中，为 IMAGE 命令添加一个事件：

```
case PictureCommand.IMAGE:
    OpenImageMenu();
    break;
```

然后添加激活菜单的相应功能：

```
private void OpenImageMenu() {
    imageMenu.SetActive(true);
}
```

然后添加公共 SetTexture 函数，该函数根据当前菜单选项设置图片图像纹理：

```
public void SetTexture(Texture texture) {
    imageRenderer.material.mainTexture = texture;
}
```

当我们取消编辑时，将下列行添加到 SavePictureProperties 函数中：

```
startTexture = imageRenderer.material.mainTexture;
```

然后将下列行添加到 RestorePictureProperties 函数中：

```
imageRenderer.material.mainTexture = startTexture;
```

下一步是建立菜单。

8.10.2　ImageMenu 对象与组件

与 FrameMenu 类似，ImageMenu 是一个空的对象容器，将其选择的对象作为子项。

1）在"Hierarchy"面板中，在 DefaultPicture 下，单击 Create Empty 对象并将其命名为 ImageMenu。

2）设置 Position 为（0，-0.5，-0.1），使其位于图片的底部靠上的位置。

3）现在我们编写 ImageMenu 脚本组件。在 Scripts 文件夹中，创建一个名为 ImageMenu 的 C# 脚本并将其打开进行编辑。

ImageMenu 脚本与 FrameMenu 脚本相似，但是由于我们添加了滚动功能，因此稍微复杂一些。"下一个"与"上一个"将会有滚动按钮。三个菜单项显示列表中所有可能的三个图像。在你滚动时，菜单项对象本身不会被替换；然而，它们的纹理将被替换。

如你所知，抽象 PictureMenu 类维护一个 ClickableObjects 列表。这些是图像容器对象。另外，这个菜单还需要两个可单击的对象，用于 Next 与 Previous 按钮。此外，它还会保留所有可供选择的图像纹理列表。现在让我们编写 ImageMenu 脚本，并按如下所述进行编辑：

```
File: ImageMenu.cs
using UnityEngine;

public class ImageMenu : PictureMenu {

    public Texture[] ImageTextures;
    [SerializeField]
    private ClickableObject nextButton;
    [SerializeField]
    private ClickableObject previousButton;

    //The items per page is calculated by the number of images shown at start.
    private int indexOffset;

    public override void InitMenu() {
        base.SubscribeClickableObjects();
previousButton.OnClickableObjectClicked.AddListener(ScrollPrevious);
        nextButton.OnClickableObjectClicked.AddListener(ScrollNext);
    }

    public override void BeginEdit() {
        UpdateImages();
    }

    public override void ObjectClicked(GameObject clickedGameObject) {
        Texture texture =
clickedGameObject.GetComponent<Renderer>().material.mainTexture;
        picture.SetTexture(texture);
        DoneEdit(); // close ImageMenu when one pic is picked
    }

    private void UpdateImages() {
        for (int i = 0; i < clickableObjects.Length; i++) {
            //Sets the texture for the images based on index
clickableObjects[i].GetComponent<Renderer>().material.mainTexture =
ImageTextures[i + indexOffset];
        }
    }

And we add the scroll functions,
    public void ScrollNext(Object eventData) {
```

```
        if ((indexOffset + clickableObjects.Length) < ImageTextures.Length)
    {
            indexOffset++;
        }
        UpdateImages();
    }

    public void ScrollPrevious(Object eventData) {
        if ((indexOffset - 1) >= 0) {
            indexOffset--;
        }
        UpdateImages();
    }
}
```

对代码进行遍历，ImageMenu 类来自 PictureMenu。我们为 ImageTextures 列表声明一个公共变量，并添加 nextButton 与 previousButton 可单击的对象。还有一个私有的整数类，它在列表中将存储滚动位置（indexOffset）。

InitMenu 重写函数确保所有可单击的对象都已关联，包括在父类 PictureMenu 中维护的菜单项和我们新的滚动按钮。

这里有一个 UpdateImages 函数，从当前的 indexOffset 开始它将纹理重新分配给菜单选项对象。Next 与 Previous 按钮调用的 ScrollNext 与 ScrollPrevious 函数将增加或减少 indexOffset。

当一个菜单选项被单击时，我们获取它的纹理并将其传递给 PictureController。然后隐藏菜单。

8.10.3　图像选项对象

接下来，将菜单选项添加为 ImageMenu 的子项并使其可单击。按照以下步骤创建菜单对象：

1）在"Hierarchy"面板中选择 ImageMenu，选择 3D Object│Cube 创建一个立方体，并将其命名为 Image A。

2）将其 Scale 设置为（0.25，0.25，0.02）。

3）将其 Rotation 设置为（0，0，180）。

4）将其 Position X 值设置为 -0.28。

5）复制两次对象，将它们重命名为 Image B 与 Image C，并将 Position X 值设置为 0.0 与 0.28。

6）从 Assets/SimpleIcons/Prefabs 文件夹中，将 LeftArrowButton 预制体拖放到 ImageMenu 层级中，并将其 Position X 值设置为 -0.5。

7）从 Assets/SimpleIcons/Prefabs 文件夹中，将 RightArrowButton 预制体拖放到 ImageMenu 层级中，并将其 Position X 值设置为 0.5。

8）同时选中刚刚在"Hierarchy"面板中创建的所有五个对象，然后给这些对象添加 ClickableObject 脚本组件。

现在用我们刚刚创建的相框对象填充 ImageMenu 组件：

1）在"Hierarchy"面板中选择 ImageMenu。

2）为 Clickable Objects 的 Size 输入 3。

3）将其每个子 Frame 对象拖放到 Image Menu 组件中相应的 Clickable Object Element 插槽中。

4）确定要在菜单中包含哪些图像，设置 Image Textures 的 Size 以显示其列表，并从 Assets/Images/ 文件夹中将每个图像纹理拖放到每个元素的插槽中。

图 8-15 显示了填充的 ImageMenu 组件。

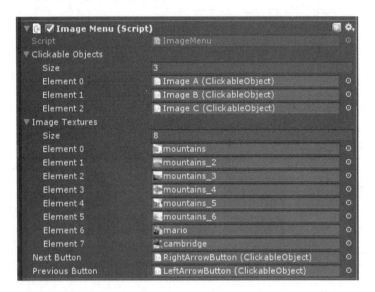

图　8-15

我们现在有一个 ImageMenu 可供用户单击的子相框。目前的显示情况如图 8-16 所示。直到运行时才会显示可选项对象的纹理。

让我们试试看。

保存你的文件与当前场景。单击 Play 按钮。你应该看到图片菜单。选择其中一个图片，它将替换相框中的当前图片。

8.10.4　激活图片菜单

在用户激活图片菜单之前，它应该是不可见的。我们可以将此命令添加到 PictureController 并从工具栏激活它。将 IMAGE 命令添加到 PictureController 脚本中，所以我们只需将按钮添加到工具栏即可：

1）将 ImageMenu 拖放到 Picture Controller 的 Image Menu 插槽。

2）在"Hierarchy"面板中，禁用 ImageMenu 对象（取消选中"Inspector"面板左上角的按钮）。

3）现在将一个 Image 按钮添加到工具栏。从 Project Assets/SimpleIcons/Prefabs 文件夹中，在"Hierarchy"面板中拖动 ImageButton 预制体作为 Toolbar 的子项。

图　8-16

4）将其 Position X 值设置为 −0.3。

5）将 PictureAction 脚本组件添加到按钮。

6）将其 Command 设置为 IMAGE。

8.10.5　调整图像宽高比

你可能已注意到，某些图片出现图像拉伸，尤其是它们处于纵向方向，因为我们的 Framed-Image 会以固定的宽高比显示。我们真正想要的是相框可以根据图像的尺寸自行调整。

当 Unity 导入纹理时，默认情况下它会将 GPU 预渲染为对象材质纹理，其中包括将其重新调整为 2 的幂（例如，1024×1024、2048×2048 等）。如果你让项目在运行时读取图像，例如从 Resources 目录、设备的照片流或网页上，则可以访问包含像素宽度与高度的图像文件元数据。取而代之的是由于我们使用导入的纹理，因此我们可以更改我们使用的图像的高级导入设置：

1）从 Assets/Images/Assets Images 文件夹中选择图片纹理。

2）在 "Inspector" 面板中的 Advanced 项中，将 Non Power 这项由 2 更改为 None。

3）单击 Apply。

对项目中的每个图像重复此操作。请注意，这也会对图像进行解压缩，因此可能会以 400KB .jpg 文件的形式开始变为项目中的 3MB 24 位图像，因此请谨慎选择使用的源图像的宽度与高度。

在 PictureController.cs 中，添加以下帮助函数，该函数返回纹理的原始比例。较大的尺寸将是 1.0，较小的尺寸将会更小。例如，1024w×768h 的图像将获得（1.0，0.75）的比例。它还使用 Z 比例值保持图片当前的相对比例，因为这不会因我们的宽高比计算而改变，但会被缩放工具更改！

```
private Vector3 TextureToScale(Vector3 startScale, Texture texture) {
    Vector3 scale = Vector3.one * startScale.z;
    if (texture.width > texture.height) {
        scale.y *= (texture.height * 1.0f) / texture.width;
    } else {
        scale.x *= (texture.width * 1.0f) / texture.height;
    }
    return scale;
}
```

现在在 SetTexture 中添加一个调用：

```
public void SetTexture(Texture texture) {
    imageRenderer.material.mainTexture = texture;
    framedImage.transform.localScale =
TextureToScale(framedImage.transform.localScale, texture);
    }
```

单击 Play 按钮，然后选择与当前宽高比不同的图像。包括其相框在内的图片将根据其形状调整大小。如果你使用缩放工具调整整个图片的大小，你可以选择任意一张图片；它的形状会被调整，但整体的比例是正确的。

8.11 添加与删除带相框的图片

到目前为止，我们添加进项目的功能并不多，而且只处理一张图片。我们当然想添加许多图片来装饰墙壁！幸运的是，DefaultPicture 对象的工具栏与菜单以及其他全部功能是可以被独立出来的。因此，一种方法是将 DefaultPicture 作为预制体保存，然后为添加到场景中的每个新图像实例化新副本。

我们的计划是将 Add 与 Delete 按钮添加到工具栏。单击 Add 按钮将在场景中创建一张新图片。单击 Delete 按钮将从场景中删除当前图片。

现在让我们来设置它。

8.11.1 工具栏中的 Add 与 Delete 按钮

我们首先将 Add 与 Delete 按钮添加到工具栏中：

1）从 Project Assets/SimpleIcons/Prefabs 文件夹中，在"Hierarchy"面板中拖动 DeleteButton 的预制体作为 Toolbar 的子项。

2）将其 Position X 设置为 0.15。

3）将 PictureAction 脚本组件添加到按钮中。

4）将其 Command 设置为 DELETE。

5）从 Project Assets/SimpleIcons/Prefabs 文件夹中，在"Hierarchy"面板中拖动 AddButton 的预制体作为 Toolbar 的子项。

6）将其 Position X 设置为 0.65，这样稍微偏离一侧。

7）将 PictureAction 脚本组件添加到按钮中。

8）将其 Command 设置为 ADD。

完成的工具栏现在看起来如图 8-17 所示。

图 8-17

8.11.2 GameController

我们为应用程序 PictureController 编写了一个控制器，用于管理图片。我们可以在那里添加一个 CreateNewPicture 函数，但是如果场景是空的而且没有 PictureController 怎么办呢？什么组件函数被调用来添加一个新的图片到场景中呢？我们需要创建一个单独的 GameController 函数来支持创建新图片。

在我们的场景中应该只有一个 GameController，所以我们把它变成一个单例。单例模式确保永远不会有多于一个类的实例。在 Unity 与 C#中，我们可以实现单例。在你的 Scripts 文件夹中，创建一个新的 C#脚本并将其命名为 GameController：

```
File: GameController
using UnityEngine;

public class GameController : MonoBehaviour {

    public static GameController instance;

    void Awake() {
        if (instance == null) {
            instance = this;
        } else {
            Destroy(gameObject);
        }
    }

}
```

现在我们将向 GameController 添加一个 CreateNewPicture 函数来生成一个默认图片的新实例。我们将把新的图片放在用户当前注视的前方，设定一个固定的距离。将以下代码添加到该类中：

```
        public GameObject defaultPictureObject;
        public float spawnDistance = 2.0f;
        public void CreateNewPicture() {
            Vector3 headPosition = Camera.main.transform.position;
            Vector3 gazeDirection = Camera.main.transform.forward;
            Vector3 position = headPosition + gazeDirection * spawnDistance;

            Quaternion orientation = Camera.main.transform.localRotation;
            orientation.x = 0;
            orientation.z = 0;
            GameObject newPicture = Instantiate(defaultPictureObject, position,
orientation);
            newPicture.tag = "Picture";
        }
```

GameController 引用 DefaultPicture 预制体生成后实例化它，并将其标记为图片，以便稍后查找它们。现在让我们将其添加到场景中：

1）在 "Hierarchy" 面板中，单击场景根目录中的创建空游戏对象，命名为 GameController。

2）添加 GameController 组件脚本。

3）将 "Hierarchy" 面板中的 DefaultPicture 拖放到你的 Project AssetsApp/Prefabs/文件夹中。

4）将 DefaultPicture 预制体从 Assets 文件夹拖放到 Default Picture Object 插槽中。

接下来，我们将实现在 PictureController 中添加与删除。

> 💡 提醒：既然 DefaultPicture 是预制体，如果你在 "Hierarchy" 面板中对其或其任何子对象进行了更改，则必须记住单击 Prefab Apply，并将这些更改保存到预制版本中。

8.11.3　PictureController 中的 Add 与 Delete 命令

在 PictureController 脚本中，将下面的代码添加到 Execute( ) 函数中：

```
File: PictureController.cs
            case PictureCommand.ADD:
                AddPicture();
                break;

            case PictureCommand.DELETE:
                DeletePicture();
                break;
```

编写这些命令的相应实现：

```
private void AddPicture() {
    DoneEdit();
    GameController.instance.CreateNewPicture();
}

private void DeletePicture() {
    Destroy(gameObject);
}
```

AddPicture 将关闭当前的图片编辑过程并通过 GameController 创建一张新图片。DeletePicture 将删除当前的对象。

让我们试试看。保存你的工作，然后单击 Play 按钮。使用工具栏的 Add 按钮创建一张新图片，将其移动到位置上，然后创建另一张图片。使用 Delete 按钮删除图片。

删除了场景中的所有图片。怎么办？除了当前图片的工具栏之外，我们可以在你面前放置 Add 按钮，或者创建新图片的其他方式。不过我们将始终通过工具栏确保场景中至少有一张图片。

8.11.4　处理空场景

如果你从场景中删除所有图片，我们会重新制作一张新图片，所以总会有至少一张图片。检测图片存在的一种方法是使用标签。让我们为项目添加一个图片标签，其分配给 DefaultPicture。然后我们可以看到所有图片何时被删除，并且我们将知道何时重新生成一张：

1）在 Unity 中，选择 DefaultPicture 后，单击 Tag 列表并选择 Add Tag。

2）单击"＋"添加新标签并将其命名为 Picture。

3）现在回到 DefaultPicture 的"Inspector"面板，再次使用 Tag 列表并选择 Picture。

4）单击 Apply 保存预制体。

现在我们可以将以下代码添加到 GameController 中：

```
File: GameController.cs
    private int delay = 1;

    void Update() {
        if (delay == 0 &&
GameObject.FindGameObjectsWithTag("Picture").Length == 0) {
            CreateNewPicture();
        }
        if (++delay > 30) delay = 0;
    }
```

在每次程序更新时，我们会检查场景中有多少图片，如果没有图片，我们会调用 CreateNew-Picture 函数。我们将增加了 30 帧延迟，以提供更好的用户体验。

8.12　UI 反馈

在完成之前，让我们为用户体验添加一点点特别的设计。在程序中添加一个反馈光标，可以让你知道你在注视什么，当设备识别你的手时光标会改变形状。但是当按钮或可单击的对象被单击时，却没有反馈。让我们添加一个音频反馈与一些动画。

8.12.1　单击音频反馈

对于音频，找到你想在单击某些内容时使用的音频片段。我们在资源包中包含一个名为 FingerPressed 的指令。我们将集中声音并将其添加到 GameController 以及 PlayClickFeedback（）函数中，而不是将其与 AudioSource 一起添加到每个按钮与可单击对象中：

1）在"Hierarchy"面板中选择 GameController 并添加 Component Audio Source。

2）从 Assets/SimpleIcons/Sounds/FingerPressed 文件夹中找到你需要的音频片段，然后将其拖放到 Audio Source 组件的 AudioClip 插槽中。

3）取消选中 Play On Awake。

4）将 Spatial Blend 保留为 2D，以免受到用户头部位置的影响。

现在编辑 GameController 脚本：

```
File: GameController.cs
    private AudioSource clickSound;

    void Start() {
        clickSound = GetComponent<AudioSource>();
    }
    public void PlayClickFeedback() {
        if (clickSound != null) {
            clickSound.Play();
        }
    }
```

我们现在可以在 PictureAction 与 ClickableObject 脚本中将以下代码行添加到 OnInputClicked 方法中：

```
GameController.instance.PlayClickFeedback();
```

当你单击 Play 按钮并单击某个东西时，你应该听到反馈。

8.12.2　单击动画反馈

SimpleIcons 按钮预制体有一个简单的动画附加功能，可以摆动按钮，就像工具栏被悬挂在空间中的一根杆上。如果你想看看它是如何制作的，你可以打开动画资源。我们所需要做的就是用单击命令触发它。

但是，单击时不能播放动画，因为我们的大多数按钮都会立即隐藏工具栏。所以我们会在实际执行之前添加 1s 的延迟执行其动作。

打开 PictureAction.cs 并将其更改为像下面这样读取：

```
File: PictureAction.cs
using UnityEngine;
using HoloToolkit.Unity.InputModule;

public class PictureAction : MonoBehaviour, IInputClickHandler {
    public PictureCommand command;
    protected PictureController picture;
    protected Animator animator;

    void Start() {
        picture = GetComponentInParent<PictureController>();
```

```
        animator = GetComponent<Animator>();
    }

    public void OnInputClicked(InputClickedEventData eventData) {
        if (animator != null) {
            animator.SetTrigger("Click");
        }
        GameController.instance.PlayClickFeedback();
        Invoke("DoExecute", 1);
    }

    void DoExecute() {
        picture.Execute(command);
    }
}
```

现在，当你单击工具栏上的按钮时，它会摆动并发出嘟嘟声！

图 8-18 是在我的办公室使用我们的混合现实应用程序构建的精美照片墙。

图　8-18

8.13　使用 ARKit 构建 iOS

虽然我们为 Microsoft HoloLens 设备制作了这个项目，这当然不是唯一的适配。在本节中，我们将使用 Apple ARKit 来适配移动设备的项目。

正如我们现在所知道的，HoloLens 设备中有深度感应摄像头，可以估计每个像素在视野中的距离，并将环境的网格或空间视图结合在一起。Google Tango 与 Intel RealSense 也提供类似的技术。内置各类传感器的新智能手机正在兴起，这将令使用移动设备来实现诸如此类的项目变得更加容易，而不是只依靠昂贵的 HoloLens HMD。

Apple 推出了 iOS 11 的 ARKit 解决方案，无须在移动设备中使用特殊的深度感应硬件。它使用普通的摄像头与 AI 软件扫描环境并基于视差角度与其他空间信息推断深度信息，然后使用其内置运动传感器跟踪设备的运动。

对于支持 Apple ARKit 的 iOS 设备，你可以使用资源商店中提供的 Unity ARKit 插件构建应用程序。与 HoloLens 平台一样，ARKit 扫描房间并提供一个空间地图，我们可以使用它来检测平面。与 HoloLens 平台使用基于注视的输入方式来配置 UI 与实现空间定位不同的是，这里可以使用标准的 Unity 屏幕触摸事件。

如果你一直关注并已经构建了项目的 HoloLens 版本，我们强烈建议你保存你的工作并复制 ARKit 版本的整个项目目录树。SDK 之间存在不兼容问题，我们将在此过程中删除 HoloLens 特定的组件。

在开始此 ARKit 版本的开发之前，请创建此项目 HoloLens 版本的完整备份。

如果你从头开始，请使用 ARKit 开始一个新项目，然后跳回本章的开头部分来实现所有对象与组件，以替代我们稍后描述的更改。但为了方便起见，本节将假设 DefaultPicture 已经建立并保存为预制体。

8.13.1 使用 ARKit 创建工程与场景

我们决定给这个版本的项目一个不同的名称 PhotoFrames-ARKit。在 Unity 中打开项目，然后通过 Asset Store 导入 ARKit 插件：

1）打开旧的 Main 场景，选择 File|Save Scene As 并将其命名为 Main-ARKit。
2）选择 File|Build Settings，并在 Scenes To Build 中将 Main 替换为 Main-ARKit。
3）将 Platforms 切换到 iOS。我们将让工具包设置其他配置。
4）选择 Window|Asset Store，下载并导入 Apple ARKit 包。
5）接受使其覆盖项目设置的选项。

> **TIP** 以下步骤从头开始构建 ARKit 场景组件。或者，你可以使用其中一个 ARKit 示例场景，例如基本的 UnityARKitScene，并删除我们不使用的对象。

现在我们使用 AR 组件创建摄像头并创建 ARCameraManager，如下所示：
1）在"Hierarchy"面板根目录中，单击 Create Empty 命名为 CameraParent；必要时重置 Transform。
2）拖动 Main Camera 成为 CameraParent 的子项并重置其 Transform。
3）选择 Main Camera 后，选择 Add Component Unity AR Video。
4）对于 Clear Material 插槽，单击圆环图标并选择 YUVMaterial。
5）然后选择 Add Component Unity AR Camera Near Far。
6）在"Hierarchy"面板根目录中，单击 Create Empty 命名为 ARCameraManager。
7）单击 Add Component 并将其命名为 Unity AR Camera Manager。
8）将 Main Camera 拖放到 Camera 插槽上。
对于这个项目，我们将让 ARKit 调整场景的环境光以适应现实环境的照明，如下所示：

1）在 "Hierarchy" 面板中，选择 Create｜Light｜Directional Light。

2）将其 Mode 设置为 Mixed。

3）单击 Add Component 并将其命名为 Unity AR Ambient。

最后，我们将使用 ARKit 生成用于将照片定位在墙上的平面，现在添加该组件：

1）在 "Hierarchy" 面板中，单击 Create Empty 并将其命名为 Generate Planes。

2）添加组件并将其命名为 Unity AR Generate Plane。

3）对于 Plane Prefab（通过单击圆环图标），选择 debugPlanePrefab 作为平面对象。

这就是通用的 ARKit 场景设置。

接下来，我们可以继续构建项目。

如果这是一个新场景，我们需要添加 GameController，如下所示：

1）在 "Hierarchy" 面板中，单击 Create Empty 对象并将其命名为 GameController。

2）将 GameController 脚本作为组件添加。

3）然后将预制体 DefaultPicture 从 Prefabs 文件夹拖放到 Default Picture Object 插槽中。

> TIP　仔细检查 DefaultPicture 预制体。将其拖放到场景 "Hierarchy" 面板中并检查其子项。例如，确保图片控制器（Picture Controller）组件引用所需的对象，并将图片操作（Picture Action）组件（位于 FramedImage 与每个工具栏工具上）设置为正确的指令。完成后，单击 Apply 按钮将所有更改保存为预制体，然后禁用或删除 "Hierarchy" 面板中的对象。

8.13.2　使用触摸事件代替手势

为 ARKit 调整项目的唯一工作是，我们将使用标准的 Unity 鼠标事件来映射移动屏幕触摸事件，而不是 HoloLens InputManager 与 GestureRecogizer。

8.13.2.1　PictureAction

打开 PictureAction.cs 脚本并将其修改为使用鼠标事件，如下所示：

```
File: PictureAction.cs
using UnityEngine;

public class PictureAction : MonoBehaviour {
    public PictureCommand command;

    protected PictureController picture;
    protected Animator animator;

    void Start() {
        picture = GetComponentInParent<PictureCont roller>();
        animator = GetComponent<Animator>();
    }

    void OnMouseDown() {
```

```
    if (animator != null) {
        animator.SetTrigger("Click");
    }
    GameController.instance.PlayClickFeedback();
    Invoke("DoExecute", 1);
    }

    void DoExecute() {
        picture.Execute(command);
    }
}
```

8.13.2.2   ClickableObjects

打开 ClickableObjects.cs 脚本并将其修改为使用鼠标事件，如下所示：

```
File: ClickableObjects.cs
using UnityEngine;
using UnityEngine.Events;

public class ClickableObjectEvent : UnityEvent<GameObject> { }

public class ClickableObject : MonoBehaviour {

    public ClickableObjectEvent OnClickableObjectClicked = new
ClickableObjectEvent();

    void OnMouseDown() {
        GameController.instance.PlayClickFeedback();
        OnClickableObjectClicked.Invoke(gameObject);
    }
}
```

如果你现在单击 Build And Run，则大部分 UI 应该可以正常工作！我们需要对 Move 与 Scale 工具做进一步的修改。

8.13.2.3   ScaleTool

我们为 HoloLens 编写的 ScaleTool 的规模两倍于 GestureRecognizer 的教学示例，因此使事情变得更复杂。对于移动版本，我们需重写脚本，使其与 MoveTool 更类似。如下所示：

```
File: ScaleTool.cs
using UnityEngine;

public class ScaleTool : MonoBehaviour {
    private PictureController picture;
    private bool isEditing = false;
    private Vector3 originaButtonScale;

    //Used to calculate the mouse position
    private Vector3 startPosition = Vector3.zero;
    private Vector3 currentPosition = Vector3.zero;
    private Vector3 initialScale = Vector3.zero;
```

```
    void Start() {
        picture = GetComponentInParent<PictureController>();
        originaButtonScale = transform.localScale;
    }

    void Update() {
        if (isEditing) {
            currentPosition = Input.mousePosition;
            float difference = (currentPosition - startPosition).magnitude;
            //Scaling down is possible by dragging your mouse to the left.
            int direction = currentPosition.x > startPosition.x ? 1 : -1;
            float scaleFactor = 1 + (difference / Screen.width) *
direction;
            if (scaleFactor > 0.1f) {
                picture.transform.localScale = initialScale * scaleFactor;
            }
        }
        if (!Input.GetMouseButton(0)) {
            DoneEdit();
        }
    }

    private void OnMouseDown() {
        if (!isEditing) {
            BeginEdit();
        }
    }

    public void BeginEdit() {
        if (!isEditing) {
            isEditing = true;

            transform.localScale = originaButtonScale * 2.5f;
            startPosition = Input.mousePosition;
            initialScale = picture.transform.localScale;
        }
    }

    private void OnMouseUp() {
        if (isEditing) {
            DoneEdit();
        }
    }

    public void DoneEdit() {
        if (isEditing) {
            isEditing = false;
            transform.localScale = originaButtonScale;
        }
    }
}
```

现在我们只需要更改 MoveTool 脚本。

8.13.2.4　MoveTool

MoveTool 将是唯一需要 ARKit 特定调用的脚本。在混合现实工具包（Mixed Reality Tool-kit）中，我们将摄像头中的光线投射到场景中，并寻找与环境空间图相交的点。对于 ARKit，我们做类似的事情，但不是使用 Unity 物理来进行计算，而是直接使用底层的 ARKit SDK（来自 C#）：

1）打开 MoveTool.cs 脚本并将其修改为使用鼠标事件。

2）删除对 HoloToolkit 与 spatialMapping 的所有引用。

然后替换 Update() 函数，如下所示：

```
File: MoveTool.cs
    void Update() {
        List<ARHitTestResult> hitResults;
        ARPoint point;

        if (isEditing) {
            Vector3 screenPosition =
Camera.main.ScreenToViewportPoint(Input.mousePosition);
            point.x = screenPosition.x;
            point.y = screenPosition.y;

            hitResults =
UnityARSessionNativeInterface.GetARSessionNativeInterface().HitTest( point,
ARHitTestResultType.ARHitTestResultTypeExistingPlaneUsingExtent);

            if (hitResults.Count == 0) {
                hitResults =
UnityARSessionNativeInterface.GetARSessionNativeInterface().HitTest( point,
                    ARHitTestResultType.ARHitTestResultTypeVerticalPlane);
            }
            if (hitResults.Count == 0) {
                hitResults =
UnityARSessionNativeInterface.GetARSessionNativeInterface().HitTest( point,
                    ARHitTestResultType.ARHitTestResultTypeFeaturePoint);
            }

            if (hitResults.Count > 0) {
                picture.transform.position = UnityARMatrixOps.GetPosition(
hitResults[0].worldTransform);
                picture.transform.rotation = UnityARMatrixOps.GetRotation(
hitResults[0].worldTransform);
            }
        }
        if (!Input.GetMouseButton(0)) {
            DoneEdit();
        }
    }
```

我们之前已经看到类似的代码，在第 5 章的 SolarSystemHitHandler. cs 脚本与第 7 章的 AR-HitHandler. cs 脚本中，被称之为 ARKIT HitTest 脚本，基于屏幕触摸的位置来定位空间位置。在这种情况下，我们首先查找视野中的任何现有水平平面对象（ARHitTestResultTypeExisting-PlaneUsingExtent），然后搜索任何垂直平面（ARHitTestResultTypeVerticalPlane），如果查找失败，便尝试根据特征点（ARHitTestResultTypeFeaturePoint）猜测平面。请自由使用这些选项来查看哪些选项最适合你。

然后用鼠标（触摸屏）版本替换输入处理程序：

```
private void OnMouseDown() {
    if (!isEditing) {
        BeginEdit();
    }
}

private void OnMouseUp() {
    if (isEditing) {
        DoneEdit();
    }
}
```

保存脚本。现在，当你运行该应用程序并单击 Move 工具时，它会识别触摸事件来拖动图片，直到你将图片放置在合适位置。

就是这样！在你的设备上构建并运行应用程序。图 8-19 是家庭房间墙上的一张照片，其中有一张实际的生活照片，在 iPad 上使用 ARKit 技术增加了两张额外的虚拟照片。

图　8-19

使用 Google ARCore 为 Android 构建。

> ℹ 请参阅本书的 GitHub 存储库 https://github.com/ARUnityBook/，以获取使用适用于 Android 的 Google ARCore 的实现说明与代码。原理与 ARKit 非常相似，但 Unity SDK 与组件是不同的。

8.14　使用 Vuforia 构建移动 AR

我们已经展示了如何构建支持 Microsoft HoloLens 的可穿戴 AR 设备与支持 ARKit 的移动 iOS 设备的项目。但这是一个有限的市场，因为有更多的移动设备运行 Android 系统，而不是支持 ARKit 技术的 Apple 设备。在本节中，我们将使用 Vuforia 工具包 SDK 来适配我们的项目到更多移动设备上。这些设备不支持空间地图来定位我们的 AR 图像。相反，我们将使用图像标识。

20 多年使用的传统的 AR 方法是打印标识图像并将其粘贴到墙上。Vuforia 与 AR Toolkit 支持同时识别多个标识的能力。这将是我们在这个项目中要采取的方法。

如果你一直关注并已经构建了项目的 HoloLens 或 ARKit 版本，我们强烈建议你保存你的工作并复制 Vuforia 版本的整个项目目录树。SDK 之间存在不兼容问题，我们将在此过程中删除 HoloLens 特定的组件。

在开始使用 Vuforia 版本之前，创建此项目的 HoloLens 版本的完全备份。

如果你从头开始，请使用 Vuforia 开始一个新项目，然后跳回本章的开始部分来实现所有对象与组件，替换我们稍后将描述的更改。但是对于本节，我们将假定 DefaultPicture 已经被构建并保存为预制体。

8.14.1　使用 Vuforia 创建工程与场景

我们首先用 Vuforia 工具箱为 AR 设置 Unity 项目。现在你可能已经很熟悉了，所以我们会尽快完成这些步骤。如果你需要更多详细信息，请参阅第 2 章与第 3 章中的相关主题：

1）选择 Assets | Import Package | Custom Package，导入 vuforia-unity-xxxx。

2）选择 Assets | Import Package | Custom Package，导入 VuforiaSamples-xxxx。

3）浏览至 Vuforia Dev Portal（https://developer.vuforia.com/targetmanager/licenseManager/licenseListing）并选择或创建许可证密钥。将许可证密钥复制到剪贴板上。

4）返回 Unity，从主菜单中选择 Vuforia | Configuration 并粘贴到 App License Key 中。

5）从 "Hierarchy" 面板中删除 Main Camera 对象。

6）还要从 "Hierarchy" 面板中删除 MixedRealityToolkit 的 InputManager、CursorWithFeedback 与 SpatialMapping。

7）在 Project Assets/Vuforia/Prefabs 文件夹中找到 ARCamera 预制体，选择并拖放到 "Hierarchy" 面板列表中。

8）使用 Add Component 将 Camera Settings 组件添加到 ARCamera。

9）选择 File│Build Settings，切换平台到 Android 并选择 Add Open Scenes。

10）在 Player Settings 中，设置你的 Identification Package Name 与 Minimum API Level（Android 5.1）。

11）保存场景并保存项目。

12）当你在编辑器中单击 Play 按钮时，你应该会看到来自网络摄像头的视频。

8.14.2　设置图像标识

为项目选择一个图像标识。我们在 Vuforia 样本包中提供的 StonesAndChips 数据库中使用预定义的图像 stones。如果需要，现在打印此图像的硬拷贝。让我们设置项目来使用这个图像标识。

1）从 Assets/Vuforia/Prefabs/文件夹中，将 ImageTarget 预制体拖放到"Hierarchy"面板中。

2）在"Inspector"面板中，设置 Type 为 Predefined、Database 为 StonesAndChips 与 Image Target 为 stones（或者你喜欢使用的图像）。

3）选中 Enable Extended Tracking 复选框。

4）从主菜单中选择 Vuforia│Configuration，然后选中 Load StonesAndChips Database 复选框并选中 Activate。

5）保存场景与项目。

8.14.3　将 DefaultPicture 添加到场景中

接下来，使 DefaultPicture 成为 ImageTarget 中的一个子项。如果它已经在你的"Hierarchy"面板中，你可以使用它。如果没有存在于面板中，请使用 Prefabs 文件夹中的预制体。或者，现在可以跳到本章的开头并实现 DefaultPicture "Hierarchy"面板对象与脚本。

1）在 ImageTarget 下的 ParentDefaultPicture。

2）重置其 Transform。

3）将其 Rotation X 值设置为 90。

4）我们将图片旋转 90°，以符合 Vuforia 标识在 X-Z 平面上的位置。

5）单击 Play 按钮，将你的摄像头指向图像标识，使用粘贴在墙上的图片（vuforia-imagetarget.png）作为标识，将会出现 DefaultPicture 以及照片图像、边框与工具栏，如图 8-20 所示。

图　8-20

8. 14. 4　GameController

如果这是一个新场景，我们需要添加 GameController，如下所示：

1）在 "Hierarchy" 面板中，单击 Create Empty 对象并将其命名为 GameController。

2）将 GameController 脚本作为组件添加。

3）然后将预制体 DefaultPicture 从 Prefabs 文件夹拖放到 Default Picture Object 插槽中。

我们将在标识图像原点生成新图片，因此请修改 CreateNewPicture 函数，如下所示：

```
File: GameController.cs
    public Transform imageTarget;

    public void CreateNewPicture() {
        GameObject newPicture = Instantiate(defaultPictureObject,
imageTarget);
    }
```

4）然后在 Unity 中，选择 GameController 并将 ImageTarget 拖放到其 ImageTarget 插槽中。

8. 14. 5　使用触摸事件代替手势

在为 Vuforia 适配项目时唯一需要做的是，我们将使用标准的 Unity 鼠标事件（已经映射了移动屏幕触摸），而不是 HoloLens InputManager 与 GestureRecogizer。我们为此前的 ARKit 版本编写了此代码，并且可以在此处重新使用它。

1）对于 PictureAction. cs，请使用与 ARKit 显示的完全相同的脚本。

2）对于 ClickableObjects. cs，请使用与 ARKit 显示的完全相同的脚本。

3）对于 ScaleTool. cs，请使用与 ARKit 显示的完全相同的脚本。

对于 MoveTool，我们必须专门针对 Vuforia 进行调整。

为了将图片沿着与图像标识相同的平面移动，我们需要为 ImageTarget 定义一个大型盒式碰撞体，以便可以在其上检测输入事件（在 HoloLens 中，空间网格用于类似目的）。我们将把标识放在新的 Wall 图层上，这样 Move 工具不会干扰其他 UI 的输入：

1）在 Unity 中，选择窗口右上角的图层并选择 Edit Layers。

2）然后展开图层列表并添加一个名为 Wall 的图层，如图 8-21 所示。

现在，将 ImageTarget 放在 Wall 图层上，但不要放在任何一个子项上。

1）在 "Hierarchy" 面板中选择 ImageTarget。

2）在 "Inspector" 面板中将其 Layer 设置为 Wall。

3）当询问是否要为所有子对象设置图层为 Wall 时，请选择 NO，仅限此对象。

4）将 Box Collider 组件添加到 ImageTarget。

5）将其 Size 设置为（10，0，10），在 X-Z 平面上为鼠标事件制作一个大平面。

打开 MoveTool. cs 脚本将其修改为使用鼠标事件，并删除对 SpatialMapping 的所有引用，如下所示：

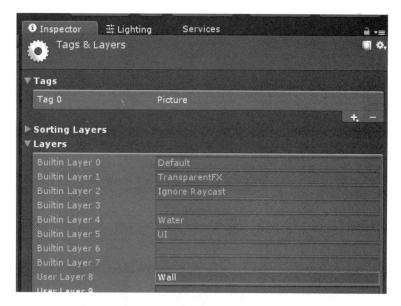

图 8-21

```
File: MoveTool.cs
using UnityEngine;

public class MoveTool : MonoBehaviour {
    public LayerMask WallLayerMask;
    ...
    void Start() {
        ...
        relativeOffset = transform.position - picture.transform.position;
        relativeOffset.y = 0f;
    }

    void Update() {
        if (isEditing) {
            Ray ray = Camera.main.ScreenPointToRay(Input.mousePosition);
            RaycastHit hit;
            if (Physics.Raycast(ray, out hit, Mathf.Infinity,
WallLayerMask)) {
                Debug.DrawLine(ray.origin, hit.point);
                picture.transform.position = hit.point - relativeOffset;
            }
        }
        if (!Input.GetMouseButton(0)) {
            DoneEdit();
        }
    }
```

```
private void OnMouseDown() {
    if (!isEditing) {
        BeginEdit();
    }
}

private void OnMouseUp() {
    if (isEditing) {
        DoneEdit();
    }
}
```

6）保存脚本。在 Unity 中，选择工具栏下的 MoveButton，然后在"Inspector"面板中将其 Move Tool Wall Layer Mask 设置为 Wall。

现在，当你单击 Play 按钮时，程序中的 Move 工具将起作用，你可以通过触摸拖动图片，直到你将图片放置在合适位置。

图 8-22 所示是在我的办公室中使用应用程序的移动 AR 版本构建的精美照片装饰墙壁。

图 8-22

8.15 本章小结

在本章中，我们构建了一个增强现实世界的应用程序。这样的应用程序有很多用途，例如建筑设计、平面设计与零售。我们开发的应用程序可以让你用装饰画来装饰墙壁。我们首先为 Ho-loLens 可穿戴 AR 智能眼镜开发了此项目，然后使用 ARKit 与 Vuforia 将其移植到移动 AR 设备。

我们为图片创建了一个对象"Hierarchy"面板，其中包含一个相框、一个图像、一个工具栏与一些用于选择相框与图像的菜单。我们从头构建了一个工具栏、动作按钮、操作工具与模式菜单的 3D UI 框架。然后，我们深入探索了混合现实工具包输入管理器与凝视识别器输入事件系统，以及 HoloLens 空间建图网格系统。我们通过 C#脚本使用了 Unity 的更多功能，包括标签、音频片段、动画、碰撞体与纹理。

然后我们重新编写了移动 AR 设备的项目。首先，将程序移植到 iOS 与 ARKit。这是一个相当简单的过程。大多数实现架构都是独立于设备的，我们只需用更传统的触摸屏鼠标事件替换全息手势输入事件。然后，使用 Vuforia 将该项目移植到 Android 与较老系统版本的 iOS 设备上。在这种情况下，我们使用图像标识来识别墙壁，而不是空间建图。（并且使用 Google ARCore 也是类似的；请参阅 https://github. com/ARUnityBook/上的项目）。

在下一章中，我们将探讨增强现实的另一个维度——使用物理学在虚拟环境与物理环境之间进行交互。在这个项目中，我们将构建一个有趣的投球游戏！

第 9 章

投 球 游 戏

在 2016 年夏天，基于定位的增强现实游戏 Pokémon Go 在 iOS 与 Android 设备上发布。它迅速成为 2016 年全球最受欢迎与最盈利的移动应用程序之一。Pokémon Go 使用 GPS 识别玩家的定位并显示附近的虚拟神奇宝贝，并叠加在屏幕上摄像头的视频流中显示。你可以对着一只神奇宝贝轻弹出一个 Pokéball 来捕捉它。

AR 技术与游戏自然结合的原因很多。手机游戏一直是移动设备采用的主要驱动因素，并已成为一个巨大的市场。将增强现实功能添加到游戏中可被视为移动应用程序的扩展功能。我们预计随着更多设备启用 AR 相关技术的应用（包括手机与平板电脑以及可穿戴 AR 智能眼镜），游戏将再次成为这些设备推广时重要的推动力。

在本章中，我们将构建一个 AR 球赛，将你的咖啡桌或工作台用作比赛的场地。用户将尝试投掷球，并制作篮筐或球门。该应用程序将跟踪桌面并识别桌面上的真实物体，作为可能遮挡或反弹虚拟球的障碍物。

在本章中，你将了解到：
- 使用 Unity 物理引擎与材质。
- 屏幕空间用户交互。
- 分层事件驱动架构。
- 使用 AR 对象的地形识别。

> ℹ 本章介绍了使用适用于 Android 的 Vuforia 设备开发的项目，但可以适用于 iOS 与 HoloLens 平台的开发，且无须太多的返工。了解每个平台的已完成项目，请参阅本书的 GitHub 存储库：https://github.com/ARUnityBook/。

9.1　游戏计划

我们将制作一款 AR 球投掷游戏，将你房间中的任何桌子用作比赛场地。玩家会试图通过将球扔进篮筐或球门来达成目标（为了保持一致，我们将在本章中使用 goal 与 court 这两个词来指称球门或篮筐以及比赛场地）。游戏会显示得分。我们将实现几种不同类型的球，每种球都有不同的物理属性。该应用程序会识别桌子上的物体，这些物体将作为球可以反弹的障碍物。

为了实现，我们采取以下步骤：

1）建立一个新的 Unity AR 项目。

2）建立一个有球门与球的简单赛场。

3）使用触摸屏输入来实现投掷球。

4）检测球何时进入球门，欢呼，并为玩家添加得分分数。

5）跟踪所有游戏中的最高分。

6）启用 Vuforia 智能地形，感觉就像在桌上或茶几上进行游戏一样。

7）通过增加篮球、橄榄球和更多的替代性球类赛场来扩展游戏。

9.1.1　用户体验

在开始应用程序之前，玩家应该清理桌子表面（咖啡桌、办公桌等），但要将一些物体用作游戏中的障碍物。图像标识将用于设置球门柱的位置。

当应用程序启动时，首先游戏玩家需要在指导下校准当前的场景，将摄像头指向目标标识以启动 AR。然后用户将摄像头位置慢慢拉远，应用程序将会扫描桌子并识别周围的表面与道具。

一旦校准完成，游戏便会开始。当屏幕显示虚拟游戏球场时，一个球出现在准备好的初始位置。然后球员轻弹将球投向球门。如果球击中目标，玩家将获得得分。如果错过了，得分将被扣除。当前得分与较高得分一起显示在屏幕上。整个过程听起来很有趣！

在每轮投球期间，玩家可以通过移动桌面上的球与物理障碍来重新布置球场。

9.1.2　游戏组件

球类游戏由以下主要组件创建：

● GameController 管理整个游戏，包括当前得分数。它跟踪了 BallGame 的胜利与失败事件、管理得分并显示游戏数据。由于游戏会在支持的球类游戏类型之间切换，因此 GameController 会选择并启动随机游戏。

● GameDataManager 保存与恢复游戏的数据。它管理玩家每次得分与最高分的记录。

● BallGame 组件管理单个球类游戏。它被附加到每一次投掷的过程中。它使用 ThrowControl 组件来确定投掷何时完成以及球是否击中球门，然后相应地调用得分事件。

● ThrowControl 组件附加在球上。它读取用户输入并设置球在运动状态。ThrowControl 组件会在当球的起始位置重置并在球投掷时发送事件。

● CollisionBehavior 用来检测球何时击中球门的碰撞体并发送事件。这个组件将设置在游戏的球门碰撞体对象上。

● AppStateManger 用来处理 Vuforia 智能地形所需的应用程序状态阶段，包括初始标识识别、扫描桌面与道具以及运行并重置游戏。

这些组件与它们之间传递的事件的关系如图 9-1 所示。

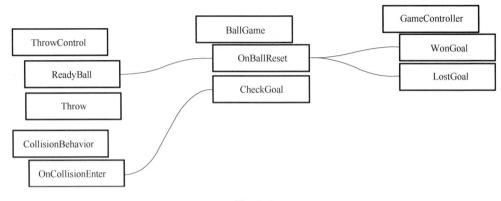

图 9-1

粗略地说，应用程序的消息传递遵循以下流程：

1）要开始新的比赛，ThrowControl 的 ReadyBall 会将球移动到其起始位置。

2）球的 ThrowControl 检测用户屏幕操作输入并将球投掷向球门。

3）如果球与球门碰撞，CollisionBehavior 组件发信号通知 BallGame 验证球门这个对象是否实际被击中（CheckGoal）。BallGame 组件会记录那个状态。

4）让球在落地之后在球场周围弹跳，无论是否击中球门。

5）稍许等待后，ThrowControl 通过 ReadyBall 重置球的位置。

6）ReadyBall 还告知 BallGame 球已重置（OnBallReset）。

7）此时，OnBallReset 通知 GameController 前一次投掷是否进球，如果是进球则会更新记分牌。

这种体系结构的一个优点是可以在我们的应用程序中使用多个 BallGame，例如橄榄球、篮球等，但只有一个 GameController。ThrowControl 与 CollisionBehavior 是可重复利用的组件，它们没有依赖关系，均是通过事件传递给 BallGame。

我们将在构建项目时实现每个脚本组件。扫描智能地形这个状态阶段将在增强现实世界对象的部分中有更详细的解释。

9.2 创建工程

与本书中的每个项目一样，我们将从一个新的 Unity 3D 项目开始。现在可能很熟悉，所以我们将尽快完成这些步骤。如果你需要更多详细信息，请参阅第 2 章与第 3 章中的相关主题。

9.2.1 创建初始工程

使用以下步骤在 Unity 中创建新的 AR 项目。你需要首先下载 Vuforia 软件包（请参阅第 2 章）：

1）打开 Unity 并创建一个新的 3D 项目，将其命名为 ARBall。

2）选择 Assets｜Import Package｜Custom Package，导入 vuforia- unity- xxxx。

3）选择 Assets｜Import Package｜Custom Package，导入 VuforiaSamples- xxxx。

4）登录到 Vuforia 网站时，浏览至 Vuforia Dev Portal（https：//developer. vuforia. com/target-manager/licenseManager/licenseListing）并选择或创建许可证密钥（license key）。复制许可证密钥。

5）返回 Unity，选择主菜单 Vuforia｜Configuration，将许可证密钥粘贴到 App License Key 中。

6）查看其他配置设置，包括当前 Webcam Camera Device。

7）选择 File｜Save Scene As 保存场景，将其命名为 Main，并选择 File｜Save Project 保存项目。

8）选择 File｜Build Settings。

9）添加当前场景，单击 Add Open Scenes。

10）将平台切换到 Android。

11）选择 Player Settings，然后设置你的 Identification Package 名称（com. Company. Product）与 Minimum API Level（Android 5. 1）。

12）保存场景并保存项目。

> ℹ️ 对于这个项目，我们将使用 Android 设备。现在可以做一些基本设置。这样，你可以定期执行 Build and Run 以查看整个项目中实际设备上的开发情况。

好，这些就是项目基本设置。

9.2.2　设置场景与文件夹

接下来，我们可以设置场景与项目文件夹。首先，用 Vuforia 的 ARCamera 预制体替换默认的 Main Camera：

1）从"Hierarchy"面板中删除 Main Camera 对象。

2）在 Project Assets/Vuforia/Prefabs 文件夹中找到 ARCamera 预制体，选择并拖放到"Hierarchy"面板列表中。

3）使用 Add Component 将 Camera Settings 组件添加到 ARCamera。

4）保存场景与项目。

此时，如果你在 Unity 编辑器中单击 Play 按钮，你应该会看到来自网络摄像头的视频。这将允许你在 Unity 编辑器内调试 AR 应用程序。

现在在 Project Assets 中创建一些空白文件夹也很有用，我们很快就会使用它们。

1）在 Project 窗口中，选择根目录 Assets/文件夹。

2）在 Assets/文件夹中创建一个名为 ARPlayBall 的新文件夹。

3）在 Assets/ARPlayBall 文件夹中，创建项目所需的子文件夹，即为 Materials、PhysicMaterials、Prefabs、Scenes 与 Scripts 文件夹。你的项目 Assets 文件夹现在应该如图 9-2 所示。

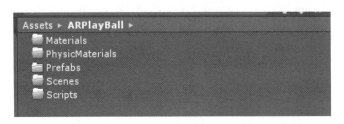

图 9-2

9.2.3 导入 BallGameArt 软件包

现在是导入 BallGameArt. unitypackage 资源的好时机。该软件包由发布者提供，并具有本章的下载文件。如果你无法访问这些资源，没关系，我们现在会建议如何制作替代品：

1）选择 Assets│Import Package│Custom Package，导入 BallGameArt。

2）单击 OK 按钮。

"Hierarchy"面板如图 9-3 所示，资源按文件夹排列组织在一起。根文件夹是 BallGameArt，其中包含为游戏与其他资源提供的每个球类游戏的子文件夹。例如，篮球的模型、材质、纹理，带柱子的篮筐与游戏场地。

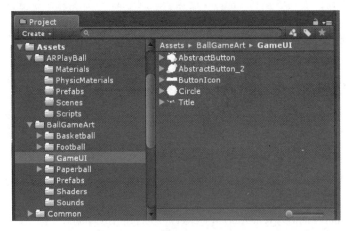

图 9-3

该软件包还包含一个 Prefabs 文件夹，其中包含各种游戏类型的完全构建预制体，与我们在本章中创建的 Boxball 游戏非常相似，但没有我们将在本章中介绍的组件脚本。

9.2.4 设置图像标识

我们希望游戏场地出现在真实环境中的标识的位置上。你可以选择任何喜欢的图像作为环境中的目标标识。像第 5 章中使用的那种大小的卡片可能比较适合。

首先为项目选择一个图像标识。我们正在使用的 Vuforia 工具包中提供了 StonesAndChips 数据库中的预定义 stones 图像。如果需要请打印此图像。让我们设置项目，以使用此图像用作项目中的标识：

1）从主菜单中选择 Vuforia│Configuration，然后选中 LoadStonesAndChips Database 复选框并激活。

2）将 ImageTarget 预制体从 Assets/Vuforia/Prefabs 文件夹中，拖放到"Hierarchy"面板里。

3）在"Inspector"面板中，设置 Type 为 Predefined、Database 为 StonesAndChips、Image Target 为 stones（或你喜欢使用的任何图像）。

4）选中 Enable Extended Tracking 复选框。

我们希望目标标识保持在 3D 空间中（默认情况下，对象锚点在摄像头上）。我们通过设置 AR 摄像头的 World Center Mode 来实现这一点。

1）在"Inspector"面板中选择 ARCamera，将 World Center Mode 设置为 SPECIFIC_TARGET。

2）然后将 ImageTarget 拖放到摄像头 Vuforia Behavior 的 World Center 插槽中。

保存场景与项目。好的，现在我们可以开始构建我们的游戏了。

9.3 Boxball 游戏图形

对于比赛，我们需要一个球、一个球门与一个球场。BallGameArt 资源（可以从发行商官网获得）提供了各种球类游戏图形，我们稍后将其集成到项目中。现在，我们将首先在开发中设计一系列的白盒图形。我们称之为 BoxBall。

> ℹ 白盒（或方块设计）是一种设计方法，用于游戏关卡设计的早期阶段，使用简单的几何形式。通过忽略不影响对象行为与游戏机制的细节这种方式来实现。白盒设计为我们提供了一种快速方法，专注于游戏的更多关键方面，然后在这个基础上再专注视觉设计开发。

9.3.1 球场

我们即将开始在"Hierarchy"面板中构建游戏资源。在 ImageTarget 下为我们的游戏创建一个名为 ThrowingGame 的根对象，然后将按照如下步骤创建球类游戏图形：

1）在"Hierarchy"面板中选中 ImageTarget，选择 Create│Create Empty 创建一个空对象，将其命名为 ThrowingGame。

2）根据需要重置 Transform（任何时候你在场景中创建对象时都要进行重置）。

3）选中 ThrowingGame 后，创建一个空对象并将其命名为 BoxballGame。

4）将地面与球门变成 Court 的子项。

5）在"Hierarchy"面板中，选中 BoxballGame，创建一个空对象并将其命名为 Court。

对于场地，需要创建一个 Unity 3D 平面。回想一下 Unity Plane 对象默认是 10×10 个单位，我们将使用它作为默认的场地规模。

1）在"Hierarchy"面板中选中 Court 后，选择 3D Object│Plane 创建一个 3D 平面，并将其

命名为 Floor。

2）在项目 Assets/ARPlayBall/Materials 文件夹中，右键单击创建一个新的 Material 文件，并将其命名为 BoxballFloorMaterial。

3）设置 Albedo 颜色，我们选择了紫色#7619FFFF。

4）将新的材质拖放到 Boxball/Floor 文件夹中。

正如其命名那样，我们将制作一个带有亚光效果的简单盒子，如下所示：

1）在“Hierarchy”面板中，创建一个空对象作为场地的子项，将其命名为 Goal。

2）将其作为 Goal 的子项，创建一个 3D Cube，设置其 Scale（2.2，0.2，0.2）与 Position（0，1.5，1）。

3）将 Cube 复制三次并分别设置其变换如下：

Position：（0，1.5，-1），Rotation：（0，0，0）

Position：（1，1.5，0），Rotation：（0，90，0）

Position：（-1，1.5，0），Rotation：（0，90，0）

4）在项目 Assets/ARPlayBall/Materials 文件夹中，创建一个新材质并命名为 BoxballGoalMaterial。

5）设置 Albedo 颜色，我们选择了绿色#0AAB18FF，并调整了 Metalic：0.5 与 Smoothness：0.1。

6）将新材质拖放到我们刚创建的每个 Goal 立方体上。

最后，让球看起来像金属弹珠：

1）在“Hierarchy”面板中选中 BoxballGame，创建一个 3D Sphere 并将其命名为 Ball。

2）将其 Scale 设置为（0.75，0.75，0.75），并将 Position 设置为（0，3，0）。

3）创建一个新材质，并命名为 Boxball-BallMaterial。

4）将其 Albedo 颜色设置为#BABABAFF，Metalic：0.8，Smoothness：0.8。

5）将新材料拖放到球对象上。

场景的“Hierarchy”面板现在应该包含图 9-4 所示的内容。

保存场景。现在的场景应该如图 9-5 所示。

单击 Play 按钮并将你的摄像头指向你的图像标识。游戏场地应该出现，但可能会过大。

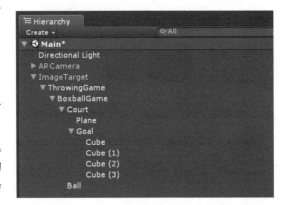

图 9-4

9.3.2 比例调整

你可能希望调整 ThrowingGame 相对于 ImageTarget 的比例。但是，如果它太小（例如 0.01m），可能会影响 Unity 物理计算。相反，我们也会调整 ImageTarget 的比例。我们发现 ImageTarget scale = 3.0 时在这个项目中效果很好。修改对象 Transforms 如下所示：

1）选择 ImageTarget 并设置其 Scale：（3，3，3）。

2）选择 ThrowingGame 并在 Scene 窗口中选择比例尺坐标系，然后调整它的大小以使其与图

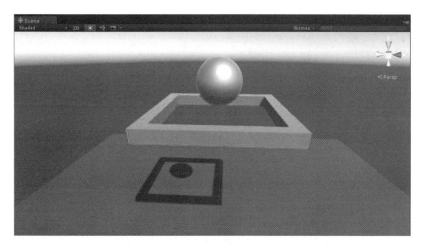

图　9-5

像标识相符，设置 Scale：（0.06，0.06，0.06）。

你也可以决定将游戏场地提升到略高于图像标识平面（Position Y）的位置，以便纹理不会在场景视图中溢出。设置其 Position Y = 0.005。

现在，我们让球反弹起来。

9.3.3　球的弹跳

在 Unity 中，对象的物理行为用其形状（网格）与渲染器（材质）分开定义。Unity 物理引擎控制对象的位置与旋转力，这是影响对象变形的主要因素，例如重力、摩擦、动量以及与其他刚体的碰撞。发挥物理作用的组成包括：

- 刚体（Rigidbody）组件。
- 碰撞体组件。
- 物理材料。
- 项目物理管理。

所以，需要完成两件事才能使我们的球有反弹效果。它必须有一个 Rigidbody 组件，所以 Unity 物理引擎会知道对它施加力。特别是希望球响应重力。其次，我们将应用一种物理材料，以便球不仅能落下，当它碰到另一个物体时还会弹起。

添加一个 Rigidbody：

1）在 "Hierarchy" 面板中选中 Ball，然后选择 Add Component｜Rigid Body。

2）选中 Use Gravity 复选框。

如果现在单击 Play 按钮，则会看到球像砖块一样落下。它击中地板并停下来。让我们通过运用一个物理材料来让它变得有弹性。

1）在项目 Assets/ARPlayBall/PhysicMaterial 文件夹中，右键单击选择 Create｜Physic Material 创建一个新物理材料。

2）将它命名为 BouncyBall。

3）将其 Bounciness 设置为 0.8。

4）将 Bounce Combine 设置为 Maximum。

5）将 BouncyBall 物理材质拖放到 Ball 的 Sphere Collider 的 Material 插槽上，如图 9-6 所示。

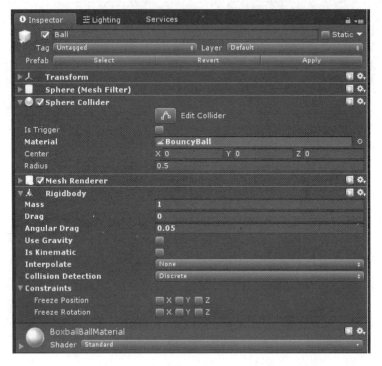

图 9-6

TIP 请注意，如果 ThrowingGame 是 ImageTarget 的子项，单击 Play 按钮可能会导致球无限下落，因为在识别出图像标识之前，没有实例化地平面，但 Unity 会立即开始向球施加重力。我们会在编写脚本时要考虑到这一点。现在，为了测试球的弹性，你可以将 ThrowingGame 移动到 "Hierarchy" 面板的根目录中。或者，你可以取消选中 Ball 的 Rigidbody 中的 Use Gravity，单击 Play 按钮，找到标识图像以使球场实例化，然后再在编辑器中选中 Use Gravity 来观察球落下与弹跳。

现在单击 Play 按钮，小球应该会弹起，然后减小弹跳高度，最终停下来。

9.3.4 弹跳的音效

在继续之前，让我们在球弹跳时添加一个音效。如果你安装了 BallGameArt 资源，里面则会有一个名为 bounce 的音效文件夹。当球与任何物体发生碰撞时，我们将播放该声音片段。现在先来编写脚本，在之后讲述添加 GoalCollider 时，我们再更详细地解释碰撞体。

在你的项目 Assets/ARPlayBall/Scripts 文件夹中，创建一个新的 C#脚本，命名为 Play-SoundOnHit，并将其打开进行编辑：

```
File: PlaySoundOnHit.cs
using UnityEngine;

[RequireComponent(typeof(AudioSource))]
public class PlaySoundOnHit : MonoBehaviour {

    public AudioClip clip;
    private AudioSource source;

    void Start() {
        source = GetComponent<AudioSource>();
        source.spatialBlend = 1.0f;
        source.playOnAwake = false;
        source.clip = clip;
    }

    void OnCollisionEnter()   //Plays Sound Whenever collision detected
    {
        source.Play();
    }

}
```

因为包含要求 AudioSource 组件的指令，所以当我们将此脚本添加到该球时，Unity 也会添加一个 AudioSource 组件。现在我们来做这个：

1）将 PlaySoundOnHit 脚本作为组件拖放到 Ball 上。

2）从 Project Assets/BallGameArt/Sounds 文件夹中，将 Bounce 拖放到 Clip 插槽。

有弹性且有弹跳音效的球完成了！

9.4 投掷球

我们现在可以开始构建游戏机制。第一步将是开发投掷球的脚本。我们的计划是，当有投掷准备开始时，球会出现在屏幕的底部。用户轻敲并滑动屏幕上的球以抛出它。当球抛入 3D 空间后，将检测球是否与篮筐碰撞得分。游戏的阶段如下所示：

- 准备：球正在等待玩家输入来运行它，此时禁用其刚体。
- 持球：球员正在拖球（轻弹拖动小球）。
- 投掷：球根据实际物理原理来运动。

我们将跟踪投球的初始速度、方向以及其他性质，以便调整球的特性及其投射轨迹。

9.4.1 准备

首先，在你的项目 Assets/ARPlayBall/Scripts 文件夹中创建一个名为 ThrowControl 的新 C#脚

本，并将其打开进行编辑。首先，我们将编写下面的代码将球重置为准备状态：

```
File: ThrowControl.cs
using UnityEngine;
using UnityEngine.Events;

public class ThrowControl : MonoBehaviour {
    public float ballStartZ = 0.5f;

    public UnityEvent OnReset;

    private Vector3 newBallPosition;
    private Rigidbody _rigidbody;
    private bool isHolding;
    private bool isThrown;
    private bool isInitialized = false;

    void Start() {
        _rigidbody = GetComponent<Rigidbody>();
        ReadyBall();
        isInitialized = true;
    }

    void Update() {
    }

    void ReadyBall() {
        CancelInvoke();

        Vector3 screenPosition = new Vector3(0.5f, 0.1f, ballStartZ);

        transform.position =
Camera.main.ViewportToWorldPoint(screenPosition);

        newBallPosition = transform.position;
        isThrown = isHolding = false;

        _rigidbody.useGravity = false;
        _rigidbody.velocity = Vector3.zero;
        _rigidbody.angularVelocity = Vector3.zero;

        transform.rotation = Quaternion.Euler(0f, 200f, 0f);
        transform.SetParent(Camera.main.transform);

        if (isInitialized)
            OnReset.Invoke();
    }
```

在 Start() 中我们获得球的 Rigidbody 组件，然后调用 ReadyBall 函数。

在 ReadyBall 函数中，我们将球定位在距离摄像头一定距离的位置，因此它在 3D 空间中显示的效果会是在屏幕底部露出一半。这是通过使用摄像头 ViewportToWorldPoint 函数给出屏幕位置，并将其继承到摄像头中完成的。我们也禁用了球的刚体，因此现在球不会跑到任何地方。

ReadyBall 还调用 OnReset 事件，将消息传递给任何侦听器。具体来说，BallGame 组件要知道投掷完成并准备好再次进行，这样它可以更新当前得分，例如：

1）保存文件。

2）将脚本附加为 Ball 的组件。

单击 Play 按钮。你应该看到屏幕底部的球。如果你想调整球的可见起始大小，请调整其与摄像头值的 Z 距离。图 9-7 是我的屏幕实时截图，球在准备位置并且实例化了游戏场地。

图　9-7

9.4.2　持球

当玩家开始抛球时，他们会以轻触的手势触摸并拖动球。我们现在可以将其添加到脚本中。

将以下内容添加到类的顶部：

```
private Vector3 inputPositionCurrent;
private Vector2 inputPositionPivot;
private Vector2 inputPositionDifference;

private RaycastHit raycastHit;
```

添加 OnTouch 功能：

```
    void OnTouch() {
        inputPositionCurrent.z = ballStartZ;
        newBallPosition =
Camera.main.ScreenToWorldPoint(inputPositionCurrent);
        transform.localPosition = newBallPosition;
    }
```

Update() 在每个帧上处理用户输入。请注意，我们使用 UNITY_EDITOR 指令变量有条件地包含通过鼠标输入的代码与通过移动屏幕触摸输入的代码：

```
    void Update() {
        bool isInputBegan = false;
        bool isInputEnded = false;
#if UNITY_EDITOR
        isInputBegan = Input.GetMouseButtonDown(0);
        isInputEnded = Input.GetMouseButtonUp(0);
        inputPositionCurrent = Input.mousePosition;
#else
    isInputBegan = Input.touchCount == 1 && Input.GetTouch(0).phase ==
TouchPhase.Began;
    isInputEnded = Input.touchCount == 1 && Input.GetTouch(0).phase ==
```

```
TouchPhase.Ended;
    isInputLast = Input.touchCount == 1;
    inputPositionCurrent = Input.GetTouch (0).position;
#endif
        if (isHolding)
            OnTouch();

        if (isThrown)
            return;

        if (isInputBegan) {
            if
(Physics.Raycast(Camera.main.ScreenPointToRay(inputPositionCurrent), out
raycastHit, 100f)) {
                if (raycastHit.transform == transform) {
                    isHolding = true;
                    transform.SetParent(null);
                    inputPositionPivot = inputPositionCurrent;
                }
            }
        }

        if (isInputEnded) {
            if (inputPositionPivot.y < inputPositionCurrent.y) {
            Throw(inputPositionCurrent);
        }
    }
}

void Throw(Vector2 inputPosition) {
}
```

可以看到我们已经分离了 isInputBegan 与 IsInputEnded 之间的输入状态。当开始时我们移动球，从输入的屏幕坐标映射到世界坐标。输入结束后将调用 Throw()。

保存脚本，当你单击 Play 按钮时，可以在屏幕上选择并拖动球。

9.4.3　投掷

现在，当释放球时我们会增加 throw。首先，我们添加一些公共变量来帮助调整投掷行为：

```
public Vector2 sensivity = new Vector2(8f, 100f);
public float speed = 5f;
public float resetBallAfterSeconds = 3f;

private Vector3 direction;
```

而 Throw() 函数编辑如下所示：

```
void Throw(Vector2 inputPosition) {
    _rigidbody.constraints = RigidbodyConstraints.None;
    _rigidbody.useGravity = true;
```

```
        inputPositionDifference.y = (inputPosition.y -
inputPositionPivot.y) / Screen.height * sensivity.y;

        inputPositionDifference.x = (inputPosition.x -
inputPositionPivot.x) / Screen.width;
        inputPositionDifference.x =
            Mathf.Abs(inputPosition.x - inputPositionPivot.x) /
Screen.width * sensivity.x * inputPositionDifference.x;

        direction = new Vector3(inputPositionDifference.x, 0f, 1f);
        direction = Camera.main.transform.TransformDirection(direction);

        _rigidbody.AddForce((direction + Vector3.up) * speed *
inputPositionDifference.y);

    isHolding = false;
    isThrown = true;

    if (_rigidbody)
        Invoke("ReadyBall", resetBallAfterSeconds);
}
```

当玩家触碰屏幕抛球时 Throw( ) 被调用。它启动了 Rigidbody。然后，根据球在屏幕上的滑动距离（inputPositionDifference）、方向与速度，计算出应用于球的力。

单击 Play 按钮后，投掷球，然后小球飞入场景！

试验球的灵敏度与速度参数，让游戏按照你喜欢的方式工作。我们的设置如图 9-8 所示。

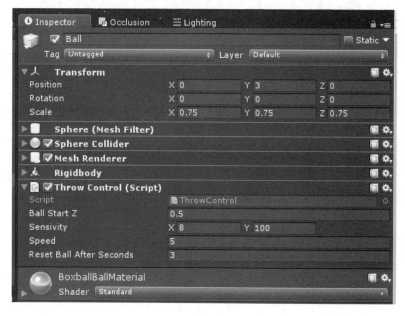

图　9-8

9.5 检测进球

好的，我们已经完成了投掷球的部分。现在，我们需要检测你是否进球并得分。为了检测进球，我们将添加一个碰撞体到篮筐并处理碰撞事件。当有一个进球时，应该有音频反馈、视觉反馈以及分数上有所变化，并表示祝贺。首先，让我们检测你是否已经进球。在下一节中，我们将解决记录分数的问题。

9.5.1 进球碰撞体

为了检测进球，我们将一个带有碰撞体的 3D 立方体对象添加到篮筐对象中。它只会是一个不可见的碰撞体，也就是说不会被渲染为场景的一部分。我们希望碰撞触发事件，将在脚本中处理这些事件：

1）在 "Hierarchy" 面板中选中 BoxballGame，创建一个名为 GoalCollider 的立方体。

2）设置其 Transform Position 为（0，2.5，0）与 Scale 为（1.8，0.05，1.8）。

3）在 Box Collider 组件中，选中 Is Trigger 复选框。

4）移除 Mesh Renderer 组件。

5）图 9-9 的屏幕截图显示了在其渲染器被移除之前的带有 GoalCollider 的场景。

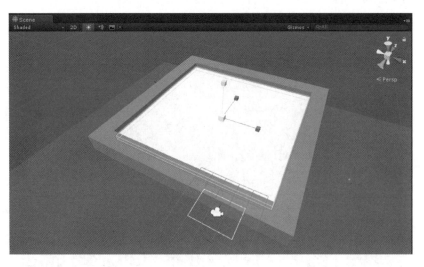

图 9-9

9.5.2 CollisionBehavior 组件

我们现在将编写一个 CollisionBehavior 脚本来处理进球时的碰撞事件。在项目 Assets/ARBall-Play/Scripts/ 文件夹中，创建一个名为 CollisionBehavior 的 C#脚本。将组件添加到 GoalCollider 对象，然后打开它进行编辑。完整的脚本如下：

```
File: CollisionBehavior.cs
using UnityEngine;
using UnityEngine.Events;

public class GameObjectEvent : UnityEvent<GameObject> {
}

public class CollisionBehavior : MonoBehaviour {
    public GameObjectEvent OnHitGameObject = new GameObjectEvent();
    public UnityEvent OnCollision = new UnityEvent();

    // used to make sure that only one event is called
    private GameObject lastCollision;

    void Awake() {
        //disables the renderer in playmode if it wasn't already
        MeshRenderer targetMeshRenderer = GetComponent<MeshRenderer>();
        if (targetMeshRenderer != null)
            targetMeshRenderer.enabled = false;
    }

    void OnCollisionEnter(Collision collision) {
        if (lastCollision != collision.gameObject) {
            OnHitGameObject.Invoke(collision.gameObject);
            OnCollision.Invoke();
            lastCollision = collision.gameObject;
        }
    }

    //So that the goal can be a trigger
    void OnTriggerEnter(Collider collider) {
        if (lastCollision != collider.gameObject) {
            OnHitGameObject.Invoke(collider.gameObject);
            OnCollision.Invoke();
            lastCollision = collider.gameObject;
        }
    }

    public void ResetCollision() {
        lastCollision = null;

    }


    void OnDisable() {
        lastCollision = null;
    }
}
```

在 Awake( ) 中，确保碰撞对象不会被渲染。我们已经从对象中删除了 Renderer 组件，所以

339

这里不会做任何事情，但为了防止开发人员忘记删除或禁用渲染器，我们提醒一下。

该脚本实现了 OnCollisionEnter、OnTriggerEnter 与 OnDisable 的处理程序。它可能看起来有些多余，但 Unity 可能会触发 OnCollisionEnger 或 OnTriggerEnter 事件（或两者）来处理相同的碰撞，我们将同样处理。

在脚本的顶部，定义了一个名为 GameObjectEvent 的新 UnityEvent。我们的脚本会在碰撞时调用事件，以便 UI 与分数记录器可以对其进行响应。

OnCollisionEnter 与 OnTriggerEnter 函数由 Unity 物理引擎触发。我们检查一下以确保我们之前不知道这个进球，然后调用 OnHitGameObject 来通知 UI。

保存脚本。现在我们可以实现 UI 部分。

9.5.3　进球反馈

我们需要告诉玩家何时进球。可以通过以下步骤，使用 UI Canvas 来显示它：

1）在"Hierarchy"面板中选中 BoxballGame，选择 UI｜Canvas 创建一个新的面板，将其命名为 GoalCanvas。

2）将其 Render Mode 设置为 World Space。

3）重置 Transform，将 Scale 设置为（0.02，0.02，0.02）。

4）设置 Anchors 为 Min（0.5，0.5）、Max（0.5，0.5）、Pivot（0.5，0.5）。

5）将 Position 设置为（0，4，0），将 Width/Height 设置为（100，50）。

6）将 Canvas Scaler Dynamic Pixels Per Unit 设置为 4，以使文本具有更高的分辨率。

Canvas 获取一个子面板，它反过来得到一个子文本元素。

1）添加 GoalCanvas 的一个子项，选择 UI｜Panel 创建一个平面，名为 GoalPanel。

2）将其 Source Image 设置为 None。

3）将 Color 设置为白色且不透明（#FFFFFFFF）。

4）选择 Add Component｜UI｜Effects｜Outline，添加 UI Outline 组件。

5）将它的 Effect Color 设置为你喜欢的颜色，我们选择了 Syracuse 橙色（#CF4515FF）。

6）将 Effect Distance 设置为 X＝4，Y＝－4。

7）添加一个 GoalPanel 的子项并创建一个 UI｜Text，名为 GoalText。

8）将其 Anchor Presets 设置为 Stretch-Stretch（左上角的锚点图标）以将其居中，并按住 Alt 键同时单击 Stretch-Stretch 以设置其 Position（0，0）。

9）将其 Text 字符串设置为 Goal！。

10）设置 Font Style 为 Bold，Font Size 为 27，Alignment 为 middle/center，Color 为#CF4515FF。

11）生成的标志如图 9-10 所示。

默认情况下这个面板应该是隐藏的。当玩家进球时，它会显示出来。

1）在"Hierarchy"面板中选择 GoalCanvas，并在"Inspector"面板中将其禁用。

2）选择"Hierarchy"面板中的 GoalCollider。

3）在"Inspector"面板中，单击 Collision Behavior 列表中的"＋"按钮。

4）将 GoalCanvas 拖放到 Object 插槽中，然后选择该功能的 GameObject｜Set Active，并选中

图 9-10

该复选框，如图 9-11 所示。

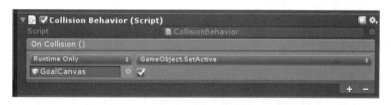

图 9-11

我们只希望进球标志保持几秒钟。然后，它应该禁用自己。

1）在项目 Assets/ARPlayBall/Scripts 文件夹中，创建一个名为 TimedDisable 的新 C#脚本。

2）将 TimedDisable 作为组件拖放到 GoalCanvas 上。

现在，打开 TimedDisable. cs 脚本进行编辑，如下所示：

```
File: TimedDisable.cs
using UnityEngine;

public class TimedDisable : MonoBehaviour {

    public float time = 4f;

    void OnEnable() {
        Invoke("Disable", time);
    }

    void Disable() {
        gameObject.SetActive(false);
    }
}
```

顾名思义，该脚本将在启用特定时间长度（如4s）后禁用当前对象 GoalCanvas。

保存你的工作。当你玩游戏时，向一个篮筐投掷，"Goal！"标志将出现几秒钟，然后消失，球重置到其起始位置。是的，这个过程的实现具有挑战性；在测试游戏时尝试接近一点篮筐。篮筐将仅在第一次被注册，因为 lastCollision 变量需要在进球之间重置为 null。我们将在之后讲到 BallGame 脚本时做到这一点。

9.5.4　为进球欢呼

在继续之前，让我们添加一些进球时的欢呼吧！如果将音频片段（Audio Source）添加到 goal 面板，将其设置为在唤醒时开启，然后运行程序，我们将得到除了视觉外还有音频的反馈。在这里我们提供了一个 cheer. mp3 音频文件供你使用：

1）选择 GoalCanvas。

2）选择 Add Component｜Audio Source。

3）将欢呼片段（在 Assets/BallGameArt/Sounds 中）拖放到 AudioClip 插槽上。

4）确保已选中 Play on Awake 且没有选中 Loop。

现在这个游戏变得更加令人兴奋！

9.6　BallGame 组件

现在是将 BallGame 组件添加到我们的球类游戏的好时机。

BallGame 组件与每个单独的球类游戏相关联。它使用 ThrowControl 组件来确定一次投球何时完成以及球是否投入篮筐。然后，它相应地调用 Won 或 Lost 事件。

我们将在 Boxball 游戏中添加一个 BallGame 组件。当添加更多像篮球或橄榄球这样的比赛时，它们也会有一个 BallGame 组件：

1）在项目 Assets/ARBallPlay/Scripts/文件夹中，创建一个名为 BallGame 的 C#脚本。

2）将组件添加到 BoxballGame 对象。

3）然后打开它进行编辑。

完整的脚本如下：

```
File: BallGame.cs
using UnityEngine;
using UnityEngine.Events;

public class BallGame : MonoBehaviour {
    public ThrowControl BallThrowControl;
    public GameObject CourtGameObject;
    public CollisionBehavior GoalCollisionBehavior;

    public UnityEvent OnGoalWon;
    public UnityEvent OnGoalLost;

    private bool wonGoal;
```

```
void Start() {
    BallThrowControl.OnReset.AddListener(OnBallReset);
    GoalCollisionBehavior.OnHitGameObject.AddListener(CheckGoal);
}

void OnBallReset() {
    if (wonGoal) {
        OnGoalWon.Invoke();
    } else {
        OnGoalLost.Invoke();
    }
    //Resets the game
    GoalCollisionBehavior.ResetCollision();
    wonGoal = false;
}

void CheckGoal(GameObject hitGameObject) {
    if (hitGameObject == BallThrowControl.gameObject) {
        wonGoal = true;
    }
}
}
```

BallGame 组件引用游戏的 ThrowControl 函数, 以确定篮筐中的对象实际上是我们的球 (可以想象, 该事件可能来自任何地方)。如果是这样, 我们将 wonGoal 设置为 true。

正如本章开头所解释的, OnBallReset 将调用 GameController 的 OnGoalWon 或 OnGoalLost 事件来更新记分板。我们需要在重置时这样做, 而不是在首次检测到进球时让球有机会在球场周围弹跳时这样设置。

保存脚本。然后执行以下步骤:

1) 将 BallGame 脚本作为组件拖放到 BoxballGame 对象上。

2) 将 Ball 对象拖放到 Ball Throw Control 插槽上。

3) 将 "Hierarchy" 面板中的 Court 对象拖放到 Ball Game 组件的 Court Game Object 插槽中。

4) 将 GoalCollider 拖放到 Goal Collision Behavior 插槽中。

如果你在这个时刻单击 Play 按钮, 游戏的行为没有改变, 但现在我们已经准备好开始保持显示得分了。

9.7 显示得分

当你进球时, 应该增加你的分数。如果你没有进球, 将会从你的总分数中扣除。分数显示在 UI 中。我们还会使用持久性存储来跟踪你的历史最高分。首先, 我们将为记分板创建一个 UI 面板。

9.7.1 当前的核心 UI

将记分板设置成 ThrowingGame 的画布子项：

1）在"Hierarchy"面板中选择了 ThrowingGame，选择 UI｜Canvas 创建一个新的面板，并命名为 GameCanvas。

2）将其 Render Mode 设置为 World Space。

3）对于其 Rect Transform，将 Scale 设置为（0.015，0.015，0.015）。

4）设置 Anchors 为 Min（0.5，0.5）、Max（0.5，0.5）、Pivot（0.5，0.5）。

5）将 Position 设置为（-1，2.5，1），将 Width/Height 设置为（100，100）。

6）将 Canvas Scaler Dynamic Pixels Per Unit 设置为 4，以使文本具有更高的分辨率。

Canvas 获取一个子项 Panel，它反过来获取子 Text 元素：

1）添加 GameCanvas 的子项，选择 UI｜Panel 创建一个平面，名为 ScorePanel。

2）设置它的 Rect Transform Left 为 -40，Right 为 40。

3）如果你安装了 BallGame 资源包，请将其 Source Image 设置为 Circle。

4）将 Color 设置为 Syracuse 橙色（#D64816FF）。

5）选择 Add Component｜UI｜Effects｜Outline，添加组件。

6）将其 Effect Color 设置为白色（#FFFFFFFF）。

7）将 Effect Distance 设置为 X = 2，Y = -2（边框宽度）。

现在，添加分数标题与值的文本元素：

1）添加 ScorePanel 的子项，选择 UI｜Text 创建一个文本，名为 ScoreTitle。

2）将其 Anchor Presets 设置为 Stretch-Stretch（左上角的锚点图标）以将其居中，然后按住 Alt 键同时单击 Stretch-Stretch 以设置其 Position（0，0）。

3）将 Scale 设置为（0.75，0.75，0.75）。

4）使用 Font Style 为 Bold，Font Size 为 16，Alignment 为 middle/top，Color 为#FFFFFFFF（白色）。

5）将其 Text 设置为 Score。

6）复制 ScoreTitle 并将其重命名为 ScoreValue。

7）更改设置 Font Size 为 35，Alignment 为 middle/center。

8）将其 Text 设置为 0。

最终得分 Canvas 看起来如图 9-12 所示。

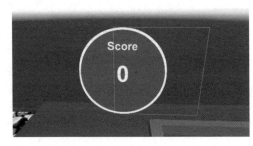

图 9-12

9.7.2 游戏控制器

游戏控制器的作用是记录分数与其他游戏范围的功能。现在，我们只记录并保持分数显示。让我们添加如下：

1）在"Hierarchy"面板的根目录中，创建一个空对象，并将其命名为 GameController。

2）重置其 Transform。

3）在项目 Assetts/ARPlayBall/Scripts/文件夹中，创建一个名为 GameController 的新 C#脚本，并将其作为组件拖放到 GameController 上。

打开 GameController 脚本进行编辑，如下所示：

```
File: GameController.cs
using UnityEngine;
using UnityEngine.UI;

public class GameController : MonoBehaviour {
    public int hitPoints = 10;
    public int missPoints = -2;

    public BallGame ballGame;
    public Text scoreDisplay;

    private int playerScore;

    void Start() {
        ballGame.OnGoalWon.AddListener(WonGoal);
        ballGame.OnGoalLost.AddListener(LostGoal);
    }

    void WonGoal() {
        ChangeScore(hitPoints);
    }

    void LostGoal() {
        ChangeScore(missPoints);
    }

    void ChangeScore(int points) {
        playerScore = playerScore + points;
        if (playerScore < 0) playerScore = 0;
        scoreDisplay.text = playerScore.ToString();
    }
}
```

在 Start 函数中，我们将 WonGoal 与 LostGoal 函数以及相应的 BallGame 事件一起注册，所以当 BallGame 发现命中或失手时，控制器将更新游戏得分。

保存脚本。现在我们只需告诉游戏控制器在哪里设置分数值。继续如下步骤：

1）将 BoxballGame 对象从"Hierarchy"面板拖放到 GameController Ball Game 插槽中。

2）将"Hierarchy"面板中的 ScoreValue 对象拖放到 GameController Score Display 插槽中。

当你单击 Play 按钮并开始玩游戏时，每次你进球时都会更新记分板。

9.8 跟踪最高分

在我们的游戏中还有一件有趣的事就是跟踪玩家的得分。为此，我们不仅需要保持当前的最高分，还要保存这些数据，以便在下次玩游戏时能看到这些数据。

首先，我们将制作一个 UI 元素来显示当前的最高分。简单地复制我们刚刚制作的 ScorePanel 并对其进行修改，这样做最简单：

1）选择"Hierarchy"面板中的 ScorePanel 并复制它（右键单击并选择 Duplicate 选项）。

2）将它重命名为 HighScorePanel。

3）将 Rect Transform 设置为 Left：-120，Top：50，Right：120，Bottom：-50。

4）将子项 ScoreTitle 重命名为 HighScoreTitle。

5）将其 Text 更改为 High Score。

6）将子项 ScoreValue 重命名为 HighScoreValue。

7）将 Font Style 设置为 Bold and Italic，将 Color 设置为淡橙色（#FF9970FF）。

当前最高分将保存在一个名为 PlayerProgress 的普通 C#对象类中。我们现在可以定义它。在 Scripts 文件夹中，创建一个名为 PlayerProgress 的新 C#脚本并将其打开进行编辑：

```
File: PlayerProgress.cs
public class PlayerProgress {
    public int highScore = 0;
}
```

GameDataManager 组件负责保存与恢复游戏数据。创建另一个名为 GameDataManager 的 C#脚本，并打开它进行编辑，如下所示：

```
File: GameDataManager.cs
using UnityEngine;

public class GameDataManager : MonoBehaviour {

    private PlayerProgress playerProgress;

    public void Awake() {
        LoadPlayerProgress();
    }

    public void SubmitNewPlayerScore(int newScore) {
        if (newScore > playerProgress.highScore) {
            playerProgress.highScore = newScore;
            SavePlayerProgress();
        }
    }
```

```
    public int GetHighestPlayerScore() {
        return playerProgress.highScore;
    }

    private void LoadPlayerProgress() {
        playerProgress = new PlayerProgress();

        if (PlayerPrefs.HasKey("highScore")) {
            playerProgress.highScore = PlayerPrefs.GetInt("highScore");
        }
    }

    private void SavePlayerProgress() {
        PlayerPrefs.SetInt("highScore", playerProgress.highScore);
    }
}
```

用户数据使用 Unity 的 PlayerPrefs API 进行保存与恢复。当应用程序启动时，Awake 被调用并加载当前的最高分。当游戏控制器更新当前分数时，应调用 SubmitNewPlayerScore 以可能更新其他最高分并在其更改时保存它。

> 有关使用 Unity PlayerPrefs 的更多信息，请参阅 Unity 文档 https://docs.unity3d.com/ScriptReference/PlayerPrefs.html。

现在，我们只需修改 GameController 以在 UI 中显示最高分并检查它是否已更改：
在 GameController.cs 的类顶部添加以下代码片段：

```
public Text highScoreDisplay;
private GameDataManager gameDataManager;
```

在 Start() 中，添加以下代码：

```
        gameDataManager = FindObjectOfType<GameDataManager>();
        highScoreDisplay.text =
gameDataManager.GetHighestPlayerScore().ToString();
```

然后，在 ChangeScore() 的末尾添加以下代码：

```
        gameDataManager.SubmitNewPlayerScore(playerScore);
        highScoreDisplay.text =
gameDataManager.GetHighestPlayerScore().ToString();
```

保存脚本。然后在 Unity 中进行以下步骤：
1）在"Hierarchy"面板中选择 GameController，将 GameDataManager 脚本添加为组件。
2）将 HighScoreValue 对象拖放到 High Score Display 插槽上。
3）保存场景。
现在，当你单击 Play 按钮并玩游戏时，会在得分最高时更新得分。退出运行模式后，然后再次单击 Play 按钮后，最高分保存显示，但当前得分重置为零。

恭喜！到目前为止，这款游戏看起来非常好。本次比赛现场如图 9-13 所示。

图　9-13

9.9　添加真实世界的对象

你可能已经意识到，虽然我们使用 AR 来定位游戏对象，但在视频流的反馈不应该仅仅是像无反馈的背景一样。例如，球在我们的比赛场地上反弹或滚动与我们的桌面环境没有现实相互作用。

为了成为更好的增强现实的游戏，程序需要查看与了解桌面环境。不同的 AR SDK 以不同方式处理这个问题。例如，Vuforia 工具包提供了一个称为智能地形的功能，可根据设备的视频流生成曲面网格。类似的 Microsoft MixedRealityToolkit 使用其深度传感器与 HPU 芯片构建空间网格，然后提供 Unity 组件以便理解物理平面与对象。当前我们使用 Vuforia 工具。

9.9.1　关于 Vuforia 智能地形

智能地形（Smart Terrain）是 Vuforia 的环境重建技术，它使用设备上的摄像头与软件中的视觉算法构成。SDK 提供了一个简单的创作流程与事件驱动的编程模型，Unity 开发人员可能已经熟悉这种模型。如果你的设备包含深度感应摄像头，Vuforia 的环境重建技术会启用它。内部处理算法与其他软件中使用的摄影测量相似，用于（使用摄像头与转盘）扫描硬币或小雕像以及（使用无人机）扫描像户外雕像或整个建筑物一样大小的 3D 物体。对于只有标准摄像头的移动设备，智能地形扫描的能力与深度感测能力相比是有限的，但仍然非常有效。

来自 Vuforia 示例 Penguin 应用程序的图 9-14 显示了为桌面舞台生成的示例 3D 网格，其中检测了各种形状与大小的道具对象。

对于使用者来说，SDK 需要对你要交互的区域进行初始化，而且只能是有限的交互道具（最多五个）。当应用程序启动时，它会扫描舞台与道具以构建 3D 地形网格。然后，网格可以在 Unity 中实时增强。

图 9-14

智能地形将在用户的视图中构建真实对象表面的 3D 网格。当它在桌面上检测到真实世界中的一个对象时，我们称之为道具，这个新对象被添加到 Unity 场景中。被作为道具的这个对象，将由道具模板定义；开始默认为一个立方体，它将会自动缩放大约和这个物理对象大小接近。

前面的示例图像包含以下识别的对象：

- 桌子中央的圆柱形罐子是标识对象（启用了 Vuforia 对象识别），用蓝色线绘制。
- 桌面上的智能地形 3D 网格，用绿色线绘制。
- 四个道具（花瓶、杯子、书本与纸巾盒）得到识别，用 3D 立方体代表并用青色线绘制。
- 一旦在运行时识别出来，网格与道具就可以用来遮挡你的计算图形。例如，我们的虚拟球可以在桌面上的其中一个道具后面滚动，并在 AR 视图中被遮挡。道具也可以使用碰撞体与现实中的物体进行交互。

尽管 SDK 可能很智能，但它并不是万能的，而且分辨率也相对较低。此外，这种方式最适合于近距离在稳定光照条件下，并且桌面上的物体不是动态的变化的情况。与其他在 Vuforia 的程序中使用的图像标识一样，物体的表面应具有自然特征跟踪（NFT 图像标识）所需的图案与细节特征，并且不适用于反射或透明物体的表面。如 Vuforia 文档所述：

一般来说，智能地形设计用于在家中与办公室中使用的各种常见桌面。理想的桌面要么是平面的，要么呈现均匀的特征密度，并且应该在视觉上与相邻的表面区分开来。

欲了解更多详情，请访问 https://library.vuforia.com/articles/Training/Getting-Started-with-Smart-Terrain。一些最低系统要求，你可以在该页面上查找到。

我们还建议你查看 Vuforia 示例 Penguin 应用程序以供参考与指导。请访问 https://library.vuforia.com/articles/Solution/Penguin-Smart-Terrain-Sample。

9.9.2 用户体验与应用程序状态

正如 Vuforia 文档中所解释的，智能地形实施有三个阶段：

- 初始化阶段：用户设置临时区域，添加道具与初始化对象。
- 扫描阶段：其中平面与道具在场景中的使用由智能地形跟踪器捕捉与重建。
- 追踪阶段：其中地形由你开发的 Unity 场景实时增强。

为了支持智能地形阶段与扫描，我们将为应用程序提供一组状态并通过它们指导玩家设置游戏区域。我们将有以下几种状态：

- OVERLAY_OUTLINE：在初始化检测阶段，向用户显示用摄像头查找标识的说明。
- INIT_ANIMATION：第一次找到可追踪内容时播放的动画，然后跳转到扫描阶段。
- SCANNING：扫描阶段在场景中显示线框网格，并向用户显示指示，慢慢将设备归位并显示 Done 按钮。
- GAME_RENDERING：当用户单击 Done 按钮时，在游戏开始前，隐藏线框网格，调用 OnStartGame 并跳转到 GAME_PLAY 状态。
- GAME_PLAY：这是用户可以掷球的地方，隐藏屏幕指示，并显示 Reset 按钮。
- RESET_ALL：用户单击 Reset 按钮，重新载入关卡，当用户单击 Reset 按钮时，重新载入关卡并重置应用状态。

在下一节中实现 AppStateManager 时，请记住这一点。

现在我们可以开始将智能地形添加到游戏中。

9.9.3 屏幕空间画布

为了支持智能地形的应用程序阶段，我们将引入一个屏幕空间画布，其中包含用户的指示信息与用于逐步浏览阶段的按钮。现在我们来构建并使用它。我们将使用 BallGameArt 软件包中提供的一些图形光标。如果你没有这些资源，那么只需使用默认 UI 元素即可：

1）在场景"Hierarchy"面板的根目录中，选择 UI│Canvas 创建一个新的面布并将其命名为 ScreenSpaceCanvas。

2）保持 Render Mode 为 Screen Space-Overlay，但将 UI Scale Mode 设置为 Scale With Screen Size，并将 Match 值调整为 0.5。

创建标题：

1）在 ScreenSpaceCanvas 下，选择 UI│Panel 创建一个子项，并将其命名为 TitlePanel。

2）将其 Anchor Presets 设置为 Top/Stretch，Height 为 72，Pos Y 为 -36，从而跨越屏幕顶部。

3）然后移除其图像组件。

4）作为 TitlePanel 的子项，选择 UI│Image 创建一个图像，并将其命名为 TitleImage。

5）将其 Source Image 设置为 Title（在 GameUI 文件夹中提供）。

6）设置 Scale 为（0.15，0.15，0.15），Width 为 1600，Height 为 560。

7）选择 Add Component│Outline，设置 Effect Color 为#D64816FF，Effect Distance 为（10，-10）。

创建指令面板：

1）在 ScreenSpaceCanvas 下，选择 UI│Panel 创建一个子项，并将其命名为 instructionPanel。

2）将其 Anchor Presets 置于 Bottom/Stretch。

3）设置其 Rect Transform Pos Y 为 105，使其位于屏幕底部。

4）对于 Source Image 使用 ButtonIcon，并将其 Color 设置为#D64816FF。

5）选择 Add Component│Aspect Ratio Fitter，设置 Aspect Mode 为 Width Controls Height，Aspect Ratio 为 2.5。

6）选择 Add Component│Outline，设置 Color 为#FFFFFFFF，Effect Distance 为（5，-5）。

7）选择 Add Component│Vertical Layout Group，设置 Spacing 为 5，Control Child Size 为 Check both Width and Height，Child Force Expand 为 Check Width but not Height。

8）对于 Vertical Layout Group Padding（可能需要展开才会显示插槽），请设置为 30，30，30，10。

9）作为 InstructionPanel 的子项，选择 UI│Text 创建一个文本，并将其命名为 instructionTitleText。

10）设置 Text 字符串为 Instructions，设置 Font Style 为 Bold，Font Size 为 28，Alignment 为 Center/Top，Color 为#FFFFFFFF。

11）复制 InstructionTitleText 并将其重命名为 InstructionText。

12）设置其 Font Style 为 Normal，Font Size 为 20，Alignment 为 Left/Top。

创建完整的按钮：

1）在 ScreenSpaceCanvas 下，选择 UI│Button 创建一个子按钮，并将其命名为 CompleteButton。

2）设置其 Anchor Presets 为 Bottom/Right，Scale 为（1.2，1.2，1.2），Pos X，Y 为（−75，75），Width/Height 为（98，98）。

3）设置 Source Image 为 AbstractButton_2，Color 为#513B34FF。

4）编辑子 Text 元素，设置 Text 为 Complete，Style 为 Bold，Size 为 12，Color 为#FFFFFFFF。

创建重启按钮：

1）复制 CompleteButton 并将其重命名为 RestartButton。

2）将 Source Image 更改为 AbstractButton，Color 更改为#D64816FF。

3）将其子 Text 更改为 Restart。

如果你一直沿用，则生成的屏幕 Canvas 应如图 9-15 所示。看起来不错！

图 9-15

9.9.4 使用智能地形

目前，我们一直在 Extended Tracking 模式下使用 AR Image Target。要使用智能地形，我们将会进行模式切换。然后，需要通过以下步骤在运行时校准扫描来指导用户：

1）在"Hierarchy"面板中选中 ImageTarget，在"Inspector"面板中，取消选中 Enable Extended Tracking。

2）选中 Enable Smart Terrain 复选框。

选中 Enable Smart Terrain 复选框可将 SmartTerrain_ImageTarget 预制体添加到场景中（如果没有，你可以单击 New 按钮在场景中实例化新的预制体）。

351

3）从主菜单中选择 Vuforia｜Configuration，然后在"Inspector"面板中选中 Smart Terrain Tracker｜Start Automatically 复选框，如图 9-16 所示。

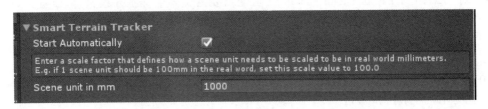

图　9-16

4）选择"Hierarchy"面板中的 ARCamera 并验证 World Center Mode 是 SPECIFIC_TARGET。

5）在"Hierarchy"面板中展开 SmartTerrain_ImageTarget，并将它的 Primary Surface 对象拖放到"Inspector"面板中 ARCamera 的 World Center 插槽上，如图 9-17 所示。

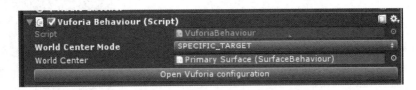

图　9-17

9.9.5　处理跟踪事件

我们添加到场景中的默认 ImageTarget 预制体包含一个 Default Trackable Event Handler 组件。它实现了 ITrackableEventHandler 接口，特别是 OnTrackingFound、OnTrackingLost 与 OnTrackingChanged 事件。我们在本书的早期项目中使用过这些事件与接口。

对于智能地形与这个项目的应用，需要不同的接口实现。我们的实现始于 Vuforia 为智能地形提供的 Penguin 示例项目。像所有优秀的程序员一样，当你不需要时，可以进行选择性地编写代码！这个实现与 DefaultTrackableEventHandler 类在三个方面略有不同：

- 当跟踪丢失和找到时，我们提供选项来切换到子组件或其他程序。
- 跟踪其他对象时，切换 Canvas 组件。
- 第一次跟踪一个项目时，发送一个事件（启动我们的智能地形）。

让我们开始吧：

1）在 Scripts 文件夹中创建一个名为 ImageTrackableEventHandler 的新 C#脚本。

2）将它作为组件拖放到 ImageTarget 上。

3）删除我们要替换的 Default Trackable Event Handler 组件。

打开 ImageTrackableEventHandler 脚本进行编辑，并开始定义在 Start() 函数中初始化的类与类变量，如下所示：

```
File: ImageTrackableEventHandler.cs
using UnityEngine;
using UnityEngine.Events;
using Vuforia;

public class ImageTrackableEventHandler : MonoBehaviour,
ITrackableEventHandler {

    public UnityEvent OnImageTrackableFoundFirstTime;
    private bool toggleOnStateChange;

    private TrackableBehaviour mTrackableBehaviour;
    private bool m_TrackableDetectedForFirstTime;

    void Start() {
        mTrackableBehaviour = GetComponent<TrackableBehaviour>();
        if (mTrackableBehaviour) {
            mTrackableBehaviour.RegisterTrackableEventHandler(this);
        }
    }
```

接下来，添加一个访问器函数来切换状态，UI 将使用该状态：

```
public bool ToggleOnStateChange {
    get { return toggleOnStateChange; }
    set { toggleOnStateChange = value; ToggleComponenets(value); }
}
```

接下来，实现 ITrackableEventHandler 接口函数，如下所示：

```
    public void OnTrackableStateChanged(
                                    TrackableBehaviour.Status
previousStatus,
                                    TrackableBehaviour.Status newStatus) {
        if (newStatus == TrackableBehaviour.Status.DETECTED ||
            newStatus == TrackableBehaviour.Status.TRACKED) {
            OnTrackingFound();
        } else {
            OnTrackingLost();
        }
    }

    private void OnTrackingFound() {
        if (toggleOnStateChange)
            ToggleComponenets(true);
        if (!m_TrackableDetectedForFirstTime) {
            OnImageTrackableFoundFirstTime.Invoke();
            m_TrackableDetectedForFirstTime = true;
        }

        Debug.Log("Trackable " + mTrackableBehaviour.TrackableName + "
found");
    }
```

```
    private void OnTrackingLost() {
        if (toggleOnStateChange)
            ToggleComponenets(false);

        transform.position = Vector3.zero;
        transform.rotation = Quaternion.identity;

        Debug.Log("Trackable " + mTrackableBehaviour.TrackableName + "
lost");
    }
```

最后，ToggleComponents 函数到达所有的子渲染器、碰撞体与画布：

```
    void ToggleComponents(bool enabled) {
        Renderer[] rendererComponents =
GetComponentsInChildren<Renderer>(true);
        Collider[] colliderComponents =
GetComponentsInChildren<Collider>(true);
        Canvas[] canvasComponents = GetComponentsInChildren<Canvas>(true);
        // Enable rendering:
        foreach (Renderer component in rendererComponents) {
            component.enabled = enabled;
        }

        // Enable colliders:
        foreach (Collider component in colliderComponents) {
            component.enabled = enabled;
        }

        //Enable Canvases
        foreach (Canvas component in canvasComponents) {
            component.enabled = enabled;
        }
    }
}
```

保存脚本。

9.9.6　App State

现在让我们定义 App State，如本节开头所述。

在名为 AppStates 的 Scripts 文件夹中创建一个新的 C#脚本，并按如下方式对其进行编辑以定义这些状态的枚举：

```
File: AppStates.cs
public enum AppStates {
    OVERLAY_OUTLINE, INIT_ANIMATION, SCANNING, GAME_RENDERING, GAME_PLAY,
    RESET_ALL, NONE
}
```

9.9.7 App State 管理器

我们将添加一个 AppStateManager 到项目。我们首先制作对象，然后编写组件脚本：

1）在"Hierarchy"面板的根目录中，创建一个空对象，并将其命名为 AppStateManager。

2）在 Scripts 文件夹中创建一个名为 AppStateManager 的新的 C#脚本，并将其作为组件拖放到 AppStateManager 上。

打开 AppStateManager 脚本进行编辑，如下所示：

File: AppStateManager.cs

首先，我们将声明 AppState 与一组公共变量，这些将在我们使用它们时进行解释：

```
using UnityEngine;
using UnityEngine.Events;
using UnityEngine.UI;
using Vuforia;

public class AppStateManager : MonoBehaviour {

    private AppStates appState;
    //Vuforia scripts that are used to get the state of the app. Can be
found using FindObjectOfType<T>();
    public ReconstructionBehaviour reconstructionBehaviour;
    public SurfaceBehaviour surfaceBehaviour;
    public ImageTrackableEventHandler imageTarget;

    ///UI
    public GameObject instructionHolder;
    public Text instructionsText;
    public Button doneButton;
    public Button resetButton;

    //For the game
    public UnityEvent OnStartGame;

    //UI resources for instructions
    public string pointDeviceText;
    public string pullBackText;

}
```

Start() 函数将在首次检测到跟踪时注册侦听器，并将我们的状态设置为 INIT_ANIMATION：

```
    void Start() {
        imageTarget.OnImageTrackableFoundFirstTime.AddListener(
OnImageTrackableFoundFirstTime);
    }

    private void OnImageTrackableFoundFirstTime() {
        appState = AppStates.INIT_ANIMATION;
    }
```

我们的大部分状态管理都在 Update( ) 中执行。更新操作取决于当前的状态，我们使用一个大的 switch 语句。此代码直接遵循本节前面的用户体验与应用程序状态主题中指定的状态定义。编写 Update 函数如下：

```
void Update() {
    //We declare the bool values here because we want them to be set to
false, unless the state is correct
    //This saves us from setting the values to false in each state.
    bool showDoneButton = false;
    bool showResetButton = false;
```

现在，我们开始添加大的 Switch 语句：

```
switch (appState) {
    //Detection phase
    case AppStates.OVERLAY_OUTLINE:
        instructionsText.text = pointDeviceText;
        surfaceBehaviour.GetComponent<Renderer>().enabled = false;
        break;

    // The animation that is played when the trackable is found for
the first time
    case AppStates.INIT_ANIMATION:
        appState = AppStates.SCANNING;
        break;

    // Scanning phase
    case AppStates.SCANNING:
        ShowWireFrame(true);
        instructionsText.text = pullBackText;
        showDoneButton = true;
        break;

    // When the user taps done. This happens before the game can be
played
    case AppStates.GAME_RENDERING:
        if ((reconstructionBehaviour != null) &&
(reconstructionBehaviour.Reconstruction != null)) {
            ShowWireFrame(false);
            surfaceBehaviour.GetComponent<Renderer>().enabled =
false;
            imageTarget.ToggleOnStateChange = true;
            reconstructionBehaviour.Reconstruction.Stop();
            OnStartGame.Invoke();
            appState = AppStates.GAME_PLAY;
        }
        break;

    //This is where the user can shoot the ball
    case AppStates.GAME_PLAY:
```

```
            instructionHolder.gameObject.SetActive(false);
            showResetButton = true;
            break;

        //User taps on [RESET] button - Re-loads the level
        case AppStates.RESET_ALL:
            //Reloads this scene
            UnityEngine.SceneManagement.SceneManager.LoadScene(0);
            appState = AppStates.NONE;
            break;

        // Just a placeholder state, to make sure that the previous
state runs for just one frame.
        case AppStates.NONE: break;
    }
```

在 switch 语句之后，包含了决定何时显示 done 或 cancel 按钮的逻辑，如下所示：

```
    if (doneButton != null &&
        showDoneButton != doneButton.enabled) {
        doneButton.enabled = showDoneButton;
        doneButton.image.enabled = showDoneButton;
        doneButton.gameObject.SetActive(showDoneButton);
    }

    if (resetButton != null &&
        showResetButton != resetButton.enabled) {
        resetButton.enabled = showResetButton;
        resetButton.image.enabled = showResetButton;
        resetButton.gameObject.SetActive(showResetButton);
    }
}
```

如果 Update 函数结束，那就整体结束了。它调用下面定义的一些辅助函数，如下所示：

```
    void ShowWireFrame(bool show) {
        WireframeBehaviour[] wireframeBehaviours =
FindObjectsOfType<WireframeBehaviour>();
        foreach (WireframeBehaviour wireframeBehaviour in
wireframeBehaviours) {
            wireframeBehaviour.ShowLines = show;
        }
    }

    //Called by the buttons
    public void TerrainDone() {
        appState = AppStates.GAME_RENDERING;
    }

    public void ResetAll() {
        appState = AppStates.RESET_ALL;
    }
```

虽然有很多代码，我希望你不要介意一行一行学习一下，并输入到你自己的应用程序中，当你将它分解时，每个部分只是几行代码。

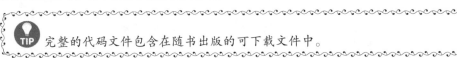

TIP 完整的代码文件包含在随书出版的可下载文件中。

9.9.8 连接状态管理器

回到 Unity，我们需要填充所有的 App State Manager 变量：

1）在"Hierarchy"面板中选择 AppStateManager，将 SmartTerrain_ImageTarget 从"Hierarchy"面板拖放到 Reconstruction Behaviour 插槽中。

2）将主表面（SmartTerrain_ImageTarget 的子表面）从"Hierarchy"面板拖放到 Surface Behaviour 插槽中。

3）将 ImageTarget 从"Hierarchy"面板拖放到 Image Target 插槽中。

4）将 InstructionPanel 对象（ScreenSpaceCanvas 的子对象）拖放到 Instruction Holder 插槽中。

5）将 InstructionText（InstructionPanel 的子项）拖放到 Instruction Text 插槽中。

6）将 CompleteButton 拖放到 Done Button 插槽中。

7）将 RestartButton 拖放到 Restart Button 插槽中。

8）对于 Point Device Text，输入 Find target。

9）对于 Pull Back Text，输入 Pull back the device slowly，然后单击 Complete 按钮。

现在组件在"Inspector"面板中应该如图 9-18 所示。

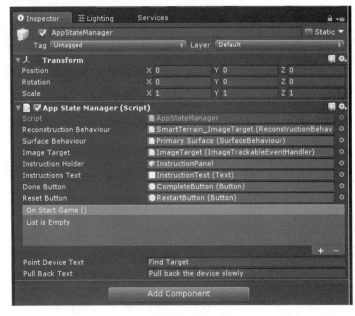

图　9-18

接下来，我们需要连接按钮：

1）在"Hierarchy"面板中选择 CompleteButton，然后在"Inspector"面板中单击"＋"按钮添加一个 OnClick 事件。

2）将 AppStateManager 拖放到 Object 插槽中，然后选择 AppStateManager｜TerrainDone 函数。

3）对于 RestartButton，还要添加到其 OnClick 列表中，拖动 AppStateManager 对象，然后选择 AppStateManager. ResetAll 函数。

保存场景并保存项目。

现在，当你单击 Play 按钮时，首先会提示你找到目标，然后要求将设备缓慢拉回到原位置，直到你单击 Completed 按钮。然后你可以进行游戏，或者在任何时候单击 Restart 按钮重置并重新开始扫描。

随着智能地形技术的实现，当你抛球时，它不仅会在我们创建的场地上，还会在真实世界中实际的桌面与道具上反弹并滚动。是不是很酷？

9.10 编译衍生游戏

我们提供了包含篮球、橄榄球与纸球的多种球类运动的 Unity 套装。每个游戏都有球门、球场与球的资源，如图 9-19 所示。

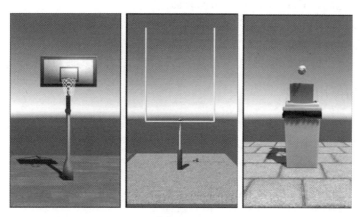

图 9-19

图 9-20 是我们为每种球类型提供的相应球资源。

图 9-20

我们设计了资源，因此每个球门、球场与球都在各自的预制体中。

9.10.1　用球类游戏设置场景

让我们将新的球类游戏添加到场景中，并添加它们需要的组件，我们在本章中编写了这些组件。

对于每一个篮球、橄榄球与纸球的预制体，进行以下设置：

1）从项目 Assets/BallGameArt/Prefabs 文件夹中，将预制体作为 ThrowingGame 的子项拖放到"Hierarchy"面板中。

2）在球类对象本身上，将 BallGame 脚本添加为一个组件。

3）在它的球对象上，添加 ThrowControl 脚本。

4）在其球门对象上添加 CollisionBehavior 脚本。

5）添加到 OnCollision（）列表中，将 GoalCanvas 拖放到 Object 插槽并设置 GameObject.SetActive 函数，然后选中该复选框。

6）在 GoalCanvas 上，添加 TimedDisable 脚本。

7）在 GoalCanvas 上，添加一个 AudioSource 组件，将 Cheer 声音文件拖放到 AudioClip 插槽上，然后选中 Play On Awake。

8）选中球类游戏对象后，将球拖放到 Ball Throw Control 插槽上。

9）将它的场地拖放到 Court Game Object 插槽中。

10）将其球门拖放到 Goal Collision Behavior 插槽中。

此时，你应该可以逐个测试每个游戏，除了你想玩的游戏以外，禁用 ThrowingGame 下的所有其他游戏。然后，将该球类游戏对象拖放到 GameController 的 Ball Game 插槽中。尝试一下！请记住，你可以调整投掷控制的灵敏度与球速，以及每场比赛的场地与球门大小。

9.10.2　激活与停用游戏

为了使游戏的激活与停用自动化，我们将修改 BallGame 脚本来处理游戏对象。编辑 BallGame.cs 并添加以下功能来启用或禁用球、球场与球门：

```
File: BallGame.cs
    public void Activate() {
        BallThrowControl.gameObject.SetActive(true);
        CourtGameObject.SetActive(true);
        GoalCollisionBehavior.gameObject.SetActive(true);
    }

public void Deactivate() {
    BallThrowControl.gameObject.SetActive(false);
    CourtGameObject.SetActive(false);
    GoalCollisionBehavior.gameObject.SetActive(false);
}
```

9.10.3　控制要玩哪个游戏

我们现在可以让 GameController 负责选择与切换要玩的游戏。每次投掷后我们会随机挑选一款新的游戏。

GameController 将填充球类列表，跟踪这些事件，然后决定激活或停用。如下修改脚本：

File: GameController.cs

将 ballGame 替换为当前游戏索引 ballGames 的列表，并添加一个 Boolean（布尔值）以确保我们只初始化一次：

```
public BallGame[] BallGames;


private int currentGameIndex;
private bool isInitialized;
```

然后，将此代码添加到 Start()：

```
for (int i = 0; i < BallGames.Length; i++) {
    BallGames[i].OnGoalWon.AddListener(WonGoal);
    BallGames[i].OnGoalLost.AddListener(LostGoal);
    BallGames[i].Deactivate();
}

isInitialized = true;
```

以下方法将帮助选择并激活随机游戏：

```
private void SetRandomGame() {
    //clears the last game
    BallGames[currentGameIndex].Deactivate();
    //sets a new game
    currentGameIndex = Random.Range(0, BallGames.Length);
    BallGames[currentGameIndex].Activate();
}
```

然后，当应用程序启动并且每次玩家获得进球时随机游戏都会被选中：

```
public void StartGame() {
    SetRandomGame();
}

void WonGoal() {
    ChangeScore(hitPoints);
    SetRandomGame();
}
private void OnEnable() {
    if (isInitialized)
        SetRandomGame();
}
```

回到 Unity，我们现在可以完成连接控制器与状态管理器：

1）在"Hierarchy"面板中选择 GameController。

2）展开 Ball Games 并将 Size 设置为 4（或你正在使用的游戏数量）。

3）然后在场景"Hierarchy"面板中填充 Ball Games 的列表。

4）选择 AppStateManager，单击"+"按钮添加到 OnStartGame 列表中，将 GameController 拖放到 Object 插槽中，然后选择 GameController. StartGame 函数。

全部完成了！我们的球类游戏现在是一个强大的应用程序，有多个级别的变化。

现在可以运行它。为你的 Android 设备构建并运行。你也可以按照本书前面的说明为 iOS 移动设备构建。展示给你的朋友与家人。祝你玩得开心！

9.11　其他工具包

就像本书中的其他项目一样，我们一直非常小心地将核心游戏对象与 Unity 功能中的平台和工具包特定组件隔离开来。如果你一直关注本书中的每个项目，就会看到该演示文件，我们希望你会遇到与其他工具包一起时，继续尝试此项目的挑战。以下是一些提示：

- 用户的输入方式：Apple ARKit 与 Google ARCore 可以使用与我们在此相同的屏幕触摸事件。在 HoloLens 平台中开发，你将使用 ThrowControl 脚本中的手势与语音命令替换那些交互。
- 用于与真实世界桌面与道具对象交互：使用 ARKit 时，请确保在场景中包含 Unity Generate Plane 组件（请参阅 UnityARBallz 示例场景）。对于 ARCore，请在会话中使用 TrackedPlane 类。对于 HoloLens，只需将空间地图包含在场景中即可。

9.12　本章小结

在本章中，我们构建了一个有趣的 AR 球类游戏。就像手机游戏蓬勃发展一样，AR 游戏的潜在机会同样巨大。在我们的游戏中，使用你面前的办公桌或咖啡桌作为游戏场地，设置球类游戏并挑战你将球投掷到球门或篮筐。游戏有得分显示，并让你在多个级别之间切换。

我们为第一次迭代创建了一个简单场景设计，包括一个球场与一个球门。球门有一个无形的碰撞体，用于在球击中时触发事件。我们依靠 Unity 的事件系统来得到球的碰撞与球投掷的信息，并将信息传递到游戏管理器与游戏控制器。每个图层与其他图层保持合理的隔离，允许应用程序扩展以支持多种游戏与图形资源。

AR 的部分开始只是简单地使用图像标识，但后来我们扩展到使用 Vuforia 的智能地形技术，它扫描周围环境以创建表面网格与物理对象。球似乎在虚拟世界与物理世界之间可以交互。

此刻即将结束我们进入 Unity 增强现实开发世界的征程。我们详细地介绍了 Unity，各种 AR SDK（包括 Vuforia、开源 ARToolkit、Apple ARKit、Google ARCore 与 HoloLens 的 Microsoft Mixed-RealityToolkit）以及多个目标开发平台，同时还探索了 AR 中更高层次的概念、原理，以及最佳实践路径、软件工程、计算机图形学与用户体验设计。未来是光明的，正如之前所说的那样，预测未来的最佳方式就是帮助实现创造它！

北京市版权局著作权合同登记　图字：01-2018-1734 号。

图书在版编目（CIP）数据

增强现实开发者实战指南/（美）乔纳森·林诺维斯（Jonathan Linowes）等著；古鉴，董欣译. —北京：机械工业出版社，2019.6

书名原文：Augmented Reality for Developers: Build Practical Augmented Reality Applications with Unity, ARCore, ARKit, and Vuforia

ISBN 978-7-111-62562-9

Ⅰ.①增⋯　Ⅱ.①乔⋯ ②古⋯ ③董⋯　Ⅲ.①虚拟现实–程序设计 Ⅳ.①TP391.98

中国版本图书馆 CIP 数据核字（2019）第 076908 号

机械工业出版社（北京市百万庄大街 22 号　邮政编码 100037）
策划编辑：林　桢　责任编辑：间洪庆
责任校对：肖　琳　责任印制：孙　炜
河北宝昌佳彩印刷有限公司印刷
2019 年 8 月第 1 版第 1 次印刷
184mm×240mm·23.5 印张·566 千字
标准书号：ISBN 978-7-111-62562-9
定价：99.00 元

电话服务　　　　　　　　　　　网络服务
客服电话：010-88361066　　　机　工　官　网：www.cmpbook.com
　　　　　010-88379833　　　机　工　官　博：weibo.com/cmp1952
　　　　　010-68326294　　　金　书　网：www.golden-book.com
封底无防伪标均为盗版　　　　机工教育服务网：www.cmpedu.com